# 지속가능
# 창조사회의 녹색도로

# 지속가능
# 창조사회의 녹색도로

노관섭 · 이광호 외 15인 지음

이담 Books

# PROLOGUE

도로는 사람이나 차들이 다닐 수 있도록 만든 비교적 넓은 길로 정의되며, 우리 삶에 있어서 가장 필요한 사회기반시설이다. 인류의 시작부터 이동을 위한 길road이 필연적으로 생겨났고, 농업과 상업이 발달하면서 인간이 이동을 보다 쉽고 편리하게 할 수 있도록 도로highway가 만들어지기 시작했으며, 다양한 형태의 도로로 발전하였다.

도로는 국민의 이동성 보장과 편의를 제공함으로써 복지사회의 기본이 되고, 국가 산업물류의 중추역할을 함으로써 국가경쟁력 향상의 원동력이 된다. 최근에는 도로건설이 어느 정도는 이루어졌다는 인식과 함께 일부 비효율적인 도로건설과 환경파괴적인 건설이 문제가 되고 있다. 더구나 최근 심각해지고 있는 지구 온난화의 주요원인인 이산화탄소 배출에 있어서 교통부분의 문제점과 함께 도로가 주범으로 인식되고 있는 실정이다.

그러나 국민의 생활과 국가의 발전을 위해서 필요한 도로건설을 하는 데는 논란의 여지가 없다. 그렇다면 도로건설을 보다 효율적으로 시행하고 친환경적 건설과 이산화탄소 배출을 최소화하는 방안을 추진할 필요가 있다.

행정중심복합도시 세종시와 최근 신도시로 형성되고 있는 행복시를 잇는 도로가 새로 건설되고, 그 주변의 기존 시와 군을 연결하는 도로가 녹색 스타일로 가꾸어진다. 행복시는 기존에 형성되어 있는 마을은 도시재생사업으로 추진되고, 새로이 조성되는 단지는 생태마을과 유비쿼터스가 집약된 첨단도시 형태로 들어서게 된다.

녹색 스타일로 가꾸어지는 도로를 녹색도로green highway라고 하는데, 이는 갈수록 심각해지는 지구 온난화와 같은 세계적인 문제에 대응하고 국민의 삶의 질을 향상시킬 수 있는 도로이다. 특히 우리나라의 경제수준이 세계 10위권으로 진입하고 있는 시점에서 국토의 품격 또한 그에 걸맞게 높일 수 있는 기술이 적용된 도로이다.

세종시와 행복시를 잇는 도로의 건설과 주변도로의 정비에 적용된 기술들은 국토교통과학기술진흥원이 주관하고 있는 국토교통부의 국가 R&D로 추진된 탄소중립형도로기술연구단(약칭: 탄중도연구단)의 연구 성과와 그 외 관련 연구 결과들이 적용된다.

여기까지는 탄중도연구단의 연구 결과가 앞으로 어떻게 적용될 수 있는지를 가상하여 기술해본 것이다. 본문에서는 탄중도연구단의 탄생배경과 연구수행 내용, 그리고 향후 발전방안에 대해서 세부적으로 기술하고자 한다.

길이 도로로 진화하였고, 포장되고 좋아진 도로가 기본적 도로기능을 발휘하는 1세대였다면, 기후와 생태, 에너지와 자원, 인간을 생각하는 녹색도로는 2세대로 진화한 도로이다.

본 연구단에서 개발하는 기술들이 적용되어 앞으로 안전하고 편리하며 아름다운 인간을 위한 도로, 생태계를 배려한 환경을 위한 도로, 저탄소와 에너지 저감을 고려한 지구를 위한 도로 등을 포괄하는 녹색도로, 희망의 도로로 발전하기를 바란다. 또한 본 연구단에서 정립하는 녹색도로 관련법과 제도(안)가 녹색도로 기술의 적용을 활성화하는 데 이바지하기를 바란다.

본 연구단의 과제가 수행되기까지는 국토교통과학기술진흥원에서 미래 건설교통 분야의 녹색성장 견인, 신성장동력 창출을 위한 연구개발 및 정책을 마련하기 위한 건설교통 미래핵심기술(Green-up 30) 기획, 건설교통기술연구개발사업 중장기계획 수립, 탄소중립형 도로(Carbon Neutral Road) 기술개발기획 등 수년에 걸친 방대한 사전검토를 그 토대로 하고 있다.

본 연구단이 발족되어 제자리를 찾기까지 애써주신 국토교통부, 국토교통과학기술진흥원 담당자님과 다단계 동안 끊임없이 수고해주신 많은 분들, 본 연구단의 연구진과 운영위원, 자문 및 평가위원님들께 진심으로 감사를 드린다.

또한 이 책이 발간될 수 있는 기회를 주신 한국학술정보(주) 채종준・채종록 대표님과 좋은 책으로 만들어주신 이담북스의 모든 가족들께 감사를 드린다.

2013년 4월

탄소중립형도로기술연구단

단장 노관섭

## 제 2 부
# 녹색도로의 포장 및 $CO_2$ 흡수기술



## 부록

# 제 1 부

# 녹색도로의 정책과 설계

# 탄소중립형 도로와 녹색도로

**노관섭**

한국건설기술연구원 선임연구위원

세계는 지금, 지구 온난화로 인한 기후변화와 생태계 파괴를 유발하는 개발과 성장 위주에서 지속가능한 녹색성장을 지향하고 있다. 우리나라 전체 온실가스 배출량의 16%를 차지하고 있는 도로분야에서도 저탄소 녹색성장에 일조할 수 있는 탄소중립형 도로 기술 개발을 추진하고 있으며, 궁극적으로는 녹색도로 Green Highway를 지향하고 있다. 이 글에서는 본 연구단의 추진배경, 연구개발 내용을 소개하고, 향후 나아갈 방향을 제시하였다.

## 1. 들어가기

전 세계적으로 지구 온난화로 인한 기후변화와 생태계 파괴는 개발과 성장 위주의 정책일로를 걷던 인류에게 더 이상 묵과할 수 없는 인류생존의 위협이 될 수도 있는 중차대한 사안이 되었다. 이러한 문제점들을 인식하고 교토의정서를 비롯하여 다양한 대책을 마련하고 시행해 나가고 있다.

온실가스 배출 순위 세계 10위인 우리나라도 2008년부터 '저탄소 녹색성장'을 국가정책기조로 삼아 관련법 및 계획의 수립과 이에 따른 관련 기술 개발에 박차를 가하고 있다.

우리나라 전체 온실가스 배출량의 16%를 차지하고 있는 도로분야에서도 저탄소 녹색성장에 일조하기 위해서는 녹색도로 법・제도 등을 제정, 정비하고 탄소 모니터링을 통한 통합관리 시스템을 구축할 필요가 있으며, 도로의 생애 주기인 생산-유지관리-재활용 전 단계의 $CO_2$ 배출을 최소화하고, 발생된 $CO_2$를 흡수, 전환, 해소하는 환경친화형 도로설계 및 시공기술을 개발할 필요가 있다. 또한 자동차와 도로, 운전자와 도로, 그리고 교통・기후조건과 도로의 상관관계를 파악하고, $CO_2$ 배출 최소화를 위한 도로설계 기술과 재료 및 시공 기술을 개발할 필요가 있다.

이와 같은 필요에 대응하기 위해 국토교통부·국토교통과학기술진흥원의 2011년 건설기술혁신사업의 하나로 '탄소중립형도로기술개발연구단'이 2011년 11월 발족되었다. 본 연구단의 목표는 국가 녹색성장 기조에 맞춘 녹색도로 시스템 구축, 2030년 기존 시설 대비 탄소배출량 30% 저감, 2016년 선진국 기술수준 대비 80% 이상 달성 등이다.

이러한 목표를 달성하기 위해 총 8개의 세부 분야 과제로 구성되었다. 연구진은 정부출연연구기관, 산업체 및 학계 컨소시엄으로 구성, 서로 유기적인 연구네트워크를 통하여 연계 및 융합적 연구를 추진하며, 2016년까지 총 5년에 걸쳐 수행된다.

이 글에서는 본 연구단의 추진배경, 연구개발 내용과 추진전략을 소개하고, 향후 나아가야 할 방향을 제시하고자 한다.

## 2. 지속가능 창조사회의 녹색도로

### 2.1 지속가능한 발전

지속가능성持續可能性Sustainability이란 인간 사회의 환경, 경제, 사회적 양상의 연속성에 관련된 체계적 개념이다. 지속가능성은 문명과 인간 활동, 즉 사회를 구성하는 수단으로 의도된 것으로, 이것의 옹호자들은 그들의 필요를 절충하고 현재 한도에서 최대한의 가능성을 짜내면서도, 생물 다양성과 생태계를 보존하고 그러한 이념을 지속적으로 유지하기 위한 계획과 활동을 수행한다. 지속가능성의 개념은 지역의 이웃으로부터 지구 전체에까지 모든 곳에 영향을 미친다(위키백과).

지속가능한 발전持續可能 發展 또는 지속가능한 개발(Sustainable Development)은 환경을 보호하고 빈곤을 구제하며, 장기적으로는 성장을 이유로 단기적인 자연자원을 파괴하지 않는 경제적인 성장을 창출하기 위한 방법들의 집합을 의미한다. 처음 이 용어가 등장한 것은 1987년에 발표된 유엔의 보고서 '우리 공동의 미래Our Common Future'(브룬트란트 Brundtland)였으며, "미래세대가 그들의 필요를 충족시킬 능력을 저해하지 않으면서 현세대의 필요를 충족시키는 발전"으로 정의되었다.

지속가능성을 실현하기 위하여 국제 사회적으로 1992년 지구정상회담과 후속 노력,

UN의 환경프로그램, 유엔기후변화협약(UNFCCC), G8과 G20 정상회의 등 많은 활동이 이루어지고 있다.

우리나라도 국제사회의 흐름에 부응하여 지속가능 발전을 위한 노력을 해왔으며, 2008년부터 '저탄소 녹색성장Low-Carbon Green Growth'을 국가정책기조로 삼아 관련법 및 계획의 수립과 이에 따른 관련 기술 개발에 박차를 가하고 있다. 2010년 4월에 마련된 저탄소녹색성장기본법에서는 녹색성장의 정의를 "에너지와 자원을 절약하고 효율적으로 사용하여 기후변화와 환경훼손을 줄이고, 청정에너지와 녹색기술의 연구・개발을 통하여 새로운 성장동력을 확보하며 새로운 일자리를 창출해 나가는 등 경제와 환경이 조화를 이루는 성장"이라고 언급하였다.

우리나라 온실가스 배출량의 16%를 차지하고 있는 도로산업은 저탄소 녹색성장에 반하는 교통시설이라는 부정적 이미지를 벗지 못하고 있으며, 정부의 녹색정책의 언저리에 머물고 있다. 도로의 역할과 온실가스 배출 정도를 고려하면, 녹색정책 추진을 위하여 교통수요를 도로가 아닌 타 교통수단으로의 전환이 일부 이루어져야 하겠지만 도로는 여전히 주요 SOC이고 많은 장점을 가지고 있으므로 교통수단의 전환은 한계가 있다. 따라서 도로부분에서의 에너지 소비와 온실가스 배출을 줄일 수 있는 노력을 적극적으로 추진해야 할 필요가 있는 것이다.

이러한 측면에서 탄소중립형도로기술개발연구단 과제가 진행되고 있음은 의미가 매우 크고 시기적절하다.

〈그림 1〉 녹색성장Green Growth

## 2.2 녹색도로 건설을 위한 준비들

저탄소 녹색성장이 이명박 정부의 국가 비전으로 제시되고, 신재생에너지 및 탄소 저감형 산업을 육성하고 있다.

1993년 12월 지구 온난화 방지를 위한 국제적 노력에 동참하고자 우리나라는 기후변화협약에 가입하였고, 2002년 10월 교토의정서 비준 기후변화대응 종합기본계획(5개년, 2008~2012) 수립을 추진하였다. 2009년 녹색교통 추진전략에서 2020년 온실가스 BAU 대비 30% 감축 목표를 설정하였다.

2009년 6월에 제정된 지속가능교통물류발전법에 의하면, 기후변화, 에너지 위기 및 환경보호 관련 지속가능한 교통물류 정책의 패러다임 전환에 따라 환경친화적 에너지절감형 교통시설 및 수단운영 필요성을 강조하고 있다.

2010년 3월 국가통합교통체계효율화법 제94조에 의해 중장기 법정계획을 수립한 국가교통기술개발계획(2009~2013)이 정립되었다. 국가교통체계의 효율성, 교통의 이동성 및 접근성 향상, 지속가능한 국가교통체계 실현, 교통기술의 지능화 등 국가기간교통망계획의 교통정책방향에 부응하는 교통기술 개발이 필요하게 되었다.

2010년 저탄소녹색성장기본법, 저탄소녹색성장기본법 시행령, 지속가능교통물류발전법 시행령 등이 제정되었으며, 국토교통부의 중장기 도로정책이 기존의 개발 위주에서 인간, 환경, 효율성을 중심으로 한 정책으로 패러다임이 전환되고 있다.

국토교통부에서는 도심부 교통혼잡 해소, 고속도로 통행료 체계 개편, 저탄소 도로포장을 통한 녹색교통 정책을 추진하고 있으며, 동시에 환경친화적인 도로설계, 자전거 및 경관도로 확대를 통한 환경·인간친화적인 도로를 지향하고 있다.

이러한 점을 종합하면, 도로의 양적 팽창에 따른 환경훼손을 최소화하고 도로설계, 시공 및 운영에서의 탄소 배출을 줄일 수 있는 도로사업 추진체계 및 기준 등의 재정립이 필요하다.

2010년 환경부는 국내 온실가스 배출정보 데이터(인벤토리) 관리업무를 전담하고, 저탄소녹색성장기본법에 따라 '국가 온실가스 종합정보센터(GIR)'를 설립하여, 온실가스 감축의 총괄분석 및 평가기관으로 운영하고 있다.

세계적으로 주요 선진국가는 온실가스 저감을 위하여 국가별로 관련법 제정과 함께 감축목표를 세우고 해당부처에서 도로 관련 $CO_2$ 배출량을 감축하기 위한 정책 및 투자계획을 수립하여 추진하고 있다. 또한 녹색 도로기술 및 그린에너지 개발을 위하여 녹색뉴딜 사업을 본격적으로 진행하고 있다.

지속가능 녹색도로와 관련한 STEEP 분석결과는 <그림 2>와 같다.

| Social [사회문화적 시사점] | Technological [기술적 시사점 ] | Economic [경제적 시사점] | Environmental [환경적 시사점] | Political [정책적/법적 시사점] |
| --- | --- | --- | --- | --- |
| • $CO_2$ 발생량의 기하급수적인 증가<br>• 지속가능한 건설 추구<br>• 기후변화에 따른 사회문화적인 변화<br>• 환경파괴 주범으로 인식되는 도로<br>• 수송부문 탄소배출량 19%에 달함 | • 에너지 사용량의 객관적인 데이터 요구<br>• 그린에너지 관련 R&D및 기술 요구<br>• $CO_2$ 포집 관련 R&D및 기술 요구<br>• 탄소중립도시 등 탄소 발생 최소화 관련 R&D및 기술 요구 | • 에너지 사용 비용 증가<br>• 탄소시장의 대두<br>• 유가상승에 따른 대체 자원 개발<br>• 탄소배출권 현실화 | • 친환경요구 증가<br>• 온실가스 증가<br>• 2013감축의무국<br>• 시멘트 1톤 -〉0.09톤 $CO_2$ 발생 | • 에너지절약 정책<br>• 녹색성장 정책<br>• 재활용관리법 시행<br>• 녹색도로 인증제 대두<br>• 교토의정서 시행 예정 |

〈그림 2〉 지속가능 녹색도로의 STEEP 분석결과

〈그림 3〉 녹색도로 관련 출판물

# 3. 탄소중립형 도로 기술개발 기획

## 3.1 탄소중립과 녹색도로의 개념

'탄소중립carbon neutral'은 $CO_2$ 발생 저감 및 발생한 $CO_2$의 흡수, 전환, 해소를 통하여 $CO_2$ 발생효과가 '0'인 상태를 뜻한다. '탄소중립도로'는 도로의 계획 및 설계, 시공, 운영, 유지관리 등 전생애주기 동안 $CO_2$ 발생을 최소화하고, 발생한 $CO_2$를 흡수, 전환, 해소하여 궁극적으로 $CO_2$ 발생효과가 '0' 상태인 도로를 말한다.

'탄소중립형 도로Carbon Neutral Road(CNR)'는 탄소중립도로를 완성하기 위한 전 단계로 $CO_2$ 발생효과가 60%(기존 대비 40% $CO_2$ 감소) 수준인 도로로 정의하고 있다.

한편 이들 내용을 포함하여 다양한 용어가 나타나고 있으며, 용어의 의미를 조금씩 달리 사용하고 있다. 그중 가장 광의적으로 포괄할 수 있는 용어는 녹색도로이며, 본 연구단에서는 다음과 같이 정의하고 있다.

'녹색도로Green Highway'는 에너지와 자원을 절약하고 효율적으로 사용하여 온실가스 및 오염물질의 배출을 최소화하면서 안전하고 쾌적한 이동성을 확보하는 친환경도로로, 탄소중립형 도로와 생태계를 위한 그린네트워크Green Network, 도로 에너지 하베스팅Energy Harvesting이 통합된 도로이다.

## 3.2 탄소중립형 도로 기술개발을 위한 기획

'탄소중립형 도로 기획' 과제는 도로의 계획/설계/시공/운영·유지관리 등 전생애주기 동안 $CO_2$ 발생을 최소화하고 발생한 $CO_2$를 흡수, 전환, 해소할 수 있는 도로 기술 연구를 기획하는 데 그 목표가 있다.

본 기획에서는 연구내용을 크게 4개의 중점 연구 분야로 구분하여 관련 기술과제를 도출하고, 다차원적이고 종합적인 평가를 통하여 세부대상기술들을 선정하고 우선순위를 선정하였으며, 이를 바탕으로 탄소중립형 도로와 관련된 중장기 기술로드맵을 작성하였다. 기획과정에서 논의되었던 탄소중립형 도로의 중점 추진 분야와 주요내용은 <표 1>과 같다.

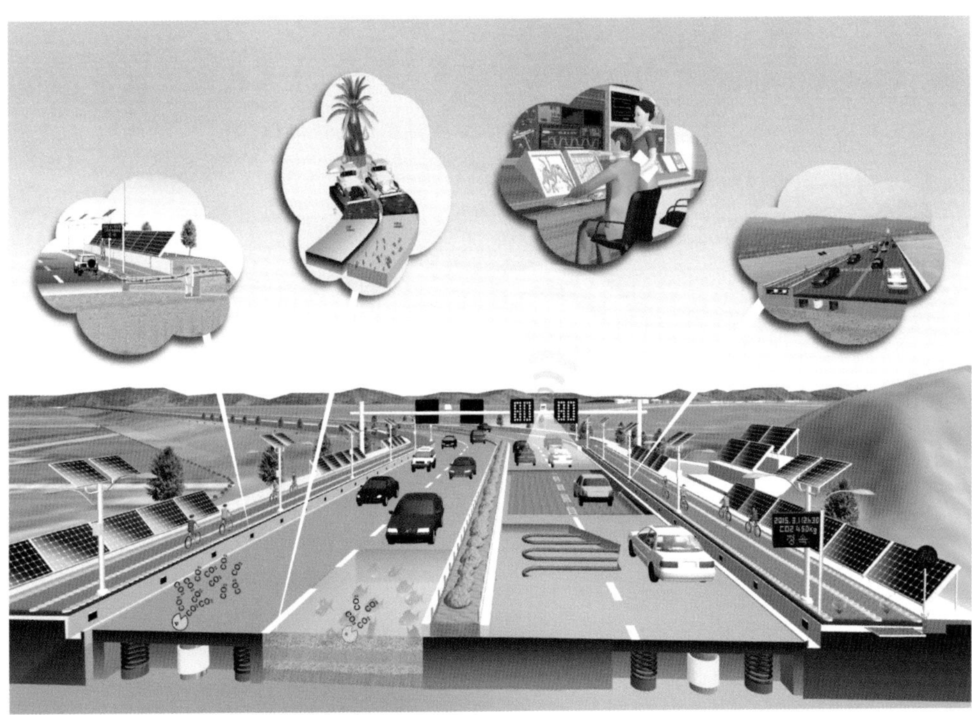

〈그림 4〉 탄소중립형 도로(CNR) 개념도

〈표 1〉 탄소중립형 도로의 중점 추진 분야와 주요내용

| 중점 추진 분야 | 주요내용 |
|---|---|
| 도로계획/설계/시공기술 | · 탄소순환 그린네트워크 설계 시스템<br>· 도로건설 기간 단축을 위한 기계화 급속 시공 기술<br>· 탄소발생 최소화를 위한 최적화 방식의 공정관리 기술<br>· 콘크리트 도로시설물의 탄소발생 최소화 설계/시공기술<br>· 바이오 흙포장 기술<br>· 바이오 아스팔트 도로포장 기술<br>· 바이오 폴리머 도로포장 기술<br>· 활성산업부산물을 활용한 도로재료 기술<br>· 차종, 기하구조에 따른 탄소배출 원단위 산정 모델 개발<br>· 에너지 효율형 도로포장 재료 및 시스템 개발<br>· 최적 설계 대안 선정 프로그램 개발 |
| 도로교통 운영 및 관리기술 | · 반복 · 비반복 교통혼잡 관리 및 평가기술<br>· 저탄소 교통운영 및 관리기술<br>· 교통혼잡 및 $CO_2$ 발생량 관리 의사결정 지원시스템 개발 |
| 도로 $CO_2$ 포집 및 온실가스 배출량 산정기술 | · 도로 $CO_2$ 포집/정화/처리 기술 개발<br>· 도로부문 온실가스 배출량 산정 및 관리 시스템 구축<br>· 탄소 저감형 도로법 개정 및 정책개발 |
| 도로에너지 하베스팅 기술 | · 도로 공간에서의 자연 에너지 수확 재료 기술 및 발전 기술 개발<br>· 도로 공간에서의 에너지 변환 및 저장 효율화 기술 개발<br>· 도로 공간에서의 에너지 부존자원을 효과적으로 획득하는 도로시설 최적화 기술 |

탄소중립형 도로 관련 기술은 국제적으로 경쟁력이 있는 기술로서 우리나라의 기술수준은 다소 부족한 상황이지만 토목, 교통, 환경, IT 분야의 상호 융합, 협조 및 각 분야의 유사 연구 경험을 활용한다면 탄소중립형 도로의 계획, 건설, 운영기술 시스템을 구축할 수 있는 기술 개발 가능성은 높다.

세계적으로 기후변화에 대비한 전략 강화 및 투자가 증가하고 있고, 우리나라도 교토의정서에 의해 2013년부터 온실가스 감축 의무국으로 분류됨에 따라 2020년까지 녹색기술에 대한 투자를 선진국 대비 90%까지 늘릴 계획이기에 녹색성장 개념을 도입한 연구가 초창기인 지금 신공법 및 신재료에 대한 연구를 통해 녹색원천기술 확보와 기술경쟁력을 유지할 수 있을 것으로 판단된다.

도로 및 부속시설에서의 신재생에너지를 활용한 에너지 수확기술과 운동에너지 및 신재생에너지를 활용한 하이브리드 발전기술 개발은 도로에너지를 절감하고 도로에서의 스마트한 전력관리(Smart Grid) 개발기술과 함께 세계의 선구적인 에너지 하베스팅 기술로 발전시킬 수 있다.

## 4. 탄소중립형도로기술개발연구단

### 4.1 연구단 개요

본 연구단은 궁극적으로 녹색도로를 지향하며, 연구단의 비전과 목표는 <그림 5>와 같다.

연구단은 국가 녹색성장 기조에 맞춘 녹색도로 시스템 구축, 2030년 기존 시설 대비 탄소배출량 30% 저감, 2016년 선진국 기술수준 대비 80% 이상 달성 등을 목적으로 하고 있다.

<그림 6>은 연구단이 추구하고 있는 탄소중립형 도로의 개념도를 나타낸 것이다.

〈그림 5〉 탄소중립형도로기술연구단의 비전과 목표

탄소중립형 도로 기술 적용 전　　　　탄소중립형 도로 기술 적용 후

〈그림 6〉 탄소중립형 도로의 개념도

이러한 비전과 목적달성을 위해 연구단 과제는 크게 두 개의 세부과제와 총 8개의 세세부 분야 연구과제로 구성되었다. 이 연구는 정부출연연구기관, 산업체 및 학계 컨소시엄으로 구성, 2011년 11월부터 2016년 9월까지, 4년 10개월에 걸쳐 수행된다.

## 4.2 연구과제 구성과 주요내용

연구단의 전체 연구과제 구성과 목표를 나타내면 <그림 7>과 같다. 연구 분야 과제별 요소기술의 개발내용은 <표 2> 및 <표 3>과 같다.

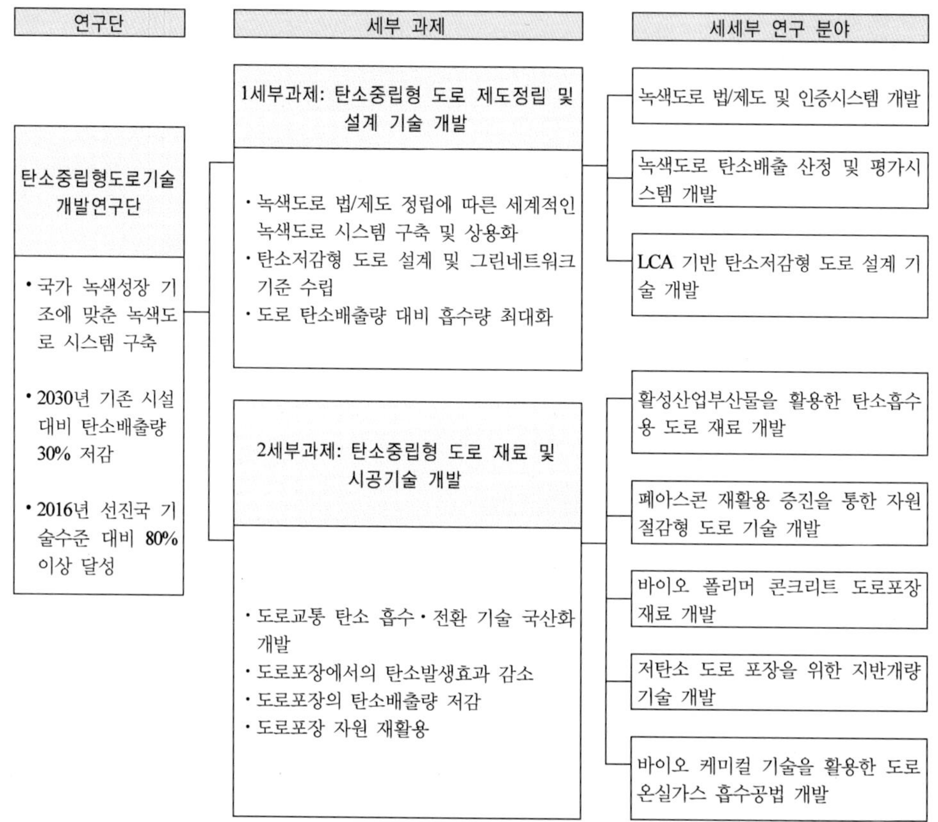


〈그림 7〉 탄소중립형도로기술개발연구단의 구성과 목표

〈표 2〉 제1세부과제-탄소중립형 도로 제도 정립 및 설계 기술 개발

| 과제명 | 요소기술 |
|---|---|
| 녹색도로법/제도 및 인증시스템 개발 | · 탄소중립형 도로 및 녹색도로 인증제도의 법적 개념 정립<br>· 녹색도로 법제도 개정안 및 녹색도로 인증체계 마련<br>· 녹색도로 인증제도 개발<br>· 녹색도로 인증시스템 개발 |
| 녹색도로 탄소배출 산정 및 평가시스템 개발 | · 녹색도로 탄소배출 산정기술 및 탄소관리시스템 개발<br>· 녹색도로 국가 인벤토리 DB 구축 기술 개발<br>· 녹색도로기술 투자평가시스템 개발<br>· 녹색도로 상용화 평가시스템 개발<br>· 녹색도로 평가시스템과 탄소관리시스템 통합연계 구축<br>· $CO_2$ 저감기술 통합관리시스템 개발 |
| LCA 기반 탄소저감형 도로설계 기술 개발 | · 도로선형에 따른 탄소배출량 산정 프로그램 개발<br>· On-board 탄소배출량 측정장치 개발<br>· 탄소 순환 그린네트워크 도로를 위한 설계시스템 개발<br>· 도로 수목공간 및 생태공간 설계 기술 개발<br>· 도로 탄소배출 저감 공정관리 최적화 기법 개발<br>· 탄소저감 선형설계 지침 및 도로설계편람 작성 |

〈표 3〉 제2세부과제-탄소중립형 도로 재료 및 시공기술 개발

| 과제명 | 요소기술 |
|---|---|
| 활성산업부산물을 활용한 탄소흡수용 도로 재료 개발 | · 산업폐기물을 활성화하여 $CO_2$ 포집격리를 극대화한 녹색도로 결합재 개발<br>· $CO_2$ 포집격리 효능이 0.05kg~$CO_2$/kg 이상인 녹색도로 구조체 개발<br>· 녹색도로 신소재의 탄소 포집 효능과 지속시간의 극대화를 위한 도로 재료의 특성 최적화 방안 제시<br>· 녹색 신소재 도로 재료의 현장 적용을 통한 시제품 상용화 |
| 폐아스콘 재활용 증진을 통한 자원절감형 도로 기술 개발 | · 중온 아스팔트 제조기술을 활용한 재생 아스콘의 고내구성 확보 기술 개발<br>· 노화된 폐아스팔트의 초기 물성을 회복시킬 수 있는 재생첨가제 개발<br>· 상온 재생 아스콘 실내실험을 통한 성능검증 및 현장적용에 따른 공용성 평가<br>· 상온 재생 아스콘 생산 및 시공지침 개발<br>· 도로의 등급별 재생 아스콘 적용 최적화를 위한 설계 및 시공 기준 개발 |
| 바이오 폴리머 콘크리트 도로포장 재료 개발 | · 도로포장 재료로 적합한 바이오 폴리머 바인더 기본적 특성 분석<br>· 바이오 폴리머 바인더의 도로재료로서 적용 가능성 평가<br>· 도로포장용 바이오 폴리머 바인더 및 콘크리트 개발<br>· 바이오 폴리머 콘크리트 포장 설계 기법 개발<br>· 바이오 폴리머 콘크리트 재료의 시공 및 품질관리 기법 개발 |
| 저탄소 도로 포장을 위한 지반개량 기술 개발 | · 저탄소 도로포장 지반개량 기술의 역학적 특성 및 내구성 평가<br>· 저탄소 도로포장을 위한 지반개량 기술 현장 적용성 평가<br>· 저탄소 도로포장을 위한 지반개량 시공지침 개발<br>· 순환골재를 기본으로 한 탄소중립형 포장 기층재료 개발<br>· 품질관리를 위한 평가기법 개발<br>· 산업부산물과 무기계 바인더를 이용한 탄소저감형 흙포장 기술 개발<br>· 흙포장 활용을 위한 설계 및 시공지침(안) 작성 |

| | |
|---|---|
| 바이오 케미컬 기술을 활용한 도로 온실가스 흡수공법개발 | · 도로의 $CO_2$, NOx 흡수효과 분석 기준 수립<br>· Bio Chemical Concrete 재료를 이용한 도로시설물 및 도로시설물 설계지침 작성<br>· 탄산칼슘 형성 및 $CO_2$ 전환 미생물 발굴 및 생존율 증진<br>· $CO_2$ 전환 미생물의 콘크리트 표면 고착 및 $CO_2$ 전환 성능 확인<br>· 미생물 대량생산을 위한 최적 배양공정 개발<br>· DAC 모듈 및 시제품 개발<br>· 고효율, 저비용 DAC 시스템 개발<br>· DAC 기술 제품 디자인 개발 및 도로적용 방안 도출(인공나무, 도로시설물 등) |

## 4.3 연구수행 체계

본 과제는 연구단을 중심으로 산・학・연 연구조직 체계를 갖추어 유기적인 연구네트워크를 통하여 연계 및 융합적 연구를 추진한다.

연구과제의 관련 체계는 <그림 8>과 같다. 1세부과제에서는 탄소중립형 도로 기술의 적용과 활용성을 높이기 위한 법제도를 마련하며, 여기에는 2세부과제에서 개발되는 시공 관련 기술도 반영된다. 또한 1세부과제에서 수행되는 계획 및 설계 기술과 탄소저감 통합관리시스템에도 2세부과제의 연구 결과들이 담겨진다.

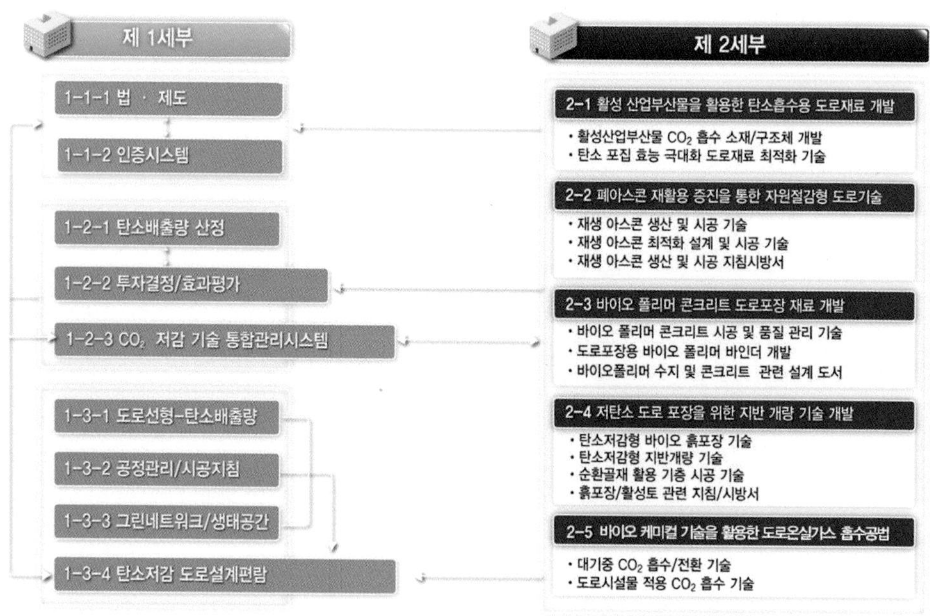


〈그림 8〉 연구과제 관련 체계

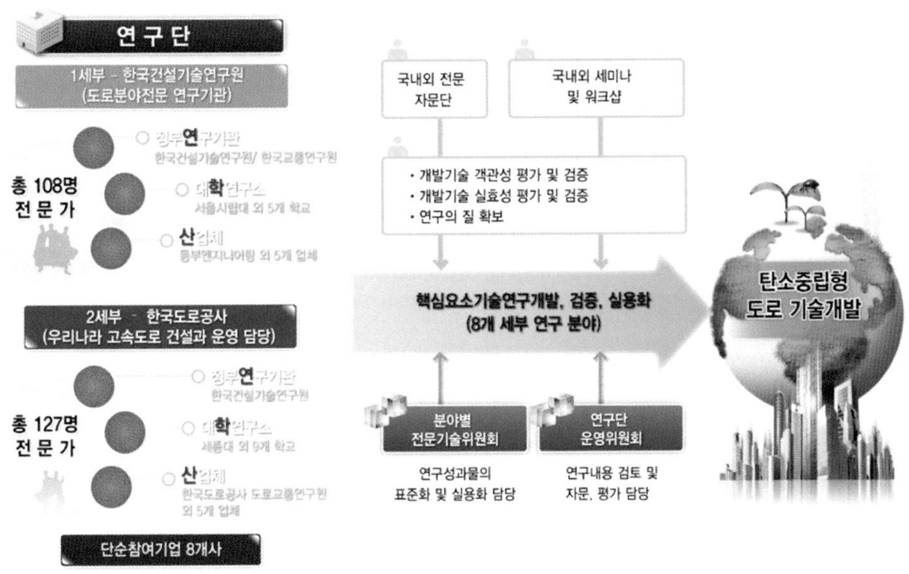


〈그림 9〉 연구개발 추진방법

연구진의 구성은 우리나라 건설기술 분야의 정부출연연구기관인 한국건설기술연구원이 연구단 운영과 주관연구기관으로서 1세부과제를 총괄한다. 고속도로의 건설과 운영을 담당하고 있는 한국도로공사의 도로교통연구원이 협동연구기관으로서 2세부과제를 총괄하고 있다.

연구방법론 및 연구내용과 개발기술의 객관성 및 실효성 확보를 위하여 연구수행 과정에서 국내외 전문가 자문단을 구성하고, 국내외 세미나 및 워크숍 개최를 통해 개발된 기술의 자문수행 및 실효성을 검증해 나간다. 또한 연구단 차원에서 연구 성과물의 표준화 및 실용화를 위하여 분야별 전문기술위원회와 연구내용 검토 및 자문, 평가 등을 위한 연구단 운영위원회를 구성하여 운영하고 있다.

## 4.4 연구 결과의 활용방안 및 기대효과

녹색도로 법제도는 탄소중립형 도로 과제를 통해 개발될 기술의 활용성을 높이기 위한 법적 근거 및 기반을 조성할 수 있는 중요한 부분이다. 이를 통해 녹색도로 활성화 및 개발될 녹색도로 관련 기술시장은 크게 성장할 수 있다. 녹색도로인증제의 최종 수요자는 정부이며, 국가 차원에서 녹색도로인증제가 도입・적용된다면 향후 설계용역업체・시공3

업체 선정평가 및 사업평가 시 활용이 가능할 것이다.

녹색도로 건설을 위한 평가체계 개발을 통해 에너지 사용, 온실가스 배출저감, 대기오염 배출저감 등에 명확한 목표설정 및 관리를 가능케 하고, 도로시설물의 자재, 공법, 장비 선정 지원시스템 개발의 기반기술로 활용될 수 있다. 녹색도로 탄소배출 산정 및 평가시스템 개발 관련해서 녹색도로의 투자를 유도하기 위한 투자평가시스템을 구축함으로써, 녹색도로와 관련한 산업을 개발하고, 향후 해당 산업에 대한 기술을 더욱더 개발토록 함으로써 새로운 산업도 창출할 수 있는 계기가 될 것이다. 또한 사회경제적으로 도로시설이 탄소를 많이 배출하는 부정적 외부효과 발생원으로 여겨지고 있는 만큼, 녹색도로의 투자는 이러한 이미지를 개선시키고 국가적으로 온실효과를 감소시킴으로써 국민의 건강, 전 세계적인 환경보전에 이바지할 것이다.

그린네트워크 도로설계 기술 및 다양한 녹색도로를 위한 재료 및 시공기술 개발은 도로부문에서의 $CO_2$ 발생량 저감을 위한 설계 및 시공에 활용될 수 있으며, 유지관리 및 운영단계에서의 활용도 가능하다.

녹색도로 신소재의 탄소 포집 효능과 지속시간의 극대화 및 도로 재료의 특성 최적화 방안 및 관련 특허 출원, 신소재 도로 재료의 현장 적용을 위한 상용화 시제품 개발 등을 포함하여 연구개발을 통해 도출되는 핵심원천기술은 이후 실용화 연구를 통해 기술 상용화, 실증화 및 업체로의 기술 이전이 가능하다.

연구된 성과물에 대해서 국가 차원의 공동 활용을 위해 성과물 전담기관과 연계해 기준, 시방서, 특허 등 연구 성과 검증 서비스를 통해 유망 연구 성과의 공동 활용 및 사업화 지원 등 연구개발 성과를 부가가치 창출로 연계하고, R&D 사업정보와 관련된 현황과 추세를 한눈에 파악할 수 있도록 할 계획이다.

본 연구단의 연구 성과가 제대로 인식될 수 있도록 하기 위해서는 이산화탄소 배출량, 에너지 소모량 등에 대한 저감효과와 경제성 및 기술의 미래 부가가치 기여도 등에 관한 기술 개발 효과지표의 정립과 각 기술에 대한 효과 평가가 필요하다.

## 5. 맺음말

'지속가능한' 지구를 후대에 물려주기 위해 세계는 다각도의 노력을 하고 있고, 우리 정부도 '저탄소 녹색성장'을 국가 비전으로 제시하여 관련 정책추진 및 연구지원을 하고 있다.

도로분야에서도 본 연구단의 연구개발 성과물과 그 외 관련 연구의 성과를 활용한 친환경도로 시설물 설치를 통하여 온실가스 배출 최소화와 흡수, 제어로 국가 비전에 부응할 뿐 아니라 글로벌 이슈인 온실가스 저감에 많은 기여를 할 수 있을 것이다.

또한 녹색도로와 관련된 산업들을 획기적으로 육성할 수 있고, 국내외 시장을 선점할 수 있는 혁신기술과 미래 원천기술을 확보할 수 있으며, 더욱이 도로에 대해 국민들이 갖고 있는 탄소 관련한 부정적 이미지를 개선할 수 있을 것이다.

본 연구단의 일부 우수한 기술이 세계를 선도할 수 있는 기술 WBT(World Best Technology)를 창출하여 세계시장을 선도할 교두보를 마련할 수 있기를 기대한다.

본 연구를 통해 개발될 기술들과 다른 여러 연구들을 통해 개발되는 모든 녹색도로 기술에 대한 정보가 서로 공유되고 활용되도록 지식정보관리시스템이 구축되고 지속적으로 운영되기를 바란다.

연구단을 통해 개발될 기술은 녹색도로 기술 중 도로정책과 설계, 재료 및 시공기술의 일부분에 해당된 것이며, 도로에서의 탄소배출량을 더욱 효과적으로 낮추기 위한 교통운영이나 도로에서의 에너지 하베스팅 등과 같은 다양한 더 많은 녹색도로 기술이 추가로 연구 개발되고 적용되어야 하겠다.

# 참고문헌

한국건설기술연구원(2011), 국토해양기술연구개발계획서-탄소중립형 도로 기술개발, 국토해양부, 한국건설교통기술평가원

한국건설기술연구원(2011), 탄소중립형도로기술 개발 기획 보고서, 국토해양부, 한국건설교통기술평가원

한국건설기술연구원(2010), 환경과 성장을 추구하는 지속가능 녹색도로, 브랜드총서2

노관섭 외 6인(2011), 탄소중립형 도로 개발을 위한 기획연구, 제64회 학술발표회, 대한교통학회

노관섭 · 백종대 · 이종학(2012), 녹색도로 구현을 위한 탄소저감 도로 기술, 제14회 학술대회, 한국도로학회

김형국 편저(2011), 녹색성장 바로 알기, 나남

곽결호 외 5인(2011), 지속가능한 국토와 환경, 법문사

안용한 · 애니 피어스 · 한미글로벌(2012), 지속가능한 건축과 인프라, 매일경제신문사

# 녹색도로의 법과 제도

**조한선**
한국교통연구원 연구위원

국가정책 아젠다인 '저탄소 녹색성장'에 부응하여, 도로부문에서의 녹색성장정책 실현을 위해서는 도로 전 생애주기에서 온실가스 배출량을 최소화시킬 수 있는 탄소중립형 도로 기술 개발 및 제도의 정착이 필요하다. 본 연구에서는 탄소중립형 도로 기술 적용 및 한국형 녹색도로 인증제도 도입・시행을 위해 도로법, 저탄소녹색성장기본법 등 관련법 내 관련 규정을 신설・추가하는 방안을 검토하여 정부의 도로부문 '저탄소 녹색성장' 정책추진을 위한 법・제도적 기반을 마련하고자 한다.

## 1. 서론

탄소중립형 도로의 정의 및 역할은 기존 관련법 체계에서는 기술되어 있지 않은 개념이어서 향후 탄소중립형 도로 관련한 기술 및 녹색도로 인증제도 등의 도입에 따른 여러 가지 법적 문제점이 도출될 것으로 예상된다.

탄소중립형 도로 구현은 도로부문의 온실가스 배출량 저감에는 긍정적인 역할을 할 수 있으나, 도로사업비 증가에 따른 사업 추진 주체의 부담감, 기존 도로사업 절차 이외에 추가 인증절차로 인한 사업기간의 연장, 탄소중립형 도로 기술에 대한 불확실성 등으로 인한 사업 기피가 있을 수 있다.

그러나 탄소중립형 도로 구현은 국제사회에서 요구하는 녹색성장 기조와 일치하고, 정부가 추구하고 있는 '저탄소 녹색성장'이라는 국정목표와 부합하는 등 도로부문에서의 온실가스 배출량 저감 역할을 수행할 수 있어 그 중요성이 인식되고 있다.

이러한 문제점을 해결하고 탄소중립형 도로의 중요성을 부각하기 위한 근본적인 해결

방법은 탄소중립형 도로와 관련된 사항을 법제화하는 것으로, 도로사업의 주체가 의무적으로 적용하도록 하기 위해 '탄소중립형 도로'의 개념을 법에 명시하고, '녹색도로 인증제도'와 본 연구를 통한 성과물의 적용성을 높이기 위한 법제화는 매우 중요한 부분이다.

## 2. 현행 도로관련 법·제도 현황

### 2.1 도로관련법 체계

도로관련법은 <표 1>과 같이 국토해양부 교통정책실의 소관으로 5법(도로법, 고속국도법, 유료도로법, 사도법, 한국도로공사법), 9시행령, 8시행규칙으로 구성되어 있다.

도로법의 목적은 "도로망의 정비와 적정한 도로관리를 위하여 도로에 관한 계획을 수립하고 노선을 지정하거나 인정하는 데에 필요한 사항과 도로의 관리·시설기준·보전 및 비용에 관한 사항을 규정하여 교통의 발달과 공공복리의 향상에 기여하는 것"으로 도로의 건설, 유지보수, 운영에 이르기까지 종합적으로 규정하고 있는 도로부문에 있어서 가장 근간이 되는 기본법이라 할 수 있다.

〈표 1〉 도로관련법 체계

| 법률 | 대통령령 | 부령 |
|---|---|---|
| 1. 도로법 | 도로법 시행령 | 도로법 시행규칙 |
| | | 도로의 구조·시설기준에 관한 규칙 |
| | | 도로 유지보수 운영규칙 |
| | | 도로와 다른 도로 연결에 관한 규칙 |
| | | 도로표지규칙 |
| | 일반국도 노선지정령 | |
| | 국가지원지방도 노선지정령 | |
| 2. 고속국도법 | 고속국도법 시행령 | |
| | 고속국도 노선지정령 | |
| 3. 유료도로법 | 유료도로법 시행령 | 유료도로법 시행규칙 |
| | 유료도로관리권 등록령 | 유료도로관리권 등록령 시행규칙 |
| 4. 사도법 | 사도법 시행령 | 사도법 시행규칙 |
| 5. 한국도로공사법 | 한국도로공사법 시행령 | |

출처: 국토해양부, 도로분야 제도개선 및 도로법령체계 정비방안 연구, 2008

<표 2>는 도로관련법령 중 저탄소 녹색성장과 관련한 법률 조항을 나타낸 것으로, 도로법 제22조, 제37조에서 환경친화적인 도로의 건설 및 자연생태계의 훼손을 최소화해야 한다는 조항만을 명시하였을 뿐 구체적인 조항이 없고, 그 외의 고속국도법, 유료도로법, 사도법, 한국도로공사법에서도 환경보전 및 저탄소 녹색성장과 관련한 조항은 없는 실정이다.

〈표 2〉 도로관련법에서의 녹색성장 관련 법률 조항

| 도로관련법령 | 녹색성장 관련 조항 | 내용 |
|---|---|---|
| 도로법 | 제22조(도로정비 기본계획의 수립) ②항 | 기본계획에는 다음 각 호의 사항이 포함되어야 함<br>3. 환경친화적인 도로의 건설방안 |
| | 제37조(도로의 구조・시설 등) ②항 | 국토해양부장관은 제1항에 따른 기준을 정하려면 도로공사에 따르는 자연생태계의 훼손을 최소화하고 도로구조나 교통의 안전을 확보할 수 있도록 하여야 함 |
| 고속국도법 | - | - |
| 유료도로법 | - | - |
| 사도법 | - | - |
| 한국도로공사법 | - | - |

이처럼 국내의 도로정책은 '탄소중립형 도로나 녹색도로' 등과 같이 저탄소 녹색성장 구현을 지향하고 있지만, 기본법인 도로법을 포함한 도로관련법에서 도로분야의 저탄소 녹색성장 및 환경대책과 관련한 구체적인 조항 없이 소극적인 조항만을 언급하고 있는 것을 알 수 있다.

## 2.2 저탄소 녹색성장 관련법 체계

도로관련법 이외의 녹색성장과 관련된 법령에는 '저탄소녹색성장기본법', '지속가능교통물류발전법', '대기환경보전법', '수도권대기환경개선에관한특별법' 등이 있으나, 탄소중립형 도로와 같이 도로의 계획, 건설, 관리 등 도로사업 전생애주기(Life Cycle)에서의 환경에 대한 영향이 최소화되도록 하는 구체적인 조항은 없다.

### 1) 저탄소녹색성장기본법

저탄소녹색성장기본법은 녹색기술과 녹색산업 중심의 새로운 국가발전 성장동력을 통해 저탄소 녹색성장에 필요한 기반조성, 국민 삶의 질 향상, 국제적 사회책임을 다하는 선진 일류국가로 나아가는 데 이바지함을 목적으로 제정되었으며, 정부의 녹색성장 관련 국정과제를 뒷받침하고 세부화하는 역할을 하고 있다.

이 법은 7장으로 구성되어 있으며, 녹색성장을 위한 정부의 기본원칙과 주요내용은 <표 3>과 같다.

<표 4>는 이 법에서의 도로교통부문 관련 조항을 나타낸 것으로, 동 법은 탄소중립형 도로 적용을 위한 법령에 가장 근접하나 탄소중립형 도로가 아닌 탄소중립도시에 대한 개념만을 정의할 뿐 녹색도로 구축을 위한 정의는 포함되어 있지 않다.

〈표 3〉 저탄소녹색성장기본법 기본원칙과 변경 주요내용

| 구분 | 주요내용 |
|---|---|
| 추진전략 | 국토 및 에너지 자원의 효율적 사용 및 환경조성 |
| 추진원칙 | 시장기능 활성화 및 민간주도의 저탄소 녹색성장 |
| 경제구축 | 녹색기술 및 녹색산업을 통한 일자리 창출 및 확대 |
| 실천 | 녹색기술 및 녹색산업 분야 중점 투자 및 지원강화 |
| 에너지 자원 사용 전략 | 효율적인 에너지 자원 사용 및 자원순환 체계 구축 |
| 사회기반시설 개편 | 녹색성장에 적합한 국가 SOC 시설 개편 및 구축 |
| 저탄소 녹색성장 구현 | 저탄소 녹색성장 중심의 경제 기반 조성 |
| 저탄소 녹색성장 추진체계 | 정부·민간·산·학 간의 협력 체계 마련 |
| 정부의 역할 | 국제적 녹색성장 동향 파악 및 국제적 책임 및 역할 이행 |

〈표 4〉 저탄소녹색성장기본법 도로교통부문 조항

| 법조항 | 법조항 명칭 | 주요내용 |
|---|---|---|
| 제47조 | 교통부문 온실가스 감축 | ·교통수단 제작단계 이전 온실가스 감축 방안<br>·자동차 평균에너지 소비효율기준 및 온실가스 배출허용 기준<br>·친환경차량 구매에 대한 재정적 지원 방안<br>·저탄소·고효율 교통수단 제작·보급 촉진을 위한 재정·세제 지원, 연구개발 및 관련 제도 개선방안 |
| 제49조 | 녹색생활 및 지속가능 발전 기본원칙 | ·미래세대를 위한 국토의 개발 및 보전·관리<br>·녹색제품의 자유로운 생산 및 구매 환경 조성<br>·녹색생활 및 녹색문화 사회 분위기 조성<br>·토지이용 생산 시스템 개발·정비 |
| 제51조 | 녹색국토 | ·녹색생활 및 지속가능 발전원칙 근거 국토종합계획·도시·군 기본계획 수립 |
| 제53조 | 저탄소 교통체계 구축 | ·온실가스 감축을 위한 환경 조성, 감축 목표 설정·관리<br>·대중교통 분담률, 철도수송 분담률 등의 중장기 및 단계별 목표 설정·관리<br>·철도 및 버스·지하철·경전철·자전거 이용 및 연안 해운 활성화<br>·교통수요 관리 대책 수립(혼잡통행료, 교통유발부담금, 승용차 진입억제 지역 확대, 지능형 교통정보 시스템 확대·구축) |

### 2) 지속가능교통물류발전법

'지속가능교통물류발전법'은 현재와 미래 세대를 위한 교통물류의 지속가능 발전기반을 조성하고, 국민경제와 국민의 복리를 향상시켜 에너지 위기, 교통물류 여건 변화에 대응하기 위한 목적으로 제정되었다.

이 법은 6장으로 구성되며, 친환경적인 지역 간 이동 및 에너지자원 절약을 통한 온실가스 배출 감축이라는 기본원칙을 가지고 있고, <표 5>와 같이 도로교통부문 조항에서는 친환경적인 물류여건을 위한 조항만을 규정하였다.

〈표 5〉 지속가능교통물류발전법 도로교통부문 조항

| 법조항 | 법조항 명칭 | 주요내용 |
|---|---|---|
| 제18조 | 자동차 통행량 총량 설정 | · 교통물류권역 주요 도로의 자동차 통행량 총량 설정 및 관리 |
| 제20조 | 대형 중량화물의 운송대책 | · 친환경적인 대형 중량화물 운송대책 수립<br>· 대체 교통수단의 지정, 조치, 대체·우회교통로 지정 |
| 제21조 | 전환교통 지원 | · 환승·환적(換積) 시설 및 장비 설치<br>· 효율적인 교통수단으로의 전환<br>· 전환교통협약 체결 및 보조금 지원 |
| 제23조 | 대중교통 육성 및 이용촉진 | · 대중교통 수송 분담목표 설정, 대중교통수단 우선통행, 대중교통 육성 재정지원을 고려한 대중교통 계획 수립 |
| 제29조 | 도시계획과의 연계 | · 교통물류체계 발전을 고려한 도시계획 및 도시계획 사업 추진<br>· 지속가능 교통물류체계 지향형 도시계획 |
| 제43조 | 특별대책지역 교통수요 관리 | · 혼잡통행료, 교통유발부담금, 교통체계지능화사업, 대중교통 우선 통행 등의 교통수요 관리 방안 |

### 3) 대기환경보전법

'대기환경보전법'은 대기오염으로부터 국민건강을 예방하고 쾌적한 환경조성을 위해 지속가능한 관리와 보전을 통한 삶의 질 향상에 이바지하기 위한 목적으로 제정되었고, 1990년 제정 당시 개인의 건강이나 동식물의 생육에 대한 위해를 방지하기 위해 대기오염물질을 규제하는 것이 주목적이었으나, 1995년 기후변화 규제에 관한 세계적인 추세를 고려하여 온실가스를 포함하는 기후·생태계 변화유발물질 등에 관해 규정하고 있다.

이 법은 5장으로 구성되어 있으며, 도로교통부문 조항은 <표 6>과 같고, 대기오염을 발생시키는 자동차에 대한 규정만을 언급하고 있다.

〈표 6〉 대기환경보전법 도로교통부문 조항

| 법조항 | 법조항 명칭 | 주요내용 |
|---|---|---|
| 제46조 | 제작차의 배출허용기준 | · 제작차 배출허용 기준설정 |
| 제47조 | 기술 개발 등에 대한 지원 | · 대기오염을 줄이기 위한 자동차 시설 및 장치 등의 지원 |
| 제50조 | 제작차 배출허용기준 검사 | · 제작차 자동차 배출가스 허용 기준 검사<br>· 검사결과에 대한 조치사항 |
| 제56조 | 과징금 처분 | · 자동차 제작자에 대한 과징금 처분 |
| 제57조 | 운행차 배출허용 기준 | · 운행차 배출가스허용 기준 |
| 제58조 | 저공해자동차 운행 | · 경유 사용 자동차의 운행 제한<br>· 친환경 자동차의 구입자에 대한 지원<br>· 저감장치 등의 교체 및 장치 부착 차량의 운행기간 설정 |
| 제62조 | 운행차 배출가스 정기검사 | · 운행차 배출허용기준 검사, 방법, 대상, 항목, 검사기관의 능력 |
| 제63조 | 운행차 배출가스 정밀검사 | · 운행차 배출가스 정밀검사 자동차 대상 기준<br>· 운행차 정밀검사 정비기간 및 검사 결과통보 |
| 제68조 | 배출가스 전문 정비업자의 지정 | · 배출가스 허용기준 자동차의 점검 방안 및 업체 선정기준, 지정절차 |
| 제70조 | 운행차 개선명령 | · 운행차 배출허용기준 자동차의 개선 |

### 4) 수도권대기환경개선에관한특별법

'수도권대기환경개선에관한특별법'은 수도권 지역의 대기오염원 관리를 통한 수도권 주민의 건강과 수도권 지역의 대기환경의 개선 및 쾌적한 생활환경 조성을 목적으로 제정되어, 수도권 대기환경 조성을 위한 계획 수립 및 사업장·자동차 등에서 배출되는 오염물질 감축을 위한 사항을 다루고 있다.

이 법은 7장으로 구성되어 있으며, 도로교통부문 조항은 <표 7>과 같고, 저공해 자동차의 보급·구매, 노후차량의 조기폐차 지원 등을 언급하고 있다.

〈표 7〉 수도권대기환경개선에관한특별법 도로교통부문 조항

| 법조항 | 법조항 명칭 | 주요내용 |
|---|---|---|
| 제23조 | 저공해 자동차의 보급 | · 자동차 판매자의 대기관리권역 내 연간 보급 기준 |
| 제24조 | 저공해 자동차의 구매 등 | · 대기관리권역 내 행정기관 및 공공기관의 저공해 자동차 구매<br>· 저공해자동차 구매자에 대한 재정적 지원 |
| 제25조 | 특정 경유자동차의 관리 | · 특정 경유 차량에 대한 운행차 배출허용 기준 강화 및 검사<br>· 특정 경유 차량의 개조 또는 교체 경비 지원 사항 |
| 제27조 | 노후차량의 조기폐차 지원 등 | · 노후 차량에 대한 조기 폐차 방안 및 경비 지원 사항 |
| 제34조 | 대기오염저감을 위한 재정적 지원 등 | · 대기관리권역 대기오염 감소 방안 |

### 2.3 시사점

도로관련법, 녹색성장관련법 이외에 환경관련법 및 여러 분야의 법제연구를 고찰한 결과, 대부분의 교통부문 법제연구가 신교통수단 또는 수송(물류)과 관련한 연구로 도로의 계획, 설계, 시공, 운영, 유지관리 등 전생애주기에서의 $CO_2$ 발생을 최소화하기 위한 '녹색도로', '탄소중립형 도로'와 같은 법제연구 및 법적 개념은 없는 실정이다.

따라서 기존의 도로사업으로 인한 환경의 악영향 및 온실가스 배출량 비중이 높은 도로부문에서의 온실가스 배출저감을 위한 법제연구 및 기술 개발이 필요하며, 도로는 도로의 계획, 건설, 운영, 유지관리 등 다 분야의 부처 간 협력이 필요한 사항으로, 부처 간 협력이 효율적이고 지속적으로 이루어질 수 있도록 이에 대한 법적인 규정 마련이 필요하다. '녹색도로', '탄소중립형 도로'와 같이 도로분야의 녹색성장을 추구하고자 하는 개념이 기본법인 도로법이나, 저탄소녹색성장기본법 등에 정의되어야 하며, 탄소중립형 도로의 발전방향에 비추어 포괄적인 의미로 정의되어야 한다.

또한 정책을 입안하는 정부가 녹색도로 정책추진의 기준으로 활용할 수 있도록 '녹색도로 인증제'와 같은 시스템이 마련되어야 할 것이다.

## 3. 탄소중립형 도로 관련 법·제도 정비 방안

### 3.1 법제화의 기본방향

탄소중립형 도로의 법제화는 <표 8>과 같이 별도의 법령을 제정하는 방법과 기존 법령 일부를 개정하여 탄소중립형 도로 개념을 추가하는 방법 두 가지 방향으로 검토해 볼 수 있다.

별도의 법령을 제정하는 방식은 고속국도법이나 유료도로법과 같이 별도의 탄소중립형 도로법을 제정하여 정의 및 탄소중립형 도로의 신설 및 개축, 관리권 등 탄소중립형 도로의 모든 부분에 대한 법조항을 포함시키는 방법으로, 고속국도나 유료도로 등과 같이 지속적으로 대규모의 사업을 추진하기에는 용이한 장점이 있는 반면, 별도의 법령을 제정하기에는 절차상의 어려운 단점이 있다.

반면 기존 법령 일부를 개정하여 탄소중립형 도로 개념을 추가하는 방법은 일부 조항만을 개정·추가하여 기존 법체계 내에서 탄소중립형 도로 구현이 가능하도록 법제도를 정비하는 방법으로, 별도의 법령을 제정하는 것에 비해 법제도 정비가 수월하나, 대규모 사업으로 추진함에 있어 필요한 모든 내용을 기존법에 추가하기가 어려워 사업추진의 한계성을 가지는 단점이 있다.

〈표 8〉 탄소중립형 도로 법제화 기본방향 및 관련사례

| 구분 | | 세부사항 | 관련사례 |
|---|---|---|---|
| 별도의 법령 제정 | | · 고속국도, 유료도로, 사도 등과 같이 특수한 목적을 위한 도로의 효율적인 건설 및 유지관리를 위해 별도의 법령을 제정하는 방식<br>· 탄소중립형 도로의 경우 도로의 기본 건설 목적 이외에 '온실가스 배출량 40% 이상 절감'이라는 별도의 목적을 위한 도로사업임을 감안하여 별도의 법령을 제정하고자 하는 방식 | · 고속국도법<br>· 유료도로법<br>· 사도법 |
| 기존 법령 일부 개정 및 추가 | 타 법령에 관련 근거만 추가 | · 저탄소 녹색성장 관련법에 '탄소중립형 도로' 개념을 추가하고, 향후 사업추진의 근거 제시 | · 탄소중립형 도시[1] |
| | 타 법령 조항을 근거로 도로법 개정 및 관련지침 제정 | · 타 법령(도로법 등)에 '탄소중립형 도로' 개념 추가<br>· 개념정립 및 지향 등은 저탄소녹색성장기본법에서 제시<br>· 사업 추진을 위한 구체적인 근거와 절차 등은 도로 관련법 및 관련지침에서 제시하도록 법·제도 정비 | · 환경친화적인 도로 설계[2] |
| | 도로법 내 조항 추가 후 관련지침 제정 | · 도로법 내에 개념 및 지정에 관한 부분 추가<br>· 설계·시공·관리 등에 관한 세부사항은 별도의 관련지침을 제정 | · 자동차전용도로[3] |

단기적으로는 '탄소중립형 도로' 관련 기술 개발을 토대로 하여 별도의 법령을 제정하는 것은 현실적으로 불가능할 것이므로, 기존 관련법령 일부를 개정하여 탄소중립형 도로 개념을 추가하는 방법이 바람직할 것이다.

향후 '탄소중립형 도로 기술개발' 연구과제를 통해 개발된 세부기술들에 의해 탄소중립형 도로가 구축될 수 있는 시기에는 앞서 제시한 별도의 법령을 제정하는 방안을 추진해 볼 수 있을 것으로 판단된다.

1) 저탄소녹색성장기본법에 근거가 제시되어 있지만, 현재 별도의 법령에 반영되지는 못함.

2) 환경정책기본법에 근거하여 도로법 개정 및 관련지침 제정.

3) 도로법 내 개념 및 지정에 관한 부분을 추가하고 세부내용은 '자동차 전용도로 지정에 관한 지침'에서 규정.

### 3.2 법적 개념 정립

'탄소중립형 도로 기술개발' 연구에서 사용하고 있는 '녹색도로', '탄소중립형 도로' 등은 사전에 개념 정립이 되어 있지 않은 용어이다. 탄소중립형 도로의 법적개념(안)을 제시하면 아래와 같다. <표 9>는 관련 용어를 정의한 것이다.

> "탄소중립형 도로란 도로의 전생애주기를 통해 온실가스 배출량을 최소화시켜 저탄소 녹색성장 구현에 기여할 수 있는 도로로서 온실가스 감소량과 노선지정, 그밖에 필요한 사항은 대통령령으로 지정된 사항을 따른다."

〈표 9〉 녹색도로 및 탄소중립형 도로 관련 용어의 정의

| 구분 | 정의 |
|---|---|
| 탄소중립 | $CO_2$ 발생 저감 및 발생한 $CO_2$의 흡수, 전환, 해소를 통하여 $CO_2$ 발생효과가 '0'인 상태를 의미 |
| 탄소중립도로 | 도로의 계획/설계/시공/운영/유지관리 등 전생애주기 동안 $CO_2$ 발생을 최소화하고, 발생한 $CO_2$를 흡수, 전환, 해소하여 궁극적으로 $CO_2$ 발생효과가 '0' 상태인 도로를 의미 |
| 탄소중립형 도로 | 탄소중립도로를 완성하기 위한 전 단계로 $CO_2$ 발생효과가 60% (기존 대비 40% $CO_2$ 감소) 수준인 도로를 의미 |
| 녹색도로 | 에너지와 자원을 절약하고 효율적으로 사용하여 온실가스 및 오염 물질의 배출을 최소화하면서 안전하고 쾌적한 이동성을 확보하는 친환경도로로, 탄소중립형 도로와 생태계를 위한 그린네트워크(Green Network), 도로에너지 하베스팅(Energy Harvesting) 개념이 통합된 도로 |

### 3.3 관련법의 개정 및 신설방안

탄소중립형 도로의 법제화를 위한 기존 관련법 개정 및 법조항 신설은 도로법과 저탄소녹색성장기본법을 중심으로 추진하며, 추가적으로 '탄소중립형 도로 기술개발' 연구와 관련된 성과물의 적용을 위한 법조항 개정 및 신설방안을 제시하면 <표 10>과 같다.

## 4. 결론

최근 국가정책 아젠다인 '저탄소 녹색성장'을 실현하기 위한 노력들이 전 산업부문에 걸쳐 이루어지고 있고, 건설산업부문에서도 에너지 및 온실가스 배출 저감을 위한 정책 및 기술 개발이 활발히 이루어지고 있다.

〈표 10〉 기존 관련법의 개정 및 법조항 신설방안

| 구분 | 개념 추가조항 | 기타 개정 및 신설부분 |
| --- | --- | --- |
| 도로법 (시행령) | 정의 (제2조) | · 도로정비기본계획 수립 시 탄소중립형 도로를 별도의 노선으로 계획하도록 법 문구 추가(제22조)<br>· 탄소중립형 도로의 공사와 유지관리 등에 대한 부분추가(제23조)<br>· 탄소중립형 도로 노선지정 등에 대한 법조항 신설<br>※ 제61조 조항을 통해 자동차전용도로를 지정할 수 있도록 되어 있음<br>· 기타 관련법에 탄소중립형 도로 개념 추가 |
| 저탄소 녹색 성장 기본법 | 정의 (제2조) | · 탄소중립형 도로를 포함한 녹색 SOC구축에 대한 기본원칙 추가(제22조)<br>· 도로부문을 통한 자원순환(에너지, 수자원 등)에 대한 부분 추가(제24조)<br>· 도로교통부문 온실가스 관리를 위한 '탄소중립형 도로' 활용방안 추가(제47조)<br>· 탄소중립형 도로 구축을 통한 녹색국토 관리방안 내용 추가(제51조)<br>※ 제51조 2항 1호에 '탄소중립도시' 조성에 대한 내용이 이미 포함되어 있음<br>· 탄소중립형 도로 확대 관련 법조항 신설<br>※ 제54조에 녹색건축물의 확대 조항이 포함되어 있음 |
| 기타 관련법 | 각 법령 정의조항 | · '탄소중립형 도로 기술개발' 연구의 성과물과 관련된 기타 관련법의 세부 법조항에 대한 개정 및 신설 |

미국 ENR(Engineering News Record)에서는 정기적으로 녹색건설산업 시장에 대한 시설물부문별 점유율을 발표하고 있으나, 도로부문의 에너지 소모 및 탄소배출량이 건축시설물 다음으로 많음에도 불구하고 녹색도 특정시스템 부재로 인해 ENR의 녹색건설사업부문별 통계에 발표되지 않는 등 도로부문은 녹색산업과는 동떨어진 산업으로 인식되어져 왔다.

미국을 중심으로 도로시설물에 대한 녹색도 측정을 위한 연구가 수행되어 녹색도로 인증제도가 시행·적용되고 있다. 한국건설기술연구원에서는 도로부문 녹색기술 개발 및 적용확산을 통해 관련 산업 발전에 기여할 수 있는 '녹색도로 인증제도'의 국내 정착을 위한 적용방안을 검토하고 있다.

따라서 한국형 녹색도로 인증제도의 도입 및 원활한 시행을 위해서는 법적 근거가 필요하며, 이를 위해서는 관련 법령 내에 관련 규정을 신설·추가하는 방안의 검토가 우선적으로 필요하다.

녹색도로 법·제도는 탄소중립형 도로와 관련하여 개발될 기술의 활용성을 높이기 위한 법적 근거 및 기반을 조성할 수 있는 중요한 부분으로, 이를 통해 녹색도로의 활성화 및 녹색도로 관련 기술시장을 크게 성장시킬 수 있다.

녹색도로 인증제의 최종 수요자(end user)는 정부로 국가 차원에서 녹색도로 인증제가 도입·적용되면 아래와 같은 기대효과가 예상된다.

첫째, 녹색도로 건설을 위한 평가체계 개발을 통해 에너지 사용으로 인한 온실가스 및 대기오염 물질 배출저감 등의 명확한 목표설정 및 관리가 가능하다. 둘째, 설계용역업체·시공업체 선정평가 및 사업평가 시 활용이 가능하고, 도로시설물 자재·공법·장비 선정 지원시스템 개발의 기반기술로도 활용될 수 있다. 셋째, 세계적으로 급팽창하고 있는 엄청난 규모의 탄소시장에 대응하여 미국, 일본, 호주 등이 도입 실시 중인 '총량제한 배출권거래제'에 대한 대비가 가능하다. 넷째, 저탄소녹색성장기본법 제41조, 제42조에서 규정하는 온실가스 배출량 보고 및 종합정보관리체계 구축·운영 조항에 대한 대비가 가능하고, 도로 전생애단계에서의 온실가스 배출량 및 에너지 저감량에 대한 정보가 종합정보관리체계와의 연동이 가능해질 것으로 예상된다.

그러나 일부 도로건설사업이 정부의 재정사업보다는 주로 민간투자법상의 민간투자사업을 통하여 이루어지고 있어, 향후 민자도로 건설사업 시 탄소중립형 도로의 기술적용이 가능하도록 사회기반시설에 대한 민간투자법과의 연계, 인센티브 및 지원책 등에 대한 명시도 필요할 것으로 판단된다.

# 참고문헌

한국법제연구원(2011), 저탄소 녹색도로를 향한 외국의 도로정책의 변화와 우리나라 도로정책의 시사점
한국법제연구원(2011), 일본의 저탄소 도시 만들기 가이드라인에 관한 법제연구
한국도로공사(2011), 저탄소 녹색고속도로의 현재와 미래
한국도로공사(2009), 저탄소 녹색성장을 위한 도로정책 및 기술
한국교통연구원(2011), 녹색도로 등급체계를 통한 도로부문 온실가스 저감방안 연구
한국교통연구원(2006), 환경친화적인 도로건설 및 운영정책개발에 관한 연구
한국교통연구원(2009), 녹색성장 구현을 위한 도로부문 정책개발
국토해양부(2011), 교통시설 투자평가지침 제4차 개정
국토해양부, 환경부(2010.8), 환경친화적인 도로건설 지침
일본 국토교통성(2005), 지구 온난화 방지를 위한 도로부문에서의 기본방침 및 구체적인 정책제안

# 녹색도로의 인증시스템

**구재동**
한국건설기술연구원 연구위원

국내 도로를 녹색도로로 조성해 나가기 위하여, 녹색도로 인증제도 관련 해외사례 검토를 바탕으로 지속가능한 도로건설을 위한 도로분야 녹색인증제도 도입 타당성 및 도입방향을 설정하여 녹색도로 인증시스템 구축방안을 제시하였다. 녹색도로 인증제도와 인증시스템의 최종 수요자는 정부 및 발주기관이며, 국가 차원에서 이 제도가 도입되어 적용된다면 여러 발주기관에서 설계용역업체나 시공업체에 대한 선정평가 및 녹색사업 평가 시 활용가능할 것이다.

## 1. 서론

최근 정부에서는 국제녹색기구를 유치하였고, 정부가 설정한 온실가스의 감축목표를 달성하기 위해 다양한 분야에서 많은 노력이 활발하게 이루어지고 있다. 그러나 도로분야에 대한 온실가스 배출량 저감을 위한 다양한 기법 및 기술에 대한 검토와 이를 통한 도로의 계획 및 설계, 건설, 운영단계에 이르기까지 녹색도로 구축에 대한 연구는 지금까지 미흡한 실정에 있었다.

우리나라 도로분야의 온실가스 감축목표를 달성하기 위하여 녹색도로 관련법과 제도 정비에 발맞추어 탄소중립형 도로의 법적 개념을 정립하는 등 탄소중립형 도로활성화를 위한 법과 제도 기반을 마련하는 연구를 수행하고 있다. 또한 국내 도로를 저탄소 녹색도로 측면에서 평가할 수 있는 녹색평가기준 등 녹색도로의 인증제도 정립 및 인증·모니터링 시스템을 개발하고 있다.

본고에서 다루는 연구개발의 내용과 범위는 크게 탄소중립형 도로, 녹색도로 인증제도의 법적개념의 정립에 따라 지속가능한 도로건설을 위한 녹색인증제도의 도입 타당성 및 도입방향을 설정하고, 녹색도로 인증제도와 관련된 해외사례를 통하여 지속가능한 도로건설을 위한 도로분야 녹색인증제도 도입 타당성 및 인증시스템 도입 방향을 설정하였다.

본고에서는 제안하여 도입될 녹색도로 인증제도 및 인증시스템의 최종 수요자(end user)는 정부와 발주기관이며, 국가 차원에서 녹색도로 인증제도가 도입되어 적용된다면 향후 발주기관에서 설계용역업체나 시공업체 선정평가 및 녹색사업 평가 시 활용이 가능할 것으로 판단된다. 또한 이러한 인증시스템을 통해 녹색도로 건설을 위한 평가체계 개발 가능, 에너지사용, 온실가스 배출저감, 대기오염 배출저감 등에 명확한 목표설정 및 관리가능, 도로시설물 자재・공법・장비 선정 지원시스템 개발의 기반기술로도 활용될 수 있을 것이다.

## 2. 관련제도와 기술의 현황

최근 녹색인증제도와 관련하여 국내외 법・제도・사례 조사를 벤치마킹하여 녹색도로 인증제도의 법적 개념을 명확히 정리하고, 녹색도로 인증제도에 대한 국내 적용성 검토를 모색하고 있다. 녹색도로 인증제도 세부평가항목에 대한 국내 적용성 검토결과, 도로건설 공사 수행을 통해서 직접적으로 목적물을 구체화하는 데 요구되는 자재, 시공, 포장, 수자원 등 평가항목에서 국내 법제도에 의무적으로 시행되고 있지는 않아도 국내 도로설계 및 시공수행에 있어서 상당한 부분에 반영되어 시행되고 있었다. 반면에 미국의 제도와 정책에 따라 수행되고 있는 '접근성 및 형평성' 등 항목에 대해서는 우리나라 실정에 맞게 변경할 필요성이 있어, 일부 항목을 제외하고 국내에 도입하여 적용 시 큰 문제점이 없다고 사료된다. 이에 본고에서 논의되는 연구 결과는 향후 한국형 녹색도로 인증제도를 도입하기 위한 기초연구로 활용될 것으로 판단되며, 이를 위해서 구체적인 세부평가지표 개발 등이 추가적으로 검토가 이루어질 필요가 있다.

또한 녹색도로 인증제도의 세부평가항목에 대한 비용편익 분석을 통해 녹색인증제도 도입의 타당성을 검토하였다. 검토결과 일부항목에 대해서는 초기 추가비용은 있으나, 시간이 지나면 대부분 비용회수가 가능할 것으로 나타났다. 그러나 비용자료 수집의 어려움으로 인하여 녹색도로 인증제도의 세부평가항목 중에서 일부 항목에 대해서 조사하였다. 향후 녹색도로 인증제도를 획득한 도로의 경제성 분석을 위해서는 녹색비용 및 편익요소의 규명, 녹색도로건설비용 모델개발, 비용 및 편익정보 데이터베이스(DB)의 구축 등이 필요하다.

## 3. 국내외 관련 기술 및 산업동향

### 3.1 국내 기술 및 산업 동향

최근 도로분야의 제도 및 법제 개선에 관한 연구가 진행되고 있으며, 특히 저탄소녹색성장기본법의 발효로 도로분야에서의 녹색성장과 관련한 법제연구가 활발히 진행되고 있다. 그러나 대부분의 제도 및 법제연구가 신교통수단이나 수송 및 교통 분야에서의 연구가 주를 이루고 있으며, 도로의 계획, 설계, 시공, 운영, 유지관리 등 도로 전생애주기에서의 $CO_2$ 발생을 최소화하기 위한 '탄소중립형 도로'와 관련된 연구는 거의 없는 실정이다. 국가의 정책 아젠다인 '저탄소 녹색성장'을 실현하기 위한 노력들이 산업 전반에 걸쳐 활발히 이뤄지고 있고, 건설산업부문도 에너지 및 온실가스 배출저감을 위한 정책 및 기술개발이 활발히 이뤄지고 있다.

### 3.2 국외 기술 및 산업 동향

미국 ENR(Engineering News Record)지에서는 정기적으로 녹색건설산업 시장에 대한 시설물 분야별 점유율을 발표하고 있다. 그러나 도로분야의 에너지 소모와 탄소배출량이 건축시설물 다음으로 많음에도 불구하고 녹색도 측정 시스템 부재로 인해 ENR의 녹색건설사업부문별 통계에 발표되지 않는 등 도로부문은 녹색산업과는 동떨어진 산업으로 잘못 인식되어져 왔다.

이에 최근 미국을 중심으로 도로시설물에 대한 녹색도 측정을 위한 녹색도로 인증제도가 추진되어 일부 시범 적용되고 있음이 알려져 있다.

미국 환경보호국은 Smartway Transport Partnership 프로그램 실시로 대기오염물질 방출량 감소 등을 추진 중(TEA-21 평가지침)으로 있어 시애틀 도로 자연배수 시스템(natural drainage system)을 도입하고 있다.

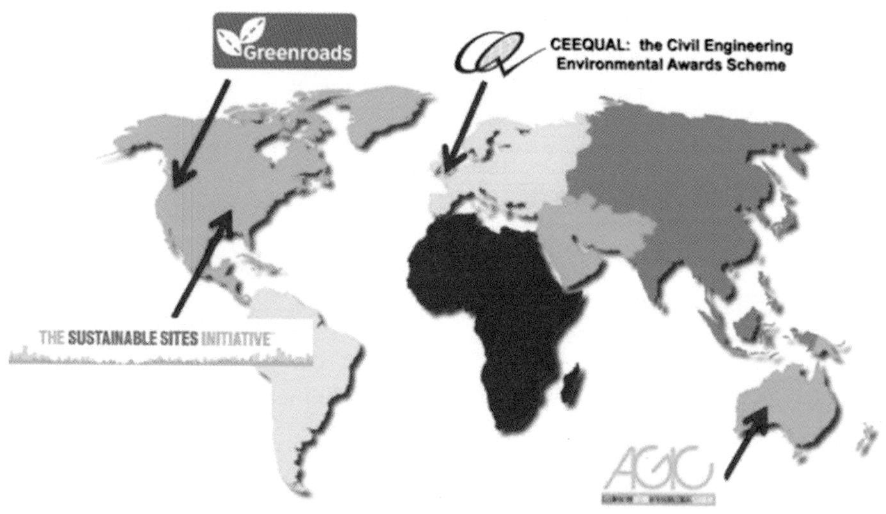


※ 주 1: 영국(CEEQUAL)・호주(AGIC)-SOC 시설물에 대한 녹색인증제도
2: 미국(GreenRoads)-美 LEED를 착안해서 고속도로만을 대상으로 개발된 녹색인증제도

〈그림 1〉 녹색관련 인증제를 활용하는 주요국가(영국, 미국)

영국은 녹색물류 정책안을 통해 저배출구를 도입하고 있고, 영국 녹색물류 정책안을 통해 저배출구역을 지정하여 탄소배출량을 조절하고 있다.

일본 국토교통성에서는 교통체증으로 인한 $CO_2$ 감축을 위해 에코 드라이브의 보급, 고속도로와 대중교통이용 촉진 등을 위해 일본 26개 지역에서 에코 로드 정책 시스템을 실시 중에 있다.

미국, 유럽 등 국가에서는 녹색성과 평가를 위해서 $CO_2$ 발생량만을 가지고 평가하기보다는 경제적・사회적・환경적 지표를 다양하게 사용하고 있다.

미국의 경우를 살펴보면, 도로의 생애 주기 동안 혁신적이며 경제적인 환경 및 녹색성을 확보하기 위해 'HR 5161 Green Transportation Infrastructure Research and Technology Transfer ACT: 녹색 교통 인프라 연구 활성화 법령'을 마련하여 추진 중에 있다.

오리건 주에서는 교통국 등의 지원하에 도로시설물에 대한 녹색도 측정을 위한 연구가 수행되었고, 그린빌딩 인증제도(LEED)와 유사하게 도로부문에 대한 친환경도로 등급제도인 녹색도로 인증제도에 대한 도입도 추진 중에 있다.

미국 녹색인증 및 평가제도와 관련해서는 University of Washington의 연구소 및 CH2MLL이라는 민간기업을 중심으로 개발한 'Greenroads'라는 인증제도를 통해 녹색도로 건

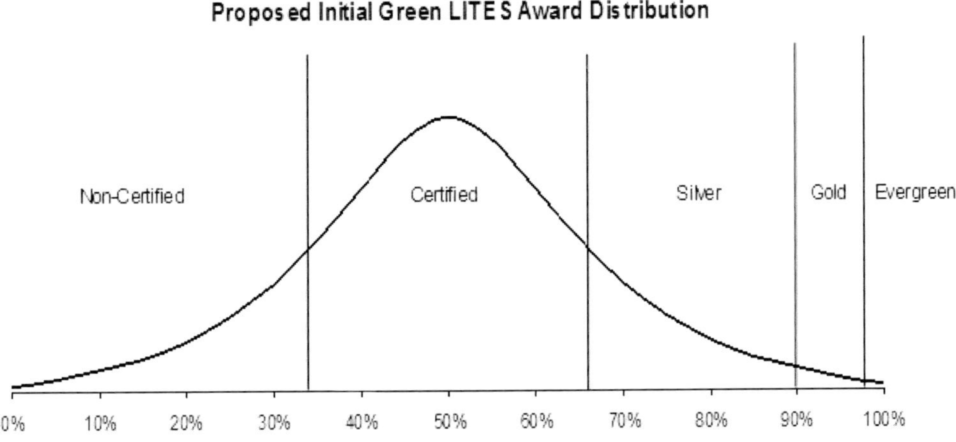


※ 주: 미국 뉴욕 주 교통국의 경우, 프로젝트의 77% 정도가 인증등급을 받고 있으며 이중 녹색도 상위 10% 정도가 골드 등급, 에버그린 등급을 부여받고 있음

〈그림 2〉 미국 뉴욕 주 교통국의 Green LITES의 인증등급 분포

설에 사용되는 재료와 자원에 대한 평가시스템을 시범적으로 운영하고 있으며, 현재 미국 뉴욕 주(NewYork State)는 녹색도로 자체 평가시스템을 개발하여 운영하고 있다.

미국 녹색도로 인증제도(Green-Roads) 적용에 대해 살펴보면, "녹색도로란 도로를 설계하거나 공사 중인 도로사업에 대해서 종래 공법보다 우수한 지속가능 수준"이라고 정의하였다.

녹색도로 평가시스템에는 소음저감, 우수관리, 폐기물 관리를 포함하여 최소 요구기준을 제시하고 있으며, 이러한 녹색도로 인증제도는 신규 프로젝트나 개선 프로젝트를 평가하는 데 활용될 수 있다고 제시하고 있다.

〈그림 3〉 사업 지향형 녹색도로(Green roads) 시스템(워싱턴 주 및 오리건 주 사례)

32-42 points
PR + 30% VC

43-54 points
PR + 40% VC

55-63 points
PR + 50% VC

64+ points
PR + 60% VC

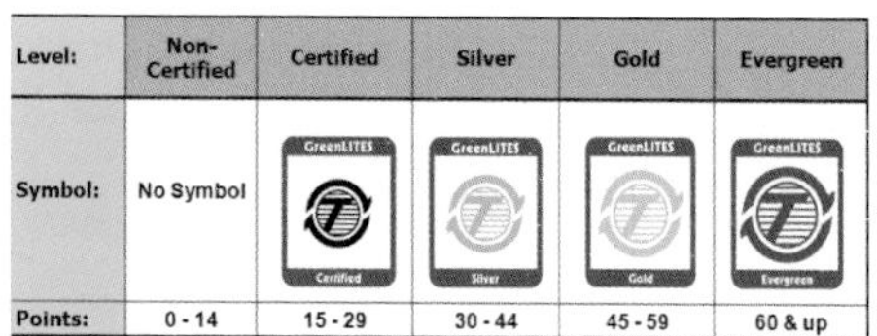

| Level: | Non-Certified | Certified | Silver | Gold | Evergreen |
|---|---|---|---|---|---|
| Symbol: | No Symbol | GreenLITES Certified | GreenLITES Silver | GreenLITES Gold | GreenLITES Evergreen |
| Points: | 0 - 14 | 15 - 29 | 30 - 44 | 45 - 59 | 60 & up |

〈그림 4〉 미국 워싱턴 주 · 뉴욕 주의 녹색도로 인증등급 및 기준

녹색도로 인증제도는 <그림 4>와 같이 발주기관에서 주로 설계와 시공 중의 도로사업을 평가하여 실버, 골드, 에버그린 등급으로 인증을 구분하고 있다.

### 3.3 소결론 및 시사점

우리나라는 정부의 저탄소 녹색성장 정책기조에 국토해양 전 분야에서 저탄소 녹색성장을 위한 부처별 세부추진 계획 등이 수립되어 추진되고 있고, 국토경쟁력 강화를 위해 도로사업의 효율화 방안을 수립하는 등 다양한 분야에서 지속적인 노력을 경주해오고 있다.

그러나 이러한 기술 개발과 관련 법 · 제도가 정비되지 않아서, 통합시너지 효과가 발휘되지 못하고 있는 실정이다. 대부분의 제도 및 법제 연구가 신교통수단이나 수송 및 교통 분야에서의 연구가 대부분이며, 도로의 계획, 설계, 시공, 운영, 유지관리 등 발주기관에서 필요한 전생애주기에서의 $CO_2$ 발생을 최소화하기 위한 '탄소중립형 도로'와 관련된 법제연구는 없었던 실정이다.

또한 국내 녹색인증제도 관련으로는 환경부의 탄소성적표지제도, 지식경제부, 농림수산식품부 등의 녹색기술 인증제도 및 녹색사업 인증제도 등이 운영되고 있으나, 대부분 제품생산에 대한 기술과 사업에 대한 인증 위주로 시행되고 있고, 시설물에 대한 인증제도는 미국의 녹색건축 인증제도(LEED)를 도입하여 추진 중에 있으나, 도로시설물에 대한 인증제도는 도입되지 않은 상태이다.

이에 따라 전체 우리나라 산업부문에서도 탄소배출량이 많은 도로부문에 있어서 탄소배출저감에 대한 정책적 · 제도적 기반을 조성할 필요가 있다.

## 4. 녹색도로 인증체계와 인증시스템 개발

본 연구의 최종목표는 녹색도로 인증체계 마련 및 인증시스템 개발로, 녹색도로 인증제도 정립과 인증시스템의 시작품을 개발하는 것이다.

1차년도에는 탄소중립형 도로 및 녹색도로 인증제도 법적개념 정립과 녹색도로 인증제도 관련 해외사례 검토, 지속가능한 도로건설을 위한 녹색인증제도 도입 타당성 및 도입 방향 설정을 수행한다. 2차년도에는 녹색도로 법제도 개정안 및 녹색도로인증체계 마련을 위해 녹색도로 인증을 위한 세부평가 항목 및 지표개발, 한국형 녹색도로 인증제도 도입을 위한 도로유형별 평가지표에 대한 가중치 설정 및 평가방법 제시, 녹색도로 평가를 위한 관련 데이터 수집방법, 평가절차 등 체계 마련, 녹색도로의 설계·시공 측면의 평가항목 도출 및 평가체계를 구축한다. 3차년도에는 녹색도로 인증제도 개발을 위해, 녹색도로의 도로교통부문 및 유지관리 측면의 평가항목 도출 및 평가체계 구축, 녹색도로 인증제의 세부 구현방안 개발, 녹색도로 인증시스템 개발을 위한 알고리즘 개발, 녹색도로 인증시스템의 프로그램 개발을 위한 기초연구를 수행한다. 4차년도에는 녹색도로 인증시스템 개발을 위해, 녹색도로 인증시스템의 프로그램 개발, 녹색도로인증 모니터링 방안 마련, 녹색도로 인증제 평가결과 활용방안 제시, 타 세부과제 연구 성과를 반영하여 녹색도로 인증제도 세부평가지표를 보완한다. 5차년도에는 최종 녹색도로 인증시스템 개발을 위해, 녹색도로 인증 및 모니터링 시스템 수정·보완, 탄소중립형 도로과제를 통해 개발된 신기술의 시스템 내 반영 및 인증체계와 시스템 반영 수정, 녹색도로 인증 및 모니터링 시스템의 프로그램 개발을 수행한다.

## 5. 결론 및 정책제안

녹색도로 인증제도의 최종 수요자는 정부(발주기관)이며, 국가 차원에서 녹색도로 인증제도가 도입되어 적용된다면 발주기관에서 설계용역업체 선정, 시공업체 선정, 녹색사업 평가 시 활용 가능할 것이다. 녹색도로 건설을 위한 인증평가체계 개발을 통해 에너지 사용, 온실가스 배출저감, 대기오염 배출저감 등 명확한 목표설정 및 관리가 가능하게 될 것이고, 도로시설물 자재·공법·장비 선정 지원시스템 개발의 기반기술로도 활용될 수 있다.

저탄소녹색성장기본법이 추구하는 기후변화 대응 및 에너지 목표관리가 도로분야에서의 온실가스 감축목표의 단계별 목표설정의 가능, 목표달성을 위한 조기행동 촉진, 경영지원, 기술적 조언 등의 지원도 가능해질 것으로 사료된다.

도로분야는 더 나은 삶을 위한 도로, 이동성 및 지속가능한 발전을 세계적으로 추구하는 추세로 도로의 계획·건설·운영 단계에서의 탄소중립화를 위한 법과 제도, 녹색도로 인증제도 및 프로그램의 개발을 통해 개발도상국 지원도 가능할 것이다.

저탄소녹색성장기본법 제41조, 제42조에서 규정하는 온실가스 배출량 보고 및 종합정보관리체계 구축·운영 조항에 대비하여, 도로 전생애단계에서의 온실가스 배출량 및 생산량, 소비량에 대한 정보수집이 가능하고, 향후 녹색도로인증 프로그램 개발을 통한 종합정보 관리체계와의 연동이 가능해질 것으로 사료된다.

# 참고문헌

한국법제연구원(2011), 저탄소 녹색도로를 향한 외국의 도로정책의 변화와 우리나라 도로정책의 시사점

한국교통연구원(2012), 제1세부 녹색도로 법/제도 및 인증시스템 중간보고서, 탄소중립형도로기술개발연구단, 한국건설교통기술평가원

한국교통연구원(2006), 환경친화적인 도로건설 및 운영정책개발에 관한 연구

한국교통연구원(2011), 탄소중립형 도로 기술과제 기획보고서, 한국건설교통기술평가원

한국교통연구원(2011), 녹색도로 등급체계를 통한 도로부문 온실가스 저감방안 연구

한국도로공사(2009), 저탄소 녹색성장을 위한 도로정책 및 기술

한국법제연구원(2011), 일본의 저탄소 도시 만들기 가이드라인에 대한 법제연구

# 녹색도로 탄소배출량 산정기술

**황용우**
인하대학교 교수

전 세계적으로 기후변화가 주요 환경이슈로 대두되고 국내에서도 저탄소 녹색성장이라는 슬로건 아래 지구 온난화에 대응하고 있다. 특히 막대한 양의 자원이 투입되는 SOC건설에서의 온실가스 저감에 대한 대응은 무엇보다도 중요하다. 이러한 상황에서 도로의 전과정에 따른 탄소배출량 산정기술을 제시하고, 제시된 산정기술의 관리방안을 모색하는 것은 녹색도로 실현에 있어 큰 의미를 가진다고 하겠다.

## 1. 서론

2005년 2월 교토의정서 발표 이후 기후변화협약에 대한 본격적인 이행체제로 전환되어 감에 따라 전 세계적으로 탄소배출량을 관리하고 감축하기 위한 기술이 개발되고 있다. 최근의 제17차 기후변화협약 당사국총회(COP17)[1]에서 교토의정서 연장과 2020년 모든 당사국이 참여하는 기후변화체제 설립 등을 주요내용으로 하는 'Durban Outcome'을 결정문으로 채택함에 따라 2020년부터 법적구속력이 있는 새로운 감축체제에 대응하기 위한 국가전략 수립이 더욱 시급해졌다. 이에 우리나라는 저탄소 녹색성장이라는 국가 슬로건 아래 각 부문별로 저탄소 녹색성장 계획을 발표했으며, 2020년 배출전망치(BAU) 대비 30%의 온실가스 감축을 발표하고 저탄소녹색성장기본법 및 온실가스·에너지 목표관리제 시행 등 기후변화 대응체제를 강화하고 있다.

현재 정부가 추진 중인 건설부문 온실가스 저감대책은 주로 건축물과 교통부문의 운용단계에 초점을 맞추어 추진되고 있으며, 토목·건축물의 시공단계에서 발생되는 온실가

1) Conference of the Parties.

스에 대해서는 이를 산정하기 위한 방법 및 탄소배출계수(DB) 등에 대한 준비가 미흡한 실정이다. 대부분의 토목 SOC시설의 건설에는 막대한 양의 자원이 투입되며 이러한 자원의 투입은 당연히 온실가스 배출을 유발한다. 따라서 시공단계에서의 온실가스배출량에 대한 고려 없이 운영단계에서 발생하는 온실가스 대책만으로는 궁극적인 온실가스 감축효과를 기대하기 어렵다.[2)] 이러한 문제점을 보완하기 위하여 국토해양부에서는 2009년에 제4차 건설기술진흥기본계획 수정계획을 통하여 시설물 유형별, 공종별, 건설사업 단계별 온실가스 배출통계 시스템 구축을 추진하고 있으며, 2010년부터 '시설물별 탄소배출량 평가방안 수립 연구'를 진행하여 도로, 철도, 항만 등 주요 시설물에 대하여 탄소배출량 평가 가이드라인을 마련하고 있다.

도로의 경우, 건설 시 발생하는 온실가스를 최소화하기 위해서는 도로 유형별, 공종별, 사업단계별 유기적인 대응전략이 필요하나 도로건설사업의 추진주체마다 추진방식과 목표가 달라 도로건설사업의 단계별 연계된 탄소배출량 최소화가 어려운 것이 현실이다.

도로의 전과정에 걸쳐 탄소배출을 최소화하고자 하는 녹색도로의 실현을 위해서는 가장 우선적으로 도로의 건설에서부터 운영, 해체 및 재활용에 이르기까지 전과정에 걸친 탄소배출량을 정량적으로 산정하는 기법이 필요하다. 이러한 측면에서 도로 유형별, 공사별, 세부공종별 탄소배출량 산정기술과 녹색도로 구현을 위한 탄소저감기술(도로 기획·설계·시공에 대한 저감기술, $CO_2$ 포집 및 온실가스 저감기술)의 정량적 효과산정, 그리고 도로부문의 온실가스 인벤토리 구축 등을 통한 도로 전과정에 걸친 탄소배출량 정량화 기법 개발은 중요하다.

## 2. 관련 제도와 기술 현황

### 2.1 관련 제도

도로의 탄소배출량 산정과 관련된 제도로는 저탄소녹색성장기본법 제42조 및 동법 시행령 제26조에 의한 온실가스·에너지 목표관리제가 대표적이다. 온실가스·에너지 목표관리제는 환경부에서 총괄하고 부문별로 지식경제부, 농림수산식품부, 국토해양부 등 각

2) 5.23km(왕복 4차로) 도로건설 및 30년 운영 시 시공단계의 탄소배출량이 90.1% 차지(국토해양부, 시설물별 탄소배출량 평가방안 수립 연구, 2011).

부처와 연계하여 시행 중이며 아래와 같은 내용을 포함하고 있다.

- 온실가스·에너지 목표관리제 관리업체의 지정 및 관리
- 온실가스·에너지 감축목표의 설정 및 관리
- 온실가스·에너지 목표관리 이행계획
- 온실가스 배출량 및 에너지 소비량의 산정·보고 및 검증
- 이행실적 보고서 작성 및 이행실적 확인
- 조기감축실적 인정 등

온실가스·에너지 목표관리제 관리업체 중 건물·교통부문은 46개(대상 사업장 247개)로 9.8%(전체 관리업체는 470개)를 차지하며, 건축물 중 주거용 건물은 관리업체 대상에서 제외하고 시설물 운영단계에서의 에너지 및 유틸리티 사용에 의한 온실가스 배출에 초점이 맞추어져 있다.

## 2.2 기술 현황

### 1) 국내 기술동향

한국도로공사에서는 도로건설 사업 시 온실가스 배출량을 산정을 위한 '고속도로 건설공사 온실가스 배출량 산정 프로그램'을 2009년에 개발하여 고속도로 공사 및 운영 시 온실가스 배출량을 산정하고 도로건설 현장에 적용하고 있다. 배출량 산정 프로그램에는 온실가스 관련 업무를 위한 온실가스 인벤토리 구축 및 온실가스 관련 통계구축 활용방안과 저감활동 현황 파악이 가능한 관리시스템이 포함되어 있다.

한국철도기술연구원에서는 2010년 '철도건설산업의 온실가스 감축규제 대응방안 연구'를 통해 철도건설현장에서의 중장비 사용에 따른 온실가스 배출량을 파악하여 인벤토리를 구축하고 제3자 검증을 통해 산정방법의 정확도 및 신뢰성을 확보하였다. 2012년 현재 '철도건설현장 탄소발자국 산정연구'를 통해 자재투입을 포함한 철도시설물의 탄소배출량 산정과 온실가스 배출량 산정 워크시트 개발 등을 목표로 연구를 진행 중에 있다.

국토해양부에서는 2010년부터 '시설물별 탄소배출량 산정방안 연구'를 통해 도로, 철도, 항만, 수자원 등 주요기반 시설물에 대해 유형별, 공종별, 건설사업 단계별로 시공단

계 및 운영단계에서의 탄소배출량 산정기법을 개발했으며, 현장실무자 등이 탄소배출량 산정에 용이하도록 시설물별 탄소배출량 산정 프로그램도 개발하여 제공하고 있다.

2) 국외 기술동향

도로의 탄소배출량을 정량적으로 산정하는 기술 개발은 전 세계적으로 활발히 이루어지고 있다. 영국에서는 건설산업이 국가 총 $CO_2$ 배출량의 절반에 영향을 미치는 것으로 추정하고 관련된 연구가 활발하게 이루어지고 있다. 영국의 고속도로청은 영국의 온실가스 저감목표에 기여하기 위한 참여 방안의 일환으로 2007년에 고속도로청의 건설, 유지보수, 도로망 운용으로부터 발생하는 탄소발자국 조사를 목표로 설정하였으며, 2008년 '고속도로청 탄소산정툴-지침서'를 제작하여 사용하고 있다. 탄소산정툴은 고속도로청과 관련된 탄소발자국을 규명할 수 있도록 개발되었으며 고속도로청 및 이하 주요 계약업체들이 담당하는 건설, 유지보수 및 운용활동에서의 탄소배출량을 파악할 수 있는 수단으로써 탄소배출량의 보고체계를 포함하고 있다.

〈표 1〉 국내 탄소배출량 산정 프로그램 관련 기술 동향

| 항목 | 기술 동향 |
| --- | --- |
| 고속도로 건설공사 온실가스 배출량 산정 프로그램 | · 장비사용량과 일부 자재에 대한 탄소배출량만 고려함<br>· 탄소배출량 산정 프로그램을 활용한 고속도로 전 구간 탄소배출량 산정 |
| 철도탄소배출량 산정 워크시트 | · 경춘선 복선전철 건설공사 중 장비사용에 따른 탄소배출량 산정<br>· 추가로 철도건설현장에 적용 가능한 관리 워크시트를 개발하기 위한 연구가 진행 중 |
| 시설물별 탄소배출량 산정 프로그램 | · 실제 설계내역서 정보와 국가 탄소배출 DB 이용<br>· 도로, 철도 및 건축물 시공단계에서의 탄소배출량 산정 가능<br>· 추가적으로 항만, 수자원, 도시재생 등에 적용하기 위한 연구가 진행 중 |

IRF[3]에서는 2010년에 'CHANGER'라는 도로건설 및 유지관리에 따른 탄소배출량을 산정할 수 있는 탄소배출량 산정 프로그램을 개발하였고, 도로 건설공사를 기초공사, 포장공, 유지관리, 구조물, 도로표지의 5개 모듈로 구분하고 건설자재, 자재운송, 건설장비 사용으로 구분하여 모듈별 탄소배출량을 산정 가능토록 하고 있다.

ENCORD[4]에서는 2010년에 'Construction $CO_2$ Measurement Protocol'을 마련해 건설현장

3) INTERNATIONAL ROAD FEDERATION.

4) European Network of Construction Companies for Research and Development.

에서 프로젝트 기반으로 탄소배출량을 산정할 수 있는 지침을 개발해 관련 기관에게 배포하고 있다.

일본은 국토교통성을 중심으로 건설 분야 전과정에 걸쳐 탄소배출량을 예측하고 실제 배출활동에 대한 관리를 하고 있으며, 'CASBEE'라는 건설 분야 전반에 걸쳐 탄소배출량을 산정할 수 있는 탄소배출량 산정 프로그램을 통해 탄소배출량을 산정토록 하고 있다. 도로부문에서는 도로건설과 운영으로 구분하여 탄소배출량을 예측하고 있다. 도로건설공사 시 건설기계 가동에 관해서 공사계획 및 기존 유사공사에서의 장비 사용량 정보를 비교함으로써 공사구분별 공기, 공종, 건설기계 가동대수, 기계별 연료소비율 등을 활용해 탄소배출량을 예측하고 있다. 또한 국토교통성 내 국토기술정책종합연구소(NILIM)[5]에서는 2011년부터 사회간접 자본시설에 대해 LCA를 수행해 도로건설 공사별, 교량 형식별, 터널 형태별 $CO_2$ 배출량을 정량적으로 산정해 원단위로 구축하였다.

아시아개발은행(ADB)[6]에서는 2010년에 도로의 전과정에 걸쳐 탄소배출량을 산정할 수 있는 방법을 개발하고 건설, 운영, 유지보수 시의 탄소배출량을 산정하였다.

〈표 2〉 국외 탄소배출량 산정기술 동향

| 구분 | 기술 동향 |
|---|---|
| 영국 고속도로청 | · 엑셀 기반의 고속도로청 탄소산정툴 개발<br>· 국제 표준에 부합하는 탄소 산정, 보고 표준 및 방법 적용 |
| IRF | · 도로건설 및 유지관리에 따른 탄소배출량을 산정할 수 있는 'CHANGER' 프로그램 개발 |
| ENCORD | · 건설현장에서 프로젝트 기반으로 탄소배출량을 산정할 수 있는 지침 개발 및 관계기관 배포 |
| 일본 국토교통성 | · 건설 분야 전반에 걸쳐 탄소배출량을 산정할 수 있는 'CASBEE' 개발<br>· 도로건설 공사별, 교량 형식별, 터널 형태별 탄소배출량을 정량적으로 산정 |
| 아시아개발은행 | · 도로의 전과정에 걸쳐 탄소배출량을 산정할 수 있는 방법을 개발<br>· 건설, 운영, 유지보수 시 탄소배출량 산정 |

5) National Institute for Land and Infrastructure Management.

6) Asian Development Bank.

# 3. 녹색도로 탄소배출량 산정기술

## 3.1 관련 문헌 및 환경 분석

### 1) 국내도로 관련 탄소배출량 산정 가이드라인

IPCC, WRI/WBCSD 등 국제표준에 따라 개발된 도로 관련 탄소배출량 산정 국내 가이드라인으로는 <표 3>과 같이 2종류가 있다. 본 연구에서는 기존의 방법론에 대하여 탄소배출 산정기준 및 범위를 분석하고 녹색도로 탄소배출량 산정기술 구축에 적용할 수 있는 life cycle 단계별, 배출원별 탄소배출량 산정방안을 마련하였다.

### 2) 국제 온실가스 표준 및 가이드라인 검토

온실가스 관련한 국제 규격 및 인벤토리 기준은 대부분 IPCC, WRI/WBCSD, ISO에서 제정 관리하고 있다. 도로의 탄소배출량 산정과 관련된 기본적인 내용을 요약하면 <표 4>와 같다.

### 3) 국외 탄소배출량 산정 프로그램 분석

도로의 life cycle을 고려해 탄소배출량을 산정하는 데 이용되는 프로그램 중 IRF에서 개발해 유럽, 특히 스위스에 적용되고 있는 CHANGER와 일본의 CASBEE의 life cycle 단계별, 세부 공종별 탄소배출량 산정 방법 등 프로그램 구조의 세부검토 내역은 <표 5>와 같다.

〈표 3〉 국내 기존 탄소배출량 산정 가이드라인 비교

| 구분 | 국토해양부 | 한국도로공사 |
| --- | --- | --- |
| 평가 범위 | 시공, 운용, 해체 및 재활용의 Life Cycle 전 단계 고려 | Life Cycle 단계 중 시공 및 운용단계만 고려 |
| 배출원 | WRI/WBCSD의 Scope 구분에 따라 직접배출, 간접배출, 기타 간접배출의 3가지로 구분 | WRI/WBCSD의 Scope 구분이 아닌 자재 및 에너지로 구분 |
| 사용 DB | 도로 시공 및 운용 시 투입된 모든 자재 및 장비사용에 따른 에너지원 고려 | · 장비사용에 따른 에너지원 고려<br>· 레미콘, 철근, 아스팔트, 아스콘의 4개 자재만 고려 |
| Cut-off level | · 자재: 총재료비 기준 90% 이상<br>· 장비: 총재료비 기준 100% | Cut-off level 고려하지 않음 |
| 사례분석 | 고속국도 특정구간에 대한 시범사례 분석 | 고속국도 특정구간에 대한 분석을 통해 표준화 후 전 구간에 대한 분석 |
| 가이드 라인 | 도로유형 전체 적용 가능 | 고속국도 건설 시 적용 가능 |

〈표 4〉 온실가스 국제표준 및 가이드라인 주요내용

| 구분 | 주요 검토내용 |
|---|---|
| IPCC Guideline 2006 | · 국가 온실가스 인벤토리를 구축하기 위한 기본 지침서로 도로분야에서도 전생애단계 탄소배출량을 산정하기 위한 기본방법<br>· 자재투입으로 인한 탄소배출량을 IPCC 가이드라인을 기반으로 자재생산에 따른 탄소배출량을 산정하고 있고, 도로건설 시 직접적으로 배출되는 장비의 경우 이동연소로 구분되어 장비의 연료소비량을 기준으로 탄소배출량을 산정해야 함(Tier 2 기준) |
| WRI/WBCSD | 도로의 탄소배출원에 대한 Scope을 전과정 단계별로 구분하는 데 있어 국제적으로 공통적으로 통용되는 해당 지침 내 배출원 구분을 따라야 함 |
| ISO | 녹색도로 탄소배출량 산정기술을 적용해 탄소관리 시스템 구축과 관련하여 품질관리 시스템의 기준으로 적용할 수 있음(온실가스 배출량 산정 및 보고 지침) |

〈표 5〉 탄소배출량 산정 프로그램 분석결과

| 구분 | CHANGER | CASBEE |
|---|---|---|
| 평가 범위 | 도로건설 및 유지관리에 따른 탄소배출량 산정 | 도로, 건축물 등 건설 분야 전 분야의 탄소배출량 산정 |
| 특징 | · 기초공사, 포장공, 유지관리, 구조물, 도로표지의 5개 모듈로 구성됨<br>· 건설자재 투입량, 자재운송거리, 건설장비 사용 시간 등의 기초자료를 활용하여 탄소배출량 산정 | · [건설], [수선, 갱신, 해체], [운영]의 3단계로 구분하여 단계별 탄소배출량 산정이 가능하도록 구성됨<br>· 투입 자재량 직접입력이 가능하며, 자재별 $CO_2$ 원단위를 활용하여 자재별 탄소배출량 산정 가능 |
| 한계점 | 현재 기초공사와 포장공에 대해서만 탄소배출량을 산정할 수 있음 | · 원래 건축물을 대상으로 개발된 프로그램을 도로 등 시설물 전반으로 확대한 것으로 도로에 완벽하게 부합하지 않음<br>· 기본 제공되는 자재별 탄소배출 원단위는 산업연관방식으로 구축된 DB로 개별적산 방식으로 구축되어 적용되는 DB보다 신뢰성 떨어짐 |

### 3.2 녹색도로 탄소배출량 산정기법 정립방안

동일한 연장을 가지는 도로라 할지라도 도로의 기능, 폭, 유형(토공부, 터널부, 교량부)에 따라 투입되는 자재 및 장비가 상이하므로, 도로 구간별 특성을 고려한 탄소배출량 산정기법 방법론을 제시할 필요가 있다. 또한 도로의 시공, 운영, 해체 및 폐기 등 전 life cycle 단계를 고려하여 탄소배출량 산정방법론을 제시할 필요가 있다.

기존 국내외 온실가스 산정방법론에 대한 분석결과를 토대로 국내 녹색도로 탄소배출량 산정에 적합한 방법론을 제시하면 <표 6>과 같다. 향후 각 단계별 탄소배출량 산정방법론과 세부 산정기법을 녹색도로 설계기술 개발 시 적용하여 도로유형별, 도로건설 life cycle 단계별 탄소배출량과 저감 잠재량을 산정할 수 있도록 연구가 진행되고 있다.

〈그림 1〉 도로의 전생애단계

〈표 6〉 녹색도로 탄소배출량 산정방법론(안)

| 단계 | 구분 | 내용 |
|---|---|---|
| 시공 | 범위 및 대상 설정 | · 토공사, 포장공사, 배수 및 옹벽공사 등을 포함한 도로건설 공사 전체<br>· 터널부, 교량부 등 유형에 따라 터널공사, 교량공사 포함<br>· 도로건설 시 투입되는 자재와 자재운반 및 장비사용에 따른 에너지 소비 |
| | 데이터 수집 | · 유형별, 공종별 투입자재량 산출 및 장비별 에너지 사용량 산출을 위한 기초자료 수집 |
| | 데이터 분석 | · 데이터 수집단계에서 수집한 설계내역서, 자재집계표, 적산프로그램 파일 등을 활용하여 공종별 투입자재량 및 장비별 에너지 사용량 산출 |
| | 탄소 배출량 산정 | · 자재투입량 및 장비별 에너지 사용량에 해당 탄소배출계수를 연동하여 공종별 탄소배출량 산정<br>· 공종별 탄소배출량을 합산하여 도로 시공단계의 탄소배출량 산정 |
| 운영 | 범위 및 대상 설정 | · 도로시설물 운영 및 유지보수 공사를 운영단계의 범위로 설정<br>· 탄소흡수원을 설치한 경우 이를 운영단계의 범위에 포함<br>· 도로시설물 운영에 따른 사용 유틸리티(전력, 상수도, 가스 등), 유지보수 공사에 투입된 자재 및 에너지원을 대상으로 하며, 탄소흡수원 설치 시 그에 따른 저감효과를 대상에 포함 |
| | 데이터 수집 | · 전력, 상수도, 가스 등의 유틸리티 사용 데이터<br>· 유지보수 공사 수행 시 투입된 자재 및 에너지원 사용 데이터<br>· 탄소흡수원에 의한 탄소저감량 |
| | 데이터 분석 | · 유지보수 공사 수행 시 투입된 자재 및 에너지원의 경우 시공단계의 데이터 분석과 동일한 방법으로 투입자재량 및 장비별 에너지 사용량 산출<br>· 유틸리티 사용 데이터 수집 시 최대한 세분화하여 장비별 유틸리티 사용량 산출 |
| | 탄소 배출량 산정 | · 유지보수 공사의 경우 시공단계와 동일한 방법으로 자재투입량 및 장비별 에너지 사용량에 해당 탄소배출계수를 연동하여 탄소배출량 산정<br>· 유틸리티 사용량과 해당 탄소배출계수를 곱하여 유틸리티 사용에 따른 탄소배출량 산정 |

## 4. 마무리 글

도로의 전생애단계는 기획 · 계획 · 설계 · 시공 · 운영으로 구분할 수 있다. 따라서 도로 전생애단계에서의 탄소배출량 산정기술 개발이 필요하며, 현재 수행하고 있는 연구에서는 각 단계별 탄소배출량 산정기술 개발의 세부목표를 다음과 같이 두고 있다.

- 도로의 기획 및 계획, 설계, 시공, 운영 단계 등 각 단계에 대해서 적용 가능한 탄소배출량 산정기술 개발
- 기존 탄소배출량 산정기술 분석 및 도로의 설계 적용 방안 제시
- 도로의 평가대상 및 범위 설정, 탄소배출량 산정을 위한 기초자료, 탄소배출량 산정기술 등의 개발을 통한 도로의 탄소배출량 저감량 산정

도로는 유형에 따라 건설 시 자재투입량, 장비사용량이 상이하므로, 이를 반영하여 도로 유형별로 적합한 탄소배출량 산정기술을 개발해야 한다. 또한 개발한 탄소배출량은 사례분석을 통하여 검증하고, 최종적으로 녹색도로 저감기술별 탄소배출량 산정이 필요하며 이와 관련하여 연구가 수행되고 있다.

도로는 그 특성상 지역, 공법 등에 따라 장비 사용량과 자재 투입량이 달라지기 때문에 기존의 일반적인 탄소배출량 산정방법을 사용해 탄소배출량을 산정하고 세부 저감기술별 탄소저감량을 산정하기에는 한계가 있다. 이를 보완하기 위해서는 다양한 사례분석을 통해 도로시설물의 탄소배출량 산정방법을 공구별, 공사별, 구간별, 공법별로 구분하여 특화된 탄소배출량 산정방법을 정립할 필요가 있으며, 이를 통해 주요 탄소배출원으로 규명된 항목들에 대한 저감기술의 개발과 함께 향후 탄소저감기술이 적용된 녹색도로의 탄소배출량 산정방법을 세분하여 개발할 필요가 있다. 본 연구를 통해 도로 건설사업 수행 시 저탄소 녹색성장 국가발전에 기여하는 리딩 평가기술이 개발될 것으로 기대한다.

저감 기술별 비교

공사별 및 공종별 비교

단계별 비교

| | | | 저감기술A | | | 저감기술B | | | 저감기술C | | |
|---|---|---|---|---|---|---|---|---|---|---|---|
| 단계 | 공종명 | 세부공종 | 자재투입 | 자재운반 및 장비사용 | 합계 | 자재투입 | 자재운반 및 장비사용 | 합계 | 자재투입 | 자재운반및 장비사용 | 합계 |
| 시공 | 토공사 | 가설공사 | 123 | 368 | 491 | 110 | 355 | 465 | … | … | … |
| | | 현장관리비 | 46 | 21 | 67 | 48 | 55 | 103 | … | … | … |
| | | … | … | … | … | … | … | … | … | … | … |
| | 소계 | | 169 | 389 | 558 | 158 | 410 | 568 | … | … | … |
| | 교량공사 | 터파기 | 2 | 2 | 4 | 5 | 1 | 6 | … | … | … |
| | | 되메우기 | 36 | 74 | 110 | 4 | 1 | 5 | … | … | … |
| | | 콘크리트 타설 | 3 | 63 | 66 | 420 | 1 | 421 | … | … | … |
| | | 교량부속시설물 | 300 | 5 | 305 | 210 | 8 | 218 | … | … | … |
| | | … | … | … | … | … | … | … | … | … | … |
| | 소계 | | 341 | 144 | 485 | 639 | 11 | 650 | … | … | … |
| | 터널공사 | 굴착 | 4,329 | 658 | 4,987 | 4,526 | 661 | 5,187 | … | … | … |
| | | 보강 및 안정 | 3,347 | 55 | 3,402 | 5.142 | 66 | 5,208 | … | … | … |
| | | 터널부속시설물 | 1,300 | 7 | 1,307 | 899 | 4 | 903 | … | … | … |
| | | … | … | … | … | … | … | … | … | … | … |
| | 소계 | | 8,976 | 720 | 9,696 | 10,567 | 731 | 11,298 | … | … | … |
| | 포장 및 부대공사 | 동성방지층재 | 15 | 2 | 17 | 12 | 3 | 15 | … | … | … |
| | | 보조기층 | 30 | 56 | 86 | 18 | 58 | 76 | … | … | … |
| | | 콘크리트 포장 | 832 | 42 | 874 | 645 | 45 | 690 | … | … | … |
| | | 아스콘 포장 | 1,320 | 456 | 1,776 | 1,987 | 14 | 2,001 | … | … | … |
| | | … | … | … | … | … | … | … | … | … | … |
| | 소계 | | 2,197 | 556 | 2,753 | 2,662 | 120 | 2,782 | … | … | … |
| | … | | … | … | … | … | … | … | … | … | … |
| | 시공합계 | | 11,683 | 1,809 | 13,492 | 14,026 | 1,272 | 15,298 | … | … | … |
| 운영 | 구분 | | 월사용량 | 연간사용량 | $CO_2$ | 월사용량 | 연간사용량 | $CO_2$ | 월사용량 | 연간사용량 | $CO_2$ |
| | 유틸리티 | 구매전력 | 3,645 | 45,214 | 48,859 | 3.458 | 45.461 | 48,919 | … | … | … |
| | | 경유 | 23,005 | 278,456 | 301,461 | 25,874 | 254,687 | 280,561 | … | … | … |
| | | LPG | 2,020 | 24.200 | 26,220 | 56.412 | 32.154 | 88,566 | … | … | … |
| | | … | … | … | … | … | … | … | … | … | … |
| | 소계 | | 28,670 | 347,870 | 376.540 | 85,744 | 332.302 | 418,046 | … | … | … |
| | 유지 및 보수공사 | 터파기 | 32 | 46 | 78 | 65 | 1 | 66 | … | … | … |
| | | 포장 | 458 | 3 | 461 | 321 | 56 | 377 | … | … | … |
| | | 헐기 | 98,756 | 46 | 98.802 | 8,964 | 355 | 9,319 | … | … | … |
| | | … | … | … | … | … | … | … | … | … | … |
| | 소계 | | 99,246 | 95 | 99,341 | 9,350 | 412 | 9,762 | … | … | … |
| | … | | … | … | … | … | … | … | … | … | … |
| | 운영합계 | | 127,916 | 347,965 | 475,881 | 95,094 | 332,714 | 427,808 | … | … | … |

〈그림 2〉 녹색도로 저감기술별 탄소배출량 산정결과 예시

# 참고문헌

국토해양부(2009), 제4차 건설기술진흥기본계획 수정계획
국토해양부(2011), 시설물별 탄소배출량 평가방안 수립 연구 최종보고서
International Organization for Standardization(2006), ISO 14064 Greenhouse Gases
International Organization for Standardization(2007), ISO 14065 Greenhouse Gases-Requirements for greenhouse gas validation and verification bodies for use in accreditation or other forms of recognition
International Organization for Standardization(2006), ISO 14064-1 Greenhouse Gases-Part 1: Specification with guidance at the organization level for quantification and reporting of greenhouse gas emissions and removals
International Organization for Standardization(2006), ISO 14064-2 Greenhouse Gases-Part 2: Specification with guidance at the project level for quantification, monitoring and reporting of greenhouse gas emission reductions or removal enhancements
Eggleston H. S, Buendia L., Miwa K., Ngara T. dan Tanabe K.(eds), 2006 IPCC Guidelines for National Greenhouse Gas Inventories, Prepared by the National Greenhouse Gas Inventories Programme, IGES, Japan.
에너지관리공단(2009), 온실가스 배출량 산정 Good Practice 가이드라인
환경부(2008), 환경부문 온실가스 배출량 Inventory 작성 및 배출계수 개발
황용우 · 박광호 · 서성원(2000), "도로건설에 따른 $CO_2$ 배출량 평가", 대한토목학회논문집, 20(1-B), 113~121
한국도로공사(2009), 고속도로 건설사업 환경영향평가 적용을 위한 온실가스 예측 및 저감대책 연구
한국철도기술연구원(2010), 철도건설산업의 온실가스 감축규제 대응방안 연구
The Federal-Provincial-Territorial Committee on Climate Change and Environmental Assessment(2003), Incorporating Climate Change Considerations in Environmental Assessment: General Guidance for Practitioners
Highway Agency(2001), Design Manual for Roads & Bridges, Environmental Design and Management
Highway Agency(2009), Carbon Calculation Tool Instruction Manual For Major Projects Version 4b
IRF(International Road Federation)(2010), Monitiring and assessing greenhouse gas emissions from road construction activities: the IRF GHG calculation
ENCORD(European Network of Construction Companies for Research and Development)(2010), Construction $CO_2$ Measurement Protocol
ADB(Asian Development Bank)(2010), Methodology for estimating carbon footprint of road projects case study: India
(주)스리케이카구(2006), 2006년도 환경성 용역사업 환경영향평가 follow-up 업무
국토해양부(2011), 시설물별 탄소배출량 산정 가이드라인
UNFCCC(2008), Kyoto Protocol reference manual on accounting of emissions and assigned amount
WRI/WBCSD(2004), The Greenhouse Gas Protocol, Revised edition

# 녹색도로 기술의 투자 평가

**이유화**
한국건설기술연구원 수석연구원

온실가스, 특히 $CO_2$ 증가에 따른 기후변화 문제해결에 일조하기 위하여 녹색도로 기술의 기획부터 사업화 단계까지 투자에 대한 의사결정단계에 탄소와 에너지저감 및 비용 절감 등의 파급효과 산출과 기술・정책・경제성 분석을 수행하여 의사결정자를 지원할 수 있도록 녹색도로 기술 투자평가시스템을 개발하여, 국내 재정투자의 효율화를 달성하고, 도로산업의 새로운 미래 융합기술 개발을 지원하고 육성하고자 한다.

## 1. 들어가기

온실가스, 특히 이산화탄소($CO_2$) 증가로 인한 지구 온난화 현상, 이로 인한 기후변화는 해수기온상승(서해 0.03℃), 국지성 호우 및 폭설 등의 기상이변을 야기했으며, 더 나아가 육상 및 해양 생태계의 변화 및 인류 건강에 직・간접적으로 영향을 끼칠 것이라고 전망하고 있다.[1] 온실가스는 대부분 에너지 및 자원(주로 화석자원) 사용으로 인해 배출되기 때문에 기후변화는 에너지와 화석자원 소비와 직결된다. 이에 우리나라 정부는 국내 총 온실가스 배출량의 89%를 차지하는 이산화탄소 배출을 줄이기 위하여 효율적인 에너지 소비, 자원 재활용, 신재생에너지 생산 등과 관련된 녹색기술[2] 개발을 정책화하여 집중적으로 육성하고 있다.

정부부처 중 선도적인 역할을 담당하는 지식경제부는 국가 온실가스 감축목표 달성의 하나의 대책으로 에너지 목표관리제[3]를 시행하고 있다(2012년 1월 현재 약 490개의 관리

1) 에너지 관리공단 기후변화 홈페이지(http://CO2-renew.kemco.or.kr).

2) 2009년 녹색성장기본법 국회 통과 이후, 녹색성장위원회 구성과 함께 정부 부처는 다양한 탄소저감정책을 수행하고 있다. 2012년 3월 한국녹색기술센터가 설립되고, 27대 중점 녹색기술을 발표하여 집중적으로 육성한다고 정부는 밝혔다.

업체가 환경부 통제하에 시행 중). 국내기업 중 일부는 온실가스 에너지 목표관리 대상에 선정되어 성공적으로 목표달성을 이행하지 못하는 경우, 일정 과징금을 부과하게 된다. 그 외에 탄소배출권 거래제,[4] 청정개발체제(Clean Development Mechanism)[5]는 국내에서 아직 시행 전이지만 국제적으로는 기업체 간 거래시장을 형성하여 탄소배출 권리 및 사업이 활발히 거래되고 있다.

국토해양부는 2011년 6월 '지속가능 국가교통물류발전 기본계획'에서 '친환경, 사람 중심의 녹색교통 구현, 저탄소 에너지 절감형 교통물류체계 구축, 녹색교통물류 신성장 동력 창출'을 목표로 추진전략을 수립하였다. 특히 도로교통부문은 온실가스 배출주범(2009년 전체 우리나라 에너지부문 이산화탄소 배출량의 16% 차지)[6]이라는 오명을 벗기 위하여 5가지 주요 전략과제[7]를 수립하여 체계적으로 추진하고 있다.

이와 비슷한 명목으로 2011년 11월부터 국토교통과학기술진흥원의 국가 R&D사업으로 수행 중인 '탄소중립형 도로 기술개발 연구단'은 도로건설부문의 탄소배출 저감 및 흡수 기술에 대한 국가경쟁력을 높이고, 기술력 수준을 향상시키기 위한 연구 노력에 앞장서고 있다. 그중 1세부 1-2분야의 '녹색도로[8] 기술 투자평가시스템 개발' 부문은 앞서 지경부가 주관하는 에너지목표관리제 등 민간부문 에너지소비 및 탄소저감 정책적 규제에 대비하기 위하여 도로산업 부문 기업들이 한정적 예산 내 저탄소, 고녹색 신기술을 신속하고 효율적으로 개발할 수 있도록 기반을 조성하고자 한다. 또한 도로산업에서의 녹색기술의 가치와 저력을 연구개발 단계 수준에 맞추어 올바르게 평가할 수 있도록 지원할 수 있는 시스템을 개발하고자 한다. 이와 더불어 저탄소녹색성장기본법에 근거한 녹색기술 범주에 본 연구단의 탄소중립형 도로 기술, 더 나아가 녹색도로 기술을 포함시켜 국가인증을 획득하는 등의 녹색도로 기술 개발 및 사업화에 앞장서고자 한다. 마지막으로 녹색도로 기술의 에너지 및 탄소저감 잠재량, 생애 주기 비용(Life-cycle cost), 기술・정책・경제적

---

3) 에너지 다소비 사업장과 대형건물에 대하여 정부와 협의해 에너지 사용목표를 미리 정하고, 달성 여부에 따라 인센티브나 페널티를 부과하는 제도이다.

4) 2012년 5월 2일 국회를 통과함에 따라 2015년부터 시행하는 제도로서 온실가스 배출권리를 사고팔 수 있도록 하는 시장거래제이다.

5) 1997년 12월 기후변화협약 총회에서 채택된 교토의정서에 따라 선진국이 개발도상국에서 온실가스 감축사업을 수행하여 달성한 실적을 해당 선진국의 온실가스 감축목표 달성에 활용할 수 있도록 한 제도이다.

6) KOTI, KTDB Brief Vol. 3.

7) 1. 교통수요관리 강화 및 교통운영 효율화, 2. 생활밀착형 보행, 자전거 활성화, 3. 대중교통 인프라 확충 및 서비스 개선, 4. 저탄소 녹색물류체계 구축, 5. 친환경 교통물류기술 개발.

8) 녹색도로는 탄소중립도로, 친환경도로(생태도로 포함), 녹색에너지 도로(도로 에너지 효율성 향상 및 에너지 생산 포함), 녹색교통(보행, 자전거 버스 등 노면 대중교통) 기반 도로, 녹색도로 제도/정책 등의 분야 및 산업을 포함한 도로로써, 녹색도로 기술은 녹색도로와 관련된 제반 기술을 말한다.

분석을 위한 평가자료를 생성, 저장, 활용할 수 있는 시스템을 개발하고자 한다.

## 2. 교통, 도로, 기술 평가제도 고찰

### 2.1 교통 및 도로부문 평가제도 고찰

1) 도로 및 철도 예비 타당성 조사제도

예비 타당성조사는 1999년부터 기획재정부(당시 재정경제부)의 총사업비 관리제도 시행과 더불어 시작되었으며, 4회에 걸친 지침 개정으로 현재 제도가 정착되었다. 도로 및 철도 분야 등 교통 분야를 포함한 일정 규모 이상의 재정 투자(예타 5판: 정부지원 300억원)는 예비 타당성 조사를 통해 투자의 적정성을 사전에 평가받고 있다. 사업에 대한 평가항목으로는 크게 경제성 분석, 정책적 분석, 지역균형발전으로 나누어 가중치를 설정하고, 항목별로 상세 수준으로 구분한 후 AHP분석[9])을 수행한다.

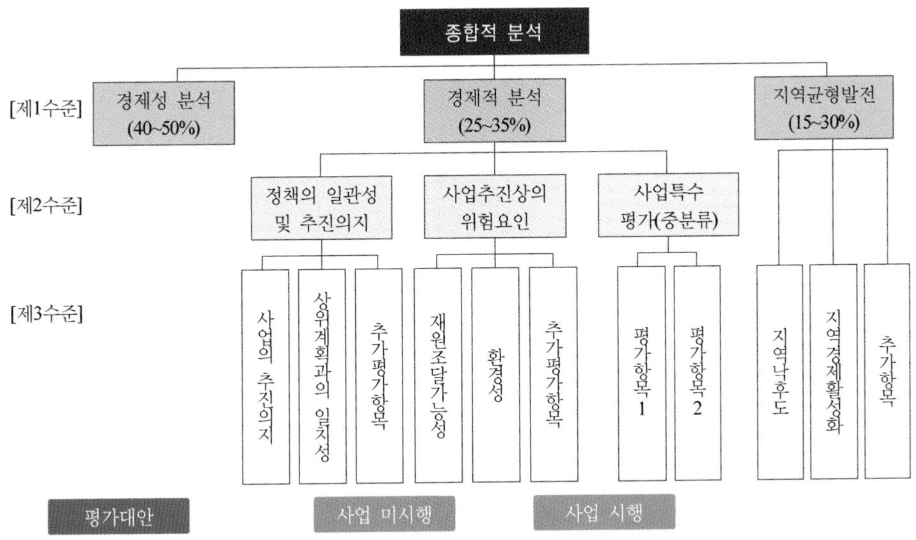


자료: 기획재정부, 도로 및 철도부문 사업 예비타당성 조사 지침

〈그림 1〉 도로 및 철도 예비타당성 조사 평가항목

9) Analytic Hierarchy Process(계층적 의사결정 방법) 분석은 1970년 초 Saaty 교수에 의해 개발된 방법으로 대안평가 중 정량적 요소와 정성적 요소 간의 쌍대 비교를 통해 최적 대안을 도출해내는 의사결정 방법이다.

### 2) 교통시설 투자평가제도

교통시설 투자평가는 교통시설 투자의 효율화를 목적으로 전문적인 분석 수준을 요하는 투자평가제도(2011년 4차 개정판 배포)이며, 300억 이상의 교통시설 개발사업의 경제적, 재무적 종합적 타당성 평가를 수행함으로써 교통시설의 투자 여부, 투자우선순위, 투자배분 등을 결정하는 데 기여한다. <표 1>은 기획재정부의 예비 타당성조사와 국토해양부의 계획 타당성조사(중장기 계획 수립단계), 본 타당성 조사의 개괄적인 내용을 비교한 결과이다.

〈표 1〉 교통시설투자평가 VS. 예비 타당성조사

| 구분 | 교통시설투자평가 | 예비 타당성조사 |
|---|---|---|
| 주무부처 | -국토해양부 | -기획재정부 |
| 근거법 | -국가통합교통체계효율화법 | -국가재정법 |
| 목적 | -국가교통체계의 효율적 구축 등 국가교통정책 달성도모, 투자우선순위 조정 등 교통시설투자 효율화 | -효율적인 예산편성 등 재정운영도모 |
| 적용시기 | -중장기 계획 수립단계<br>-본 타당성 평가 단계 | -예산편성 단계 |
| 평가대상 | -300억 원 이상 교통시설 투자사업 | -500억 원 이상 투자사업 |
| 평가방법 | -단일사업: 경제적 타당성 평가 위주로 하되 정책적 타당성평가도 포함<br>-수단 내, 수단 간 다수사업: 투자우선순위 종합평가 | -단일사업: 경제적 타당성, 정책적 타당성 평가(AHP 기법)<br>-수단 내, 수단 간 다수사업: 미실시 |
| 평가기관 | -평가업무대행자(전문인력을 갖춘 자(엔지니어링 업체, 교통연구기관)) | -한국개발연구원(KDI) |

자료: 국토해양부 '교통시설 투자평가지침', 기획재정부 '도로 및 철도 부문 사업 예비타당성 조사 지침'

## 2.2 기술 평가제도 고찰

### 1) 국가 연구개발부문 사업 예비타당성 조사제도

최근 도로, 철도 등 대형 시설사업뿐만 아니라 연구개발사업(R&D)에 대한 재정투자 의사결정을 지원한다는 목적으로 2011년 12월 한국과학기술기획평가원에서는 기획재정부 주관으로 '국가연구개발사업의 예비타당성 지침'을 발간하였다. 아직까지 이 지침은 표준지침이 아니라 개발단계의 지침으로서 선행된 타당성 평가의 모범사례를 정리한 것이다.

〈표 2〉 연구개발부문 예비타당성 조사 표준지침(1판)

| 구분 | 평가항목 |
|---|---|
| 기술적 타당성 분석 | · 기술 개발 계획의 적절성<br>· 기술 개발 성공 가능성<br>· 기존사업과의 중복성<br>· 추가적 특수평가항목(선택적) |
| 정책적 타당성 분석 | · 정책적 일관성과 추진 의지<br>· 사업추진상의 위험요인<br>· 추가적 특수평가항목(선택적) |
| 경제적 타당성 분석 | · 비용/편익 분석 |

자료: 기획재정부 연구개발부문 예비타당성 조사지침

연구개발사업은 사업의 비정형성, 결과의 불확실성, 효과의 잠재성 및 간접성을 주요 특징으로 갖기 때문에 예비타당성 조사에서는 사업의 요구조건을 정의하고, 구체적으로 분석단위를 설정하는 일을 수행한다. 시설사업에 대한 예비타당성 조사와 마찬가지로 AHP분석을 통해 최종적으로 선택한다.

### 2) 기술가치평가

기술의 발달과 경제발전에 대한 패러다임의 변화로 인하여 정부는 기술자산에 대한 관심과 함께 기술평가, 기술가치평가에 대한 중요성을 인식하고 있다. 따라서 지식경제부는 2006년 12월 '기술의이전및사업화촉진에관한법률'을 공포하고 기술의 기획단계부터 평가를 수행하여 한정된 국가예산을 효율적으로 유도하도록 촉진하고 있다. 또한 2011년에 발간된 '기술가치평가를 위한 실무가이드'를 통해 국가기술자산(공공, 민간 R&D 성과물) 활용도를 제고하고 산업계로 확산되도록 유도하여, 기업들의 R&D사업에 대한 성공 가능성을 높이도록 지원하고 있다. 대표적인 기술가치 평가방법은 수익접근법, 시장접근법, 비용접근법 등이 있는데, 우리나라에서는 주로 수익접근법, 특히 현금흐름할인법(Discounted Cash Flow)이 활용되고 있다.

〈표 3〉 기술가치평가 방법

| 구분 | 설명 |
|---|---|
| 수익접근법 | · 기술가치를 미래 소득의 총합으로 보고 평가함<br>· 방법론: 현금흐름할인법(DCF법), 이익자본화법, 다이내믹법, 시나리오법 등 |
| 시장접근법 | · 기술가치를 시장형성가격으로 보고 평가함<br>· 방법론: 거래사례참조법, 로얄티참조법 |
| 비용접근법 | · 자산접근법이라고도 하며, 기술가치를 평가대상의 투자원가 또는 대체원가로 보고 평가함<br>· 방법론: 원가법(개발비용법), 재생산비용법, 대체비용법 |

자료: 전략기술경영연구원, 기술가치평가 및 사업화 실무매뉴얼

## 2.3 녹색도로 기술과 투자평가

녹색도로 기술은 한국건설기술연구원(2011)에 따르면 "저탄소 녹색성장에 부합하고 도로 인프라에 적용 가능한 온실가스 감축 및 에너지 이용의 효율적·생산적 스마트 융합기술"이라고 정의되고 있다. 도로 인프라에 적용되기 위한 이러한 신기술 개발은 투자비용이 대부분 상대적으로 크고, 공공 인프라라는 특성 때문에 기업 자체 단독 R&D 사업보다는 국가 R&D 사업을 통해 대형 프로젝트로 발주되는 경향이 많다. 근래 국가 연구개발부문 재정투자는 지속적으로 증가하고 있는 추세이지만 건설·교통 기술에 대한 투자예산은 그리 많지 않다. 이를 고려할 때, 설득력 있고 현실적인 평가항목을 선정하여 신뢰성 있는 결과를 도출하는 녹색도로 기술 투자평가시스템을 구축하고, 이를 활용하여 국가재정 투자 우선순위 결정에 관련 입증자료를 제공하여 최종 선정과정에 이바지하는 것이 현 시점에서 매우 필요하다.

기존 문헌검토 결과, 국내 연구개발 사업에 대한 효율적인 정부투자를 위하여 기획재정부 주관으로 사업시행 전 다양한 예비타당성 조사지침을 통하여 의사결정 지원을 수행하고 있지만, 그 규모는 총사업비 500억 원 이상으로 한정되어 있다. 연구 분야에서는 실질적으로 연구수행의 기본단위인 개별기술이나 요소기술과 같이 수억~수십억 원 규모의 연구개발을 수행하고자 할 경우는 기술 간의 특성이 다양하여 기술 개발에 대한 기획단계에 타당성 조사 등을 수행한 사례는 표준화되지 못하고, 제각기 편의에 따라 진행되고 있다.

이러한 현상이 도로분야에서도 예외가 아니다. 현재 연구개발이 한창이거나 예정 중인 저탄소를 지향하는 녹색기술, 에너지 저감·생산과 온실가스 저감 관리기술, ITS 등 첨단 IT기술을 접목한 스마트 융합기술, 저비용·고효율을 지향하는 자원(재정, 원자재 등) 절

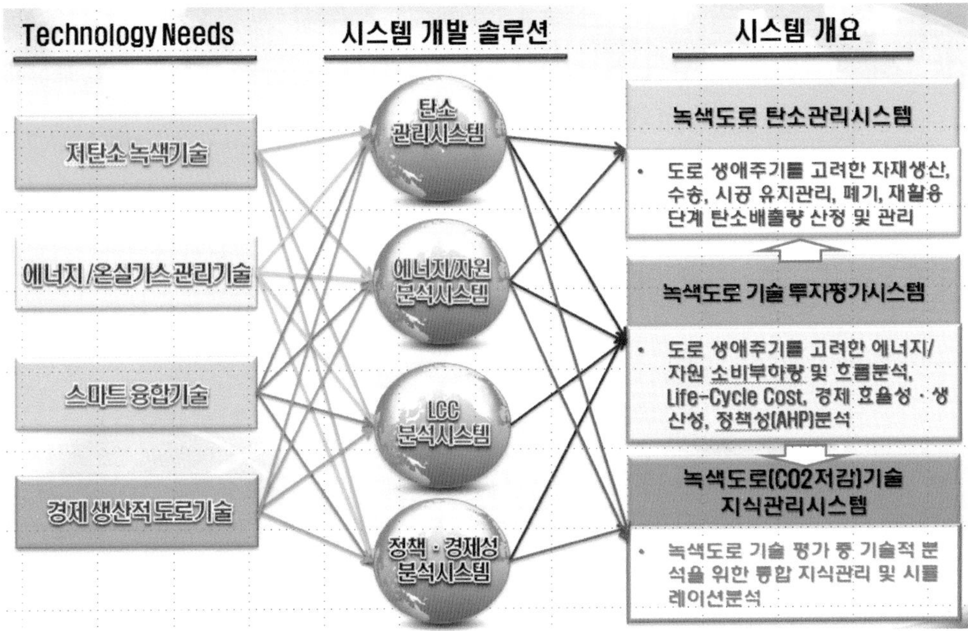


자료: 한국건설기술연구원, 도로 에너지 · 에너지 자원 분석 및 투자효과분석 시스템 기획연구

〈그림 2〉 녹색도로 기술 투자평가시스템의 기획 개요

약형 기술 등이 최근 단일 R&D 기술로 개발되는 추세인데, 이러한 신규 융합기술의 연구개발 사례가 많음에도 불구하고 투자의 가 · 부 혹은 우선순위 선정을 위한 지침이나 가이드라인은 아직 체계가 잡혀 있지 않다.

따라서 녹색도로 기술의 기획부터 사업화단계까지 투자에 대한 의사결정단계에 활용할 수 있도록 투자평가시스템을 개발하는 것이 시기적으로 요구된다. 이를 통해 녹색도로 기술 개발의 정량적 파급효과 산출하고 기술 · 정책 · 경제성을 분석하는 시스템을 개발하여 국내 재정투자의 효율화를 달성하고, 도로산업의 새로운 미래 융합기술 개발을 지원하고 육성하고자 한다.

## 3. 녹색도로 기술 투자평가시스템 개발

### 3.1 시스템 구조

녹색도로 기술 투자평가시스템은 녹색도로 기술의 기획부터 사업화단계까지 투자에 대한 의사결정단계에 활용할 수 있도록 4가지 정량적 산출 시스템과 함께 녹색도로($CO_2$ 저감) 기술지식 관리 시스템을 합하여 총 5가지 세부 시스템으로 <그림 3>과 같이 구성하였다. 각 세부 시스템의 개요 및 기능은 <표 4>와 같다.

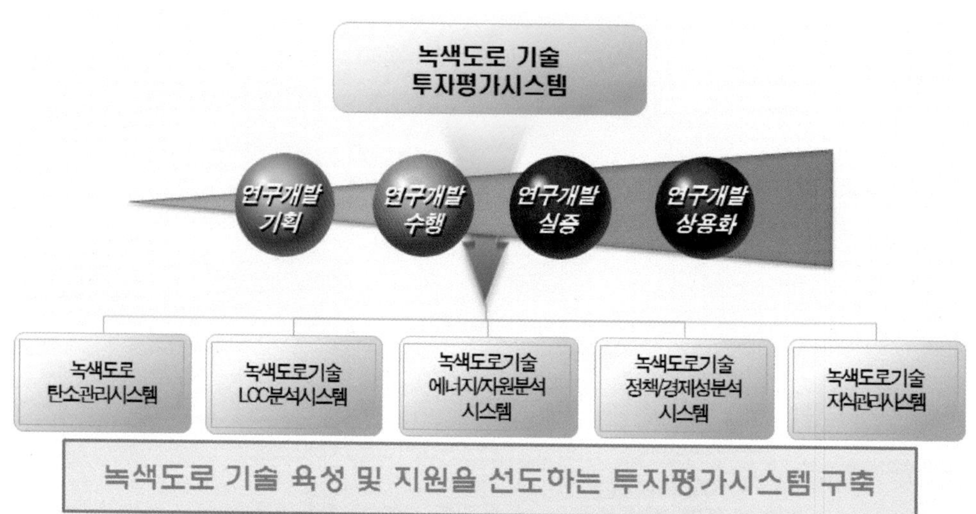


〈그림 3〉 녹색도로 기술 투자평가시스템

〈표 4〉 녹색도로 기술 투자평가시스템의 내용

| 세부 시스템 | 개요 | 기능 |
|---|---|---|
| 녹색도로 탄소관리 시스템 | 녹색도로의 전과정(계획, 설계, 시공, 운영, 해체 및 재활용)에 걸친 탄소배출량 산정 시스템 | · 생애 주기 단계별, 공사별, 세부공종별 탄소배출량 산정 및 관리 프로그램(산정식)<br>· 녹색도로 기술별 탄소배출 원단위 적용 및 저감효과 산정(기술의 탄소저감 정량적 효과 산출) |
| 녹색도로 기술 LCC분석 시스템 | 녹색도로 기술 생애주기 동안 발생하는 총비용(Life-Cycle Cost)을 산출하는 분석 시스템으로 연구개발 단계부터 상용화까지 기술의 발전 단계별로 발생하는 비용 산출 시스템 | · Tangible Cost/Intangible Cost 항목 지정 및 비용 산출<br>· 녹색도로 기술 생애 단계별 투자결정 시점별 비용 산출 |
| 녹색도로 기술 에너지/자원 분석 시스템 | 녹색도로 기술을 통해 도로에서 사용 혹은 생산되는 에너지/자원의 소모량/생산량 관리 제어 시스템 | · 녹색도로 소모/생산 에너지/자원량 DB 산출<br>· 도로 유지관리 설비별 에너지/자원 관리 및 예측 |
| 녹색도로 기술 정책/경제성 분석 시스템 | 녹색도로 기술 개발 투자결정 지원을 위하여 객관성과 효율성이 확보된 정량적/정성적 평가시스템 | · 녹색도로 기술정책 일관성, 추진의지, 위험요인 분석<br>· 녹색도로 기술편익 산출, 비용/편익(Cost-Benefit) 분석<br>· 녹색도로 기술성, 정책성, 경제성 분석 통합을 위한 다기준(AHP) 분석 |
| 녹색도로 기술지식관리 시스템 | 녹색도로 기술 제반 지식을 효율적으로 축적하고 관리하여 지식을 요구하는 사람들을 쉽고 빠르게 지원할 수 있는 포탈 시스템 | · 기 개발된 녹색도로 기술 파급효과 및 결과관리<br>· 녹색도로 기술지식 정보 통합관리<br>· 녹색도로 기술지식 정보 공유 및 활용 |

각 세부 시스템을 통한 결과물은 기술 개발 단계적 구분인 '녹색도로 기술 개발 투자평가시스템'과 '녹색도로 기술 상용화 시스템' 두 단계를 통해 종합적으로 분석되며 개발대상 기술의 투자결정부터 계획・설계, 재료채취・생산, 건설・시공, 운용, 재활용 및 해체에 이르는 전생애주기에 걸친 분석이 수행된다.

### 3.2 기술 개발 및 사업화 단계의 투자평가

미국에서는 정부재정 투자사업 비용추정 및 평가지침을 통해 비용추정의 객관적이고 타당한 방법론을 제시하여 국가재정사업의 효율적 투자를 유도하고 있다. 특히 <그림 4>의 미국의 우주시스템 개발사업 비용(편익을 비용으로 환산하여 포함) 추정사례에서 제시하는 바와 같이 정부재정사업은 생애주기를 고려하여 R&D사업부터 사업의 운영 및 유지관리 단계까지 투자결정단계에서 상기 지침을 활용하여 체계적인 방법으로 국가 재정사업의 효율적인 사업관리와 평가를 위해 활용하고 있다.

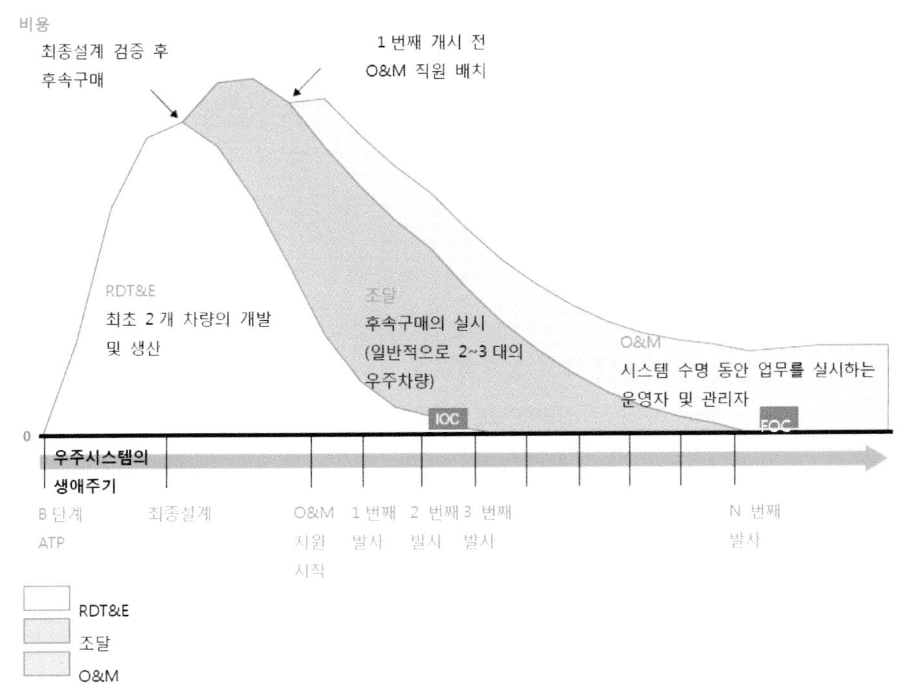


자료: 국회예산처, 미국 정부책임처 비용추정 및 평가지침

〈그림 4〉 미국 우주시스템의 생애주기 투자비용 사례

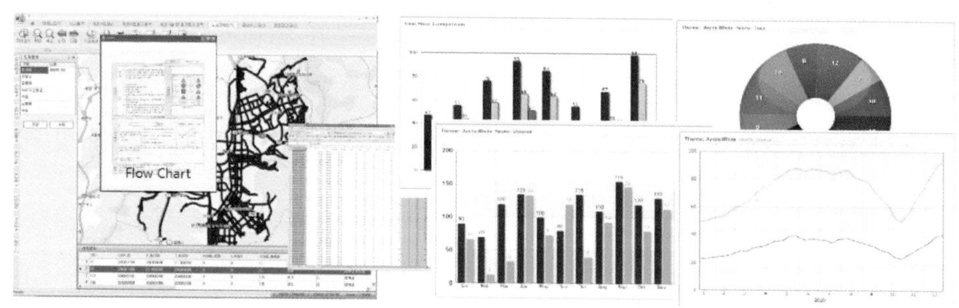


〈그림 5〉 녹색도로 기술 투자평가시스템 구현 사례

우리나라도 정부투자의 효율성을 위하여 1999년부터 시행하고 있는 '국가사업 예비타당성 조사제도'를 필두로 총사업비 500억 원 이상의 공공건설사업 등 재정투자사업의 선정 및 최종결정에 매우 신중을 기하고 있다. 미국과 달리 우리나라는 비용과 편익을 분리하여 경제효율성을 기준으로 판단하는 경제적 타당성 분석(일명 BC분석: Cost-Benefit Analysis)을 수행하고 있다.

특히 연구개발사업부문은 2011년 12월 '연구개발부문 사업의 예비타당성 조사 표준지침 연구(제1판)'가 발간되었는데, 이는 국가 연구개발 투자규모의 증가에 따라 기획단계부터 사업의 타당성을 사전에 철저하게 검증해야 한다는 지적을 반영한 것이다.

따라서 '탄소중립형 도로 기술 개발 연구단 사업' 내 '녹색도로 기술 투자평가시스템 개발' 과제에서는 녹색도로 기술의 연구개발사업을 수행하고자 하거나 반대로 평가하고자 하는 이들을 위해 기획단계부터 타당성 조사를 간편히 수행할 수 있도록 포털 시스템으로 구축하는 것을 그 목적으로 한다. 기술 개발단계에 맞춰 사업화단계에는 도로현황 GIS 기반 DB를 활용하여 녹색도로 기술 적용에 따른 효과분석 및 타당성 분석을 수행하고, 앞서 기획단계에서의 결과와 함께 사업화단계의 결과를 '녹색도로($CO_2$ 저감) 기술 지식관리 시스템'에서 별도 운영, 관리하여 21세기 지식정보사회에 발맞춰 녹색도로 기술정보를 편리하게 활용할 수 있어야 한다.

## 4. 결론 및 정책제안

과학기술기본법 제5조 2항에 따르면 "정부는 정책형성 및 정책집행의 과학화와 전자화를 촉진하기 위하여 필요한 시책을 세우고 추진하여야 한다"라고 명시되어 있다. 따라서 국가재정 투자사업에 대하여 정부부처는 투명성, 객관성, 합리성을 높이는 효율적인 예산 집행을 위하여 꾸준히 노력하고 있다.

이러한 시대적 기류에 맞추어 녹색도로 기술 투자평가시스템은 미래 '지속가능한 녹색도로' 구현을 위하여 연구개발의 사전 기획단계에 재정투자에 대한 의사결정을 지원하는 사전타당성 분석수행을 지원하고, 연구개발 마무리 단계에서 연구 성과의 확산, 기술이전 및 실용화 촉진을 달성하기 위하여 현재 도로 현황자료를 활용하여 사업화에 대한 타당성 분석을 수행할 수 있는 시스템으로 개발될 예정이다.

전체 시스템을 통해 이룰 수 있는 기대효과는 다음과 같다.

- 국가 R&D 기술 개발 및 상용화 사업선정을 위한 타당성 평가 프로그램으로 활용
- 기술 개발 기업의 경우 해당 기술에 대한 시장성 및 부가가치 효과를 파악할 수 있으며 이로 인해 새로운 산업 분야 창출 및 신기술에 대한 투자판단 가능
- 녹색도로 시설물(유형별) 및 기술의 탄소배출량 산정기법 정량화, 표준화 및 관리가능
- LCA를 고려하는 도로설계 적용을 통한 에너지 및 자원효율적 친환경 녹색도로 건설 유도

그 외에도 기술적, 학술적 파급효과도 매우 클 것으로 판단된다.

본 연구를 통해 완성된 녹색도로 기술 투자평가시스템은 향후 국토교통부, 국토교통과학기술진흥원, 한국과학기술기획평가원 등 정부 부처 및 기관에서 녹색도로 기술에 대한 기획부터 사업화 단계에 대한 재정투자 의사결정을 지원하는 데 이바지하고자 한다. 또한 본 시스템을 통하여 국내도로 산업 분야의 녹색도로 기술 개발을 위한 정보를 제공하고 정량적 파급효과 산출과 연구개발의 타당성 분석을 원활하게 수행할 수 있도록 투자결정을 지원하고자 한다.

# 참고문헌


과학기술정책연구원(2006), R&D 프로그램의 유형별 경제성 평가방법론 구축

국토해양부(2011), 제1차 지속가능 국가교통물류발전 기본계획

국토해양부(2011), 교통시설 투자평가지침(제4차 개정)

이유화 등(2012), 녹색도로구현을 위한 기술 우선순위 결정에 관한 연구, 한국도로학회 논문집, Vol. 14. No. 3, 한국도로학회

이유화(2012), 녹색도로 기술 투자평가시스템 구축을 위한 기술가치평가 방법론 고찰, 추계 학술대회 자료집, 대한토목학회

전략기술경영연구원(2011), 기술가치평가 및 사업화 실무매뉴얼

조원범 · 이유화(2012), 녹색도로 기술 투자평가시스템 개발방향 정립, 추계 학술대회 자료집, 대한교통학회

지식경제부(2011), 기술가치 평가 실무가이드

한국개발연구원(2008), 도로 · 철도 부문사업의 예비타당성조사 표준지침 수정 · 보완 연구(제5판)

한국건설기술연구원(2011), 도로 에너지/자원 분석 및 투자효과분석 시스템 기획연구

한국과학기술기획평가원(2009), 2009 R&D 분야 예비타당성 조사 수행을 위한 지침연구-사업비용 추정 및 효과분석

한국과학기술기획평가원(2011), 연구개발부문 사업의 예비타당성조사 표준지침 연구(제1판)

# 도로선형 및 차량에 따른 탄소배출량 산정

**유인균**
한국건설기술연구원 연구위원

도로부문의 탄소배출량 저감을 위해서는 도로조건과 운전자 특성에 따른 주행차량의 탄소배출량 관계의 정립이 필요하다. 본 연구에서는 도로의 노면상태 및 선형과 차량의 탄소배출량, 운전자의 운전행태와 차량의 탄소배출량 관계를 제시하고 도로특성과 차량조건을 동시에 정확하게 측정할 수 있는 탄소배출량 측정장치를 개발함으로써 도로설계, 관리, 운영에서의 탄소배출량 저감을 객관적으로 제시할 수 있는 근거를 마련하고자 한다.

## 1. 서론

도로는 평탄하고 쾌적하며 안전한 노면을 이용하는 차량에게 효율적으로 제공하기 위해 건설되는 사회기반시설이다. 최근 지속적으로 논의되고 있는 지구 온난화 방지를 위한 탄소배출량 저감 관점에서 우리나라의 교통부문을 도로, 해운, 항공, 철도 등으로 구분해 보면, 도로는 교통부문 온실가스 배출량의 약 94%를 차지하고 있다(자동차신문, http://auto times.hankyung.com). 그러므로 도로부문의 탄소배출량 저감을 위한 노력이 더욱 필요한 상황이다.

국토해양부에서는 2011년 도로부문의 탄소배출량 산정 가이드라인을 발표하였다(국토해양부, 2011). 이 가이드라인은 도로시설물의 시공, 운용, 해체 및 재활용 등의 생애 주기 단계에서 발생하는 온실가스 배출량을 산정하는 방법을 제시하고 있다. 이를 통해 도로부문의 온실가스 감축을 위한 기초자료를 제공함은 물론, 공법 선정 시 온실가스를 최소화하는 방안을 선택하는 데 활용하게 하여 탄소배출량을 산정하고 관리하고자 하고 있다.

그러나 도로의 공용기간 동안 탄소배출이 지속적으로 발생되고 있는 주행차량에 의한 탄소배출량은 아직 고려하지 못하고 있다. 도로의 공용기간 동안 주행차량에서 발생되는 탄소배출량은 노면상태, 도로선형, 차종, 운전자의 운전습관 등에 의해 변화하게 된다. 특히 차량 한 대당 발생되는 탄소배출량은 작을지라도 교통량에 따라 연간 발생되는 탄소배출량은 크게 변화된다. 그러므로 도로부문의 탄소배출량 저감을 위해서는 먼저 차종, 노면상태, 도로선형 등과 같은 주행차량의 탄소배출량 변화인자에 따른 탄소배출량 관계를 정립할 필요가 있다.

본 연구에서는 도로의 노면상태와 차량의 탄소배출량, 도로의 선형상태와 차량의 탄소배출량, 운전자의 주행형태와 차량의 탄소배출량 등의 관계를 정량화하여 제시함으로써 도로부문의 탄소배출량 저감을 객관적으로 제시할 수 있는 근거를 마련하고자 한다. 또한 도로특성과 차량조건을 동시에 정확하게 측정할 수 있는 탄소배출량 측정장치를 개발하여 탄소배출량과 관련된 데이터베이스를 확보함으로써 탄소배출 저감을 위한 도로설계 방안을 제안하고자 한다.

## 2. 관련 기술의 개요

### 2.1 노면상태와 선형에 따른 차량의 탄소배출량

주행차량의 탄소배출량은 연료소모량을 측정하여 산정할 수 있다. 연료소모량은 <그림 1>과 같이 공기저항력(aerodynamic resistance), 구름저항력(rolling resistance), 경사저항력(gradient resistance), 가속저항력(acceleration resistance)을 합한 총주행저항력에 대응하는 연료소모량과 차량의 보조기계류 작동에 필요한 연료소모량으로 구성된다(김상섭 등, 2004). 중 도로의 노면상태, 특히 평탄성에 따른 차량의 탄소배출량 변화는 주로 구름저항력의 영향을 받으며, 도로의 선형, 특히 종단경사에 따른 차량의 탄소배출량 변화는 주로 경사저항력의 영향을 받는다. 그러므로 외국의 연구방법과 유사하게 승용차와 화물차를 대상으로 평탄성과 종단경사 변화에 따른 탄소배출량을 측정하고 상관관계를 정립하여 도로의 노면상태와 선형에 따른 차량의 탄소배출량 변화를 제시하고자 한다.

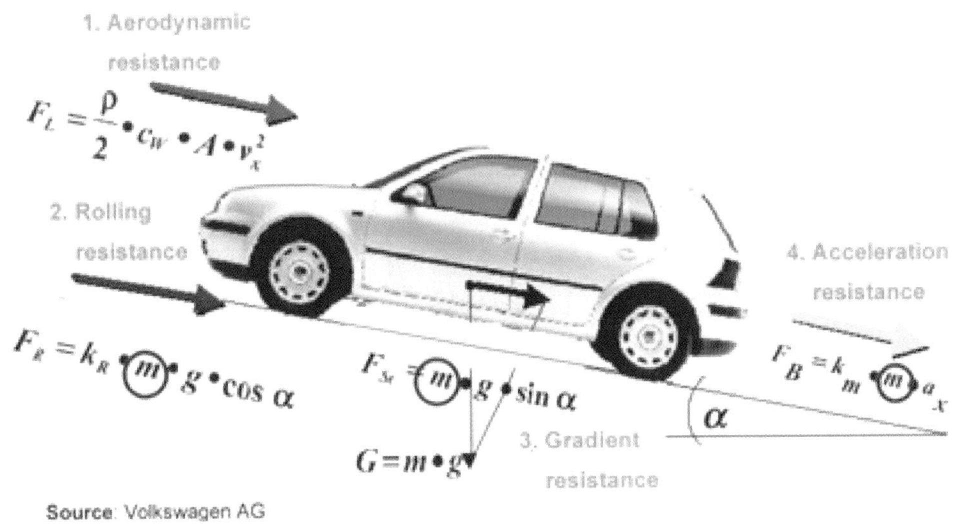


〈그림 1〉 차량의 주행저항력

## 2.2 운전자의 주행형태에 따른 차량의 탄소배출량

탄소저감을 위한 가장 이상적인 운전자의 주행형태는 급가속, 급감속 없이 정속주행을 하는 것이다. 이러한 운전을 에코 드라이빙이라 할 수 있다. 환경부에서는 <표 1>과 같이 에코 드라이빙을 위한 친환경 운전 10계명을 제시하고 있다(자동차나라, http://carland.egloos.com).

〈표 1〉 친환경 경제운전 10계명

| | |
|---|---|
| 1. 경제속도(시속 60~80km/h) 준수 | 6. 한 달에 1회 자동차 점검 |
| 2. 내리막길에선 가속페달 밟지 않기 | 7. 주행경로 파악 등 계획운전 |
| 3. 출발은 천천히 | 8. 트렁크 비우기 |
| 4. 공회전은 최소화 | 9. 친환경차 선택 |
| 5. 적정한 공기압 유지 | 10. 유사연료·첨가제 사용금지 |

최근 이와 같은 경제적인 운전습관을 돕기 위해 자동차 회사에서는 친환경 경제운전 시스템들이 개발되고 있다. 일례로 일본의 닛산이 개발한 에코 페달 시스템(ECO Pedal System)은 단순히 계기판에 에코 드라이빙을 위한 경보표시 방법을 벗어나, <그림 2>와 같이 운전자가 필요 이상으로 가속을 하게 되는 경우 에코 페달의 푸시-백 시스템이 작동하여 페달을 밀어냄으로써 불필요한 연료소비를 줄일 수 있다(안전성 분석모형 연구현황, http://rosas.nuriworks.co.kr). 이 시스템은 운전자가 상황에 따라 작동시키고 해제할 수 있으

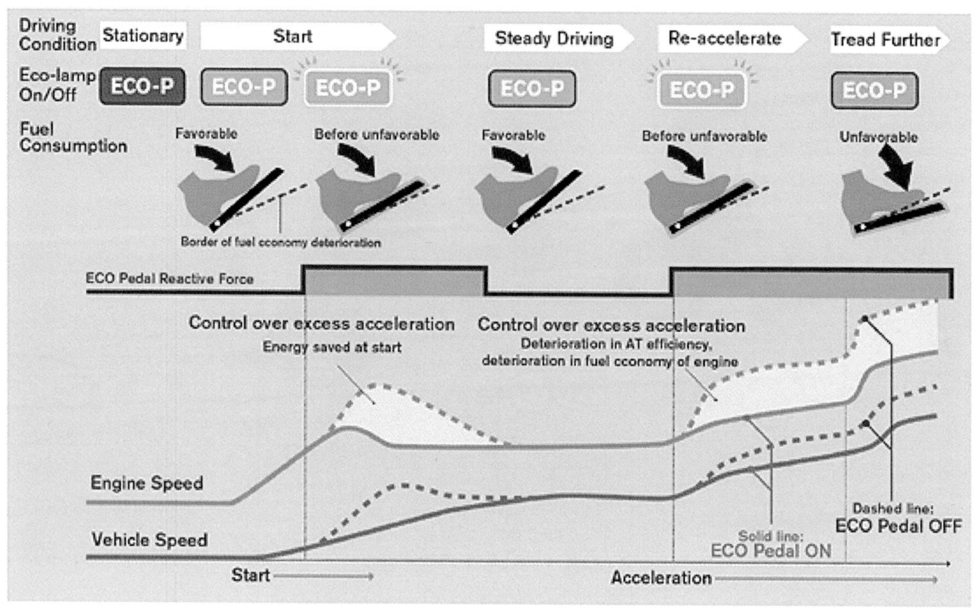


〈그림 2〉 에코 페달 시스템 작동원리

며 에코 페달 기능을 적극적으로 활용할 경우 5~10%의 연비개선이 가능하다고 제시하고 있다.

그러나 에코 드라이빙으로 운전을 하더라도 운전자는 직선구간에서 가속하고 곡선구간에서 감속하는 주행패턴을 가진다. 또한 오르막 구간에서는 주행속도를 유지하기 위해 보다 가속을 하게 되고, 내리막 구간에서는 주행속도를 줄이지 않고 주행하다가 급커브 구간을 만날 때 비로소 급감속을 하는 경향이 있다. 이와 같이 실제 차량의 주행속도는 도로의 설계속도와 다르게 나타나므로 주행 중 발생하는 탄소배출량은 운전자의 주행형태에 따라 변화하게 된다. 그러므로 향후의 도로설계는 주행속도 관점에서 도로선형 설계가 일관성이 있는지를 검토할 필요가 있다. 이를 위해 승용차와 화물차를 대상으로 운전자의 운전형태를 조사하고 모형을 개발하여 운전자의 주행형태에 따른 차량의 탄소배출량 변화를 제시하고자 한다.

## 2.3 탄소배출량 측정장치

도로의 노면상태와 선형에 따라 주행차량의 탄소배출량이 변화되지만, 이 외에 차종, 주행속도, 차량하중 등의 차량운행 조건에 의해서도 발생되는 탄소배출량이 변화된다. 그러나 도로의 노면특성과 차량운행 조건의 변화를 동시에 고려하여 탄소배출량을 측정할 수 있는 장치의 부재로 인해 지금까지 탄소배출량은 대부분 차량에서 배출되는 대기오염물질 배출계수를 이용하여 측정할 수밖에 없었다(김상섭 등, 2004).

그러므로 먼저 도로조건과 차량운행조건을 동시에 계측하고 정확한 탄소배출량을 측정할 수 있는 On-board형(차량장착형) 탄소배출량 측정장치를 개발할 필요가 있다. 이를 통해 다양한 조건과 상황에 따른 탄소배출량 변화에 대한 데이터베이스를 확보하여 향후 도로설계 및 탄소배출량과 관련된 다양한 연구에 활용할 필요가 있다.

본 연구에서 개발하고자 하는 On-board형 탄소배출량 측정장치는 <그림 3>과 같이 DLC(Data Link Connector), 가속도계, DAS(Data Acquisition System), 데이터 송수신 장치로 구성되어 있다.

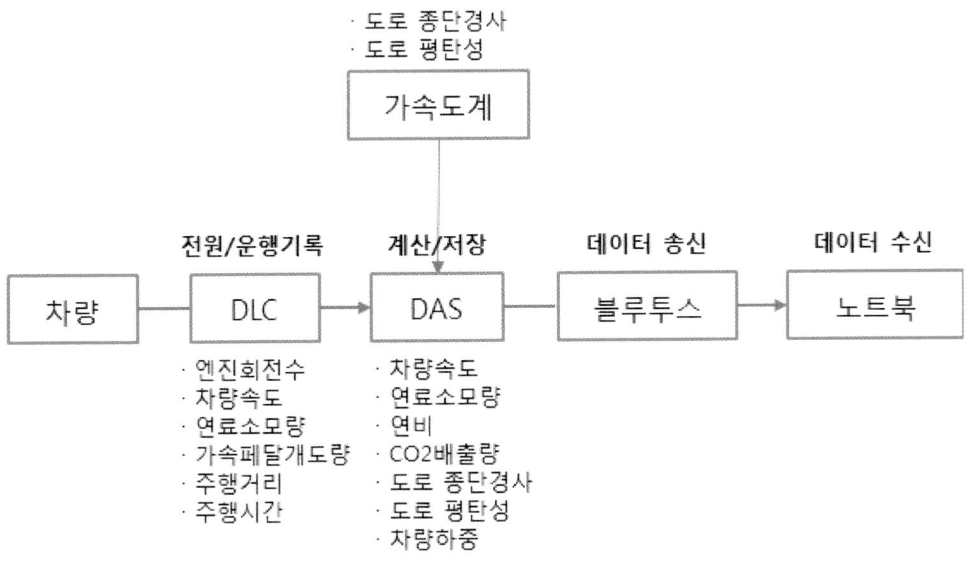


〈그림 3〉 탄소배출량 측정장치의 구성

최근의 차량은 차내에 실시간으로 운행기록을 측정할 수 있는 DLC가 설치되어 있다. 일반적으로 DLC는 차량을 정비할 때 정비사가 차량의 정보를 얻기 위해 사용하는데, DLC에서 측정되는 운행 데이터는 엔진회전수, 차량속도, 연료소모량, 가속페달개도량, 주행거리 등이다. 차량의 제원 중에서 변속기의 각단기어비와 종감속기어비, 타이어동하중 반경 등을 알고리즘에 반영한다. 그리고 가속도계는 앞 차축과 뒤 차축에 설치되어 도로 종단경사와 평탄성을 실시간으로 측정하여 알고리즘에 반영한다.

DAS에서는 차량속도, 연료소모량, 연비, 도로 종단경사, 평탄성 등을 각각의 단자와 센서로부터 데이터를 받아 저장한다. 또한 간단한 계산식과 알고리즘을 통해서 연비, $CO_2$ 배출량, 차량하중 등을 연산하고, DAS에 저장된 데이터들은 블루투스를 통해 노트북에 저장할 수 있다.

이와 더불어 부가적으로 GPS를 추가한다면 도로의 위치정보를 확인할 수 있으며, 블루투스 대신 무선통신모듈(WCDMA)을 사용한다면 도로 네트워크의 모니터링 및 관제가 가능하다.

## 3. 국내외 기술 개발 현황

### 3.1 노면상태와 선형에 따른 차량의 탄소배출량

이태병 등(2010)은 도로의 환경경제성을 평가하여 정량화하기 위해 도로설계 시 종단경사 변화에 따른 속도변화를 산정하여 차종별, 대기오염물질 항목별 배출량을 예측하여 환경비용을 산정하였다. LCA분석을 통해 종단선형에 의한 교량과 터널의 길이를 결정하는 대안설계기법을 적용하였으며, 종단경사 S=2.000%를 종단경사 S=1.422%로 완화하여 차량 평균속도 및 주행안전성을 증가하였을 경우를 비교하였다. 원안의 경우 상행과 하행을 포함한 양방향 통행 시 연간 $CO_2$ 배출량은 총 30,301톤으로 나타났으며, 비교안은 총 30,050톤으로 나타나 원안에 비해 약 0.8% 대기오염 발생량이 감소한다고 하였다. 또한 <그림 4>와 같이 속도변화에 따른 환경비용 민감도 분석결과, 속도에 따른 환경비용이 거듭제곱의 곡선 형태로 감쇄하는 양상을 보인다고 하였다.

고광호(2010)는 도로포장의 평탄성 변화에 따른 연료소모량 변화에 관한 연구를 수행하였다. 중형 및 대형승용차를 대상으로 도로의 종단평탄성 변화에 따른 연료소모량을 측정하여 관계식을 유도하였다. 40, 60, 80, 100km/h의 주행속도로 평탄성 차이가 있는 두 군데의 측정도로에서 차량의 연료소모량 변화를 측정하였다. 측정결과, 평탄성이 IRI로 1m/km 증가 시 연료소모량은 km당 약 70mL 증가한다고 하였다.

한국건설기술연구원(2009)에서는 모든 운전자가 퓨얼 컷을 활용할 수 있도록 함으로써 에너지 절약 및 온실가스 감축효과를 극대화하기 위해 퓨얼 컷 구간 도로표시에 따른 $CO_2$ 배출 저감 효과를 연구하였다. 퓨얼 컷이란 내리막 구간에서 관성주행을 위해 연료 분사를 차단하는 것을 의미한다. 최고허용속도에서 정속 주행하면서 도로면의 고도 데이터에서 찾은 내리막 구간에서 연료차단 관성주행을 하고 목표속도까지 감속되면 다시 최고허용속도로 가속하는 형태로 주행하는 경우 평균 연료소모량 및 $CO_2$ 배출량은 약 4~5% 정도 감소한다고 하였다. 서해안 고속도로 교통량 통계 데이터를 활용하여 계산한 연간 연료절약 효과는 약 357억 원 정도이며, 온실가스는 연간 약 25,700톤이 감축되는 것으로 추정하였다.

미국 미주리 주 교통국(2006)에서는 새롭게 시공된 평탄한 도로포장과 공용 중인 도로포장의 차량 연료소모량의 차이를 확인하기 위해 덤프트럭을 대상으로 포장의 평탄성이 차량의 연비에 미치는 영향을 조사하였다. IRI(International Roughness Index)가 공용 중인 2.06m/km에서 0.96m/km로 변화되면서 연료소모량은 km당 394mL에서 385mL로 감소하였다. 즉, IRI로 약 1.1m/km의 평탄성 개선 시 덤프트럭의 연료소모량은 km당 약 9mL 감소

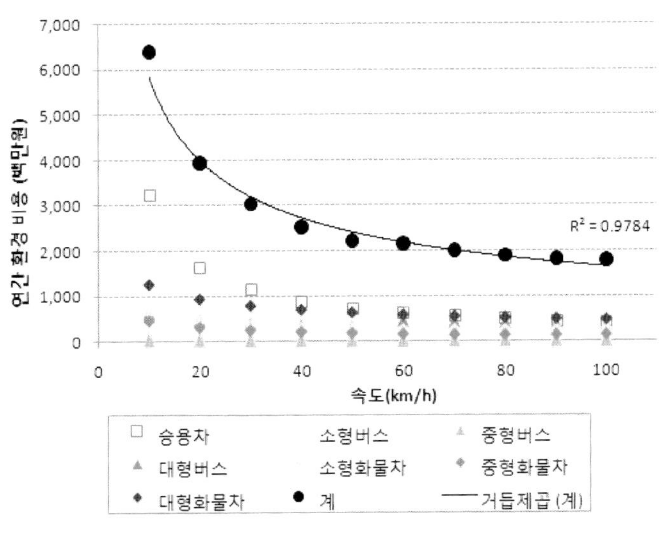


〈그림 4〉 속도변화에 따른 차종별 환경비용

한다고 하였다.

일본의 요시모토 토오루(吉本 徹) 등(2008)은 이산화탄소 배출저감 대책의 일환으로 도로포장의 가능성을 확인하기 위해 포장종류에 대한 중량차의 연비변화를 조사하였다. 일본에서는 교통운수부문 이산화탄소 배출량의 약 88%가 자동차에서 배출되고 있다. 나리타공항 내 IRI가 각각 1.17m/km와 1.29m/km로 유사한 아스팔트 포장과 콘크리트 포장에 대해 트럭을 이용하여 주행차량의 회전저항을 조사하고, 회전저항을 변화시켜 트럭의 연비변화를 시뮬레이션하였다. 조사결과 콘크리트 포장은 아스팔트 포장에 비해 0.8~6.1% 정도 연비가 우수하게 나타났다.

### 3.2 운전자 주행형태를 고려한 선형설계의 일관성

현재의 도로설계는 설계속도를 기준으로, 도로 각 구간의 설계속도가 일정하므로 차량의 속도가 일정하다는 가정으로 설계된 것이다(국토해양부, 2009). 그러나 실제로 도로구간을 주행하는 차량들은 각 구간마다 속도의 변화를 보인다. 이러한 속도의 변화는 주로 평면곡선부에서 발생하며, 종단곡선에서는 트럭 등 중차량의 속도가 변화한다. 그러므로 직선구간과 평면곡선구간을 포함한 도로를 하나의 설계속도로 설계한다 하더라도 도로의 각 구간을 지나면서 차량은 속도변화를 보이게 된다. 따라서 설계자가 정한 설계속도는 실제 차량의 주행속도를 반영할 수 없으므로 주행속도 관점에서 도로선형 설계의 일관성을 검토할 필요가 있으며, 이를 위한 다양한 연구가 수행되고 있다.

1970년대 J. Leisch를 필두로 하여 종전의 설계속도 개념의 모순을 제기하며 이를 개선할 것을 주장하는 사람들이 나타났다(국토해양부, 2009). Leisch는 설계속도를 사용했을 때 특히 90km/h 이하 속도에서 운전자들은 직선과 곡선의 반복적 선형조합 때문에 계속해서 속도를 바꾸어야 하며, 이는 결국 설계속도의 기본가정인 균등한 속도의 확보라는 문제를 해결하지 못한다는 한계점을 지적하면서 소위 10mile/h 원칙에 의한 속도종단곡선 분석기법을 제시하였다. 그의 주장은 현재 설계일관성 분석의 주류를 이루게 되었고, 아래의 세 가지로 요약할 수 있는 10mile/h 원칙은 안전성 검토의 기준이 되었다.

① 가능하면 설계속도의 감소는 피하되, 불가피할 경우 10mile/h를 초과하지 않을 것

② 차량의 잠재적 속도는 10mile/h 이내에서만 변할 것

③ 트럭 속도는 자동차의 속도보다 10mile/h 이내에서 낮게 나타날 것

설계속도 개념에 강한 반박을 가한 또 다른 한 사람은 호주의 J. McLean이었다. 그는 1974년 ARRB Proceeding에서 평면곡선에서의 운전자행태 분석연구를 통해 종전에 사용되던 설계속도 개념의 속도-횡방향마찰계수 관계곡선보다는 속도-곡선반지름 관계식이 보다 현실적이고, 설계속도와 주행속도는 별개의 문제라고 주장했다. 또한 설계속도 대신 주행속도를 산정해서 설계에 반영해야 하며, 주행속도는 평면곡선의 설계조건에 따라 경험적으로 산정할 수 있다고 주장하였다.

설계일관성 분야에서 독특한 또 한 사람은 미국의 C. Messer이다. 그는 FHWA의 연구를 수행하면서 운전자의 운전부담량을 통해 설계일관성 분석이 가능할 것으로 판단했다. 운전부담량은 운전자에게 부과되는 과제의 난이도와 빈도에 따라 달라지며 부담량의 수준과 운전자에게 미치는 영향은 운전자의 기대심리 및 능력에 따라 달라진다고 생각했다(국토해양부, 2009). 설계가 불합리한 도로는 운전자의 기대심리를 위배하게 되며 이는 곧 운전자에게 많은 부담을 주게 된다.

이후 Shafer 등은 도로 기하구조에 기초한 운전부담량 산정모형을 개발하였다. 이 모형은 운전부담량이 커질수록 운전자의 정신적 작업부하량이 커질 것이라는 가정하에 정상상태와 비교한 운전자의 눈 깜박임 횟수와 눈을 감지 못하고 뜨고 있는 지속시간을 측정하여 이를 곡률도의 함수로 나타내었다.

$$WL = 0.193 + 0.016D$$

여기서 $WL$: 곡선의 평균 운전부담량

$D$: 곡률도(Degree of curvature)

Lamm 등은 도로구간에서 나타나는 곡률도를 통해 주행속도를 예측하여 곡선부의 설계일관성을 평가하는 방법을 제시하였다(Austroads, 2003). Lamm 등이 제안한 설계안전 기준은 <표 2>와 같다. 이때 사용된 방법은 연속한 도로의 인접한 두 구간의 예측주행속도를 비교하는 방법과 해당구간의 예측주행속도와 설계속도를 비교하는 방법 두 가지가 있다.

$$V_{85} = 34.7 - 1.005D_c + 2.081L_w + 0.174S_W + 0.004AADT$$

여기서 $V_{85}$: 85% 내 예측 주행속도

$D_c$: 곡률도(Degree of curve)

$L_w$: 차로 폭

$S_w$: 길 어깨 폭

$AADT$: 연평균 일교통량

〈표 2〉 설계 안전기준(R. Lamm 등)

| 구분 | 설계안전도 | | |
|---|---|---|---|
| | 양호 | 보통 | 불량 |
| I | $\lvert V_{85_i} - V_{85_{i+1}} \rvert$ ≤ 10km/h | 10km/h < $\lvert V_{85_i} - V_{85_{i+1}} \rvert$ | 20km/h < $\lvert V_{85_i} - V_{85_{i+1}} \rvert$ |
| II | $\lvert V_{85} - V_d \rvert$ ≤ 10km/h | 10km/h < $\lvert V_{85} - V_d \rvert$ ≤ 20km/h | 20km/h < $\lvert V_{85} - V_d \rvert$ |

한국건설기술연구원(2003)에서는 주행안전성 측면에서 도로선형에 따른 주행속도모델을 개발하였다. 우선 지방부 왕복2차로에 대해 설계일관성을 평가하기 위한 평면선형 안전성 평가를 위해 다음과 같은 평면곡선부 주행속도 예측모형을 개발하고, 직선부 희망속도(85km/h), 평면곡선부 진입부 가속도(-0.96m/s$^2$) · 진출부 가속도(0.54m/s$^2$)를 산정하였다.

$$V_{85c} = 85.1 - \frac{2375}{R}$$

여기서 $V_{85c}$: 승용차 85백분위 주행속도(km/h)

$R$: 평면곡선반경(m)

도로선형 안전성 평가를 위한 새로운 접근으로 기존 주행속도 프로파일 모형에서 적용한 다수 운전자의 평균적 주행특성이 아닌 개별운전자의 주행특성을 선형안전성 평가에 반영하는 방안을 검토하였다. 그 결과 동일한 도로선형 변화에 대해 과속운전자 그룹(직선부 $V_{85}$ > 80km/h 운전자 그룹)은 속도가 낮은 그룹(직선부 $V_{85}$ ≤ 70km/h 운전자 그룹)에 비해 상대적으로 주행속도 변화가 큰 것으로 분석되었다. 또한 지방부 왕복 4차로에 대해 종단선형에 중점을 두고 종단선형에 따른 아래의 주행속도 예측모형을 개발하고, 직선부 희망속도(105km/h), 선형변화구간(종단 및 평면선형 변화구간)의 진입부 가속도(-1.1m/s$^2$)

및 진출부 가속도(0.9m/s$^2$)를 산정하였다.

$$V_{85c} = 102.312 - 810.964\frac{1}{R} + 3.195e - 413.204\frac{Diff_G}{(L_{Diff_G})^2}$$

여기서 $V_{85c}$: 승용차 85백분위 주행속도(km/h)

$R$: 평면곡선반경(m)

$e$: 편경사(%)

$Diff_G$: 평면곡선 1/2L 지점 종단경사와 가장 근접한 종단경사 변화지점 종단경사의 대수차(%)

$L_{Diff_G}$: 평면곡선 1/2L 지점과 종단경사 변화지점 간 거리(m)

### 3.3 탄소배출량 측정장치

차량 운행데이터와 도로특성 그리고 차량하중을 동시에 측정할 수 있는 장비는 세계적으로 개발되거나 판매된 실적이 없다. 단지 차량 운행데이터, 도로특성, 차량하중만을 각각 측정하는 장치는 다수 존재하고 있다.

차량 운행데이터 측정은 <그림 5>와 같이 실내에 장비를 설치하여 측정하는 방법이 주로 사용되고 있으며, 세계 여러 나라에서 법규로 활용하기도 한다. 우리나라에서는 CVS75 모드와 EUDC모드 등이 사용된다(김상섭 등, 2004). 도로에서 측정하는 방법은 주로 제작사가 차량을 개발할 때 많이 사용하는 방식으로 속도센서, 가속도센서, 연료유량센서, 엔진회전수센서 등을 차량에 설치하여 사용한다.

차량하중 측정은 <그림 6>과 같이 일반적으로 가장 많이 사용되는 방법은 실외에 설치된 계근대이고, 최근에는 과적예방 등에 활용하기 위해서 차량에 설치하는 장비가 개발되고 있다. 유럽에서는 대형화물차에 설치된 에어서스펜션의 변화량을 정밀 계측하여 하중을 계산하고, 국내에서는 화물차의 서스펜션인 판스프링의 변화각도를 MEMS센서로 측정하여 하중을 계산한다.

본 연구에서는 <그림 7>과 같이 차량이 운행할 때 발생되는 총 주행저항과 구동력 관계를 활용하여 알고리즘을 만들고, 차량의 운행데이터를 대입하여 차량하중이 계산되는 방식을 사용한다.

〈그림 5〉 차량 운행데이터 측정

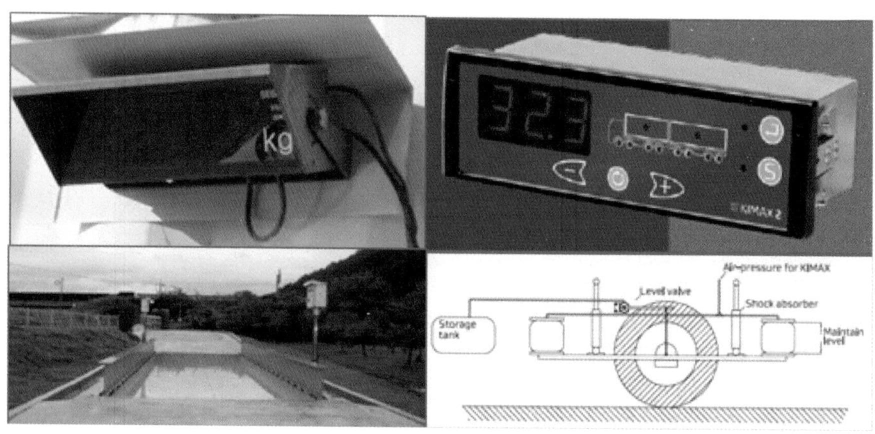


〈그림 6〉 차량하중 측정

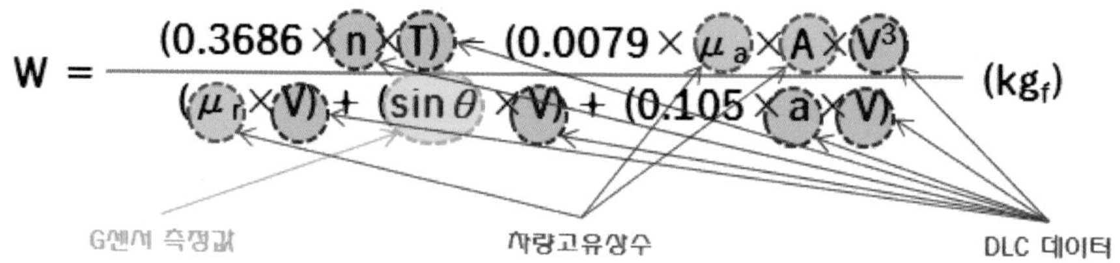

W = (0.3686 × n × T) − (0.0079 × μa × A × V3) / (μr × V) + (sin θ × V) + (0.105 × a × V) (kgf)
G센서 측정값
차량고유상수
DLC 데이터


〈그림 7〉 차량의 총주행저항과 구동력의 관계

## 4. 탄소저감형 도로설계기술 개발

본 연구에서는 LCA 기반 탄소저감형 도로설계기술을 개발하기 위해 도로의 노면상태와 차량의 탄소배출량, 도로의 선형상태와 차량의 탄소배출량, 운전자의 주행형태와 차량의 탄소배출량 등의 관계를 정량화하여 제시하고자 한다.

본 연구는 4개년에 걸쳐 단계별로 연구가 수행되며, 연구내용은 <표 3>과 같다.

본 연구에서는 도로특성과 주행조건별 탄소배출량을 도로특성 중에서 도로종단경사와 평탄성을 대상으로 측정하였지만 향후 도로횡단경사까지 고려한 장치를 개발하면 더욱더 장비의 활용도가 높아질 것이다.

〈표 3〉 탄소저감형 도로설계기술 개발의 내용

| 연차 | 연구내용 | 세부추진 계획 및 방법 |
|---|---|---|
| 1차 | · 도로선형별 승용차 운전행태모형 개발<br>· 노면상태에 따른 승용차 탄소배출량 예측 | · 탄소배출량에 영향을 미치는 도로선형 분류 및 시뮬레이터 실험용 가상도로 제작<br>· 운전자 운전행태 실험 조사 및 승용차 운전행태모형 개발<br>· 승용차의 노면상태에 따른 탄소배출량 관계 정립 |
| | · 탄소배출량 측정장치 기본장비 구축 및 승용차 탄소배출량 예측 | · 탄소배출량 측정장치 기본설정 및 장비 구축<br>· 도로조건별 승용차 탄소배출량 측정 |
| 2차 | · 도로선형별 화물차 운전행태모형 개발<br>· 노면상태에 따른 화물차 탄소배출량 예측 | · 화물차용 간이 도로주행 시뮬레이터 개발<br>· 운전자 운전행태 실험조사 및 화물차 운전행태모형 개발<br>· 화물차의 노면상태에 따른 탄소배출량 관계 정립 |
| | · 탄소배출량 측정장치 하중 관련 S/W 개발 및 화물차 탄소배출량 측정 | · 도로조건별 화물차 탄소배출량 측정<br>· 탄소배출량 측정장치 시제품 개발<br>· 탄소배출량 측정장치 S/W 개발<br>· 시제품 1차 성능평가 |
| 3차 | · 도로선형에 따른 탄소배출량 산정 프로그램 개발 | · 도로선형별 차종별 운전행태모형에서 연료소비량 개산 모듈개발<br>· 도로설계 프로그램과 연동하여 도로선형에 따른 탄소배출량 산정 프로그램 개발 |
| 3차 | · 탄소배출량 측정장치 시작품 완성 및 하중별 탄소배출량 측정 | · 도로조건별 하중별 탄소배출량 측정<br>· 탄소배출량 측정장치 시제품 완성<br>· 탄소배출량 측정장치 시제품 2차 성능평가 |
| 4차 | · $CO_2$ 저감을 고려한 도로선형 최적화 설계 지침(안) 개발 | · 도로선형 및 지·정체조건도 포함한 교통 시뮬레이션으로 탄소배출량 산정 검토<br>· $CO_2$저감을 위한 최적의 오르막구간 및 평면선형을 설정하는 설계지침(안)개발 |
| | · 도로조건별 탄소배출량 DB 구축 및 시제품 최종성능 확인 | · 도로조건별 차량조건별 DB 구축<br>· 탄소배출량 측정장치 시제품 최종 성능평가 |

## 5. 결론

도로의 공용기간 동안 주행차량에서 발생되는 탄소배출량은 노면상태, 도로선형, 차종, 운전자의 운전습관 등에 의해 변화하게 된다. 그러므로 도로부문의 탄소배출량 저감을 위해서는 먼저 차종, 노면상태, 도로선형 등과 같은 주행차량의 탄소배출량 변화 인자에 따른 탄소배출량 관계를 정립할 필요가 있다.

따라서 본 연구에서는 도로의 노면상태와 차량의 탄소배출량, 도로의 선형상태와 차량의 탄소배출량, 운전자의 주행형태와 차량의 탄소배출량 등의 관계를 정량화하여 제시함으로써 도로부문의 탄소배출량 저감을 객관적으로 제시할 수 있는 근거를 마련하고자 한다.

이를 통해 도로선형에 따른 차종별(승용차, 화물차) 탄소배출량 산출 프로그램을 개발하고 LCA분석을 통해 탄소저감 도로 선형설계 기법과 탄소저감을 고려한 도로선형 설계 지침(안)을 제안할 계획이다. 본 연구는 향후 저탄소 녹색성장을 위한 신규 도로설계 및 도로선형 개량 시 정책 평가도구로 사용될 수 있을 것으로 기대된다.

# 참고문헌


고광호(2010), 포장도로의 거칠기 변화에 대한 차량 연료소모량 변화율, 한국도로학회논문집, 제12권 제1호

국토해양부(2011), 시설물별 탄소배출량 산정 가이드라인-도로시설물, 기술정책과 보도자료 2011.08.11.

국토해양부(2009), 도로의 구조・시설 기준에 관한 규칙 해설, 5-4 선형설계의 운영

김상섭 외 5인(2004), 차량동력학, 진샘미디어 출판사

이태병 외 3인(2010), 도로 건설 시 종단경사 변화에 따른 환경 경제성 평가, 한국건설관리학회 학술 발표대회

자동차나라(http://carland.egloos.com)

자동차신문(http://autotimes.hankyung.com)

한국건설기술연구원(2009), 고속도로 및 자동차 전용도로 $CO_2$ 배출량 맵 작성 및 퓨얼 컷 구간 도로표시에 따른 $CO_2$ 배출저감 효과에 관한 연구

한국건설기술연구원(2003), 도로선형 및 노면안전성 분석 모형개발_RoSAS(1차년도) 연구보고서

Austroads(2003), Rural Road Design

http://rosas.nuriworks.co.kr, 안전성 분석모형 연구현황

http://www.global-autonews.com, 에코 드라이빙 편

McLean. J. R(1981), Drivier Speed Behaviour and Rural Road Alignment Design, Traffic Engineering & Control, Vol. 22

Missouri Department of Transportation(2006), Pavement Smoothness and Fuel Efficiency, Report No. OR07-005

吉本 徹, 早川 勇, 泉尾英文, 長坂堅二(2008), 重量車の燃費と舗装路面に関する検討, 舗装 43-5

# 탄소저감형 그린네트워크 도로

**손원표**
동부엔지니어링 기술 연구소장

지속가능한 사회의 녹색도로 구현을 위한 탄소중립과 생태계 보전을 목표로 자연환경에 순응하는 도로환경을 조성하고 동식물종의 서식지 훼손을 최소화하기 위하여 횡단면설계기법과 최적구조물 선정기법, 생태이동공간 조성기법을 개발함으로써 탄소저감형 그린네트워크를 실현하고자 한다.

## 1. 서론

지구 온난화로 인한 이상기후는 자연재해의 발생 등 큰 피해를 초래하여 범지구적 차원에서는 기후변화협약이 체결되고 세계 각국은 온실가스 배출을 저감하기 위한 가시적인 노력을 경주하고 있다. 특히 탄소배출의 주요원인으로 교통부문이 부각되면서 도로는 자연환경을 훼손하고 자동차는 탄소발생을 증대시키는 요인으로 인식되고 있다. 실제 기존의 도로는 기능성과 경제성, 안전성 위주로 조성되어 주변 자연환경을 훼손하고 탄소배출에 대한 고려가 소홀하여, 도로건설에 따른 자연환경의 훼손을 최소화하고 자연환경에 순응하여 탄소발생을 저감시키는 설계기술의 개발이 요구되고 있다.

이러한 지속가능 사회의 녹색도로 구현을 위하여 탄소중립과 생태계 보전을 목표로 하여 자연환경과 조화를 이루는 도로건설과 도로공간의 녹지조성 등 환경복원을 통해 탄소발생을 저감하는 '탄소저감형 그린네트워크Green-Network 도로'를 개발하여 실현하고자 한다.

## 2. 관련 제도와 기술 현황

### 2.1 관련 제도 현황

도로부문의 탄소저감을 위한 관련 제도는 초기단계 수준으로 도시 분야에서 탄소중립 도시 등을 실현하기 위한 탄소저감방법으로 대중·녹색교통, 녹지조성 등을 다루는 수준에 머물러 있다.

한편 친환경적인 도로, 경관과 디자인을 반영한 도로공간을 창출하기 위해 '환경친화적인 도로건설 편람(건설교통부, 2004)', '고속도로 경관설계 매뉴얼(한국도로공사, 2009)', '도로경관설계 안내서(국토해양부, 2012)', '도로설계편람-경관 편(국토해양부, 2013)' 등 다양한 연구가 진행되어 관련 분야에서 진일보한 성과를 보이고 있다.

〈표 1〉 주요 연구과제 및 간행물

| 주요 연구과제 및 간행물 | 주요내용 |
|---|---|
| 도로설계편람-경관 편 (국토해양부, 2013) | 아름답고 새로운 도로경관의 실현을 위하여 도로의 계획 및 설계를 위한 경관설계 기법과 도로시설물에 대한 디자인 기법을 제시 |
| 도로경관디자인 기술 개발 (국토해양부, 2010) | 경관과 디자인을 반영하기 위한 설계기법과 평가방법을 개발하여 도로 본체 및 도로시설물의 경관디자인을 위한 설계기법과 VR을 활용한 평가방법을 제시 |
| 고속도로 경관설계 매뉴얼 (한국도로공사, 2009) | 고속도로에 대한 경관설계 기법을 제시하고, 고속도로 경관설계에 관한 실무 차원의 기본적인 지식과 방법론적 접근 |
| 생태계를 생각하는 도로건설 (도로 및 공항 기술사회, 2008) | 토목공학, 도로공학 차원에만 머무르고 있는 도로건설을 경계학문인 생태학, 환경공학, 경관공학 등과 영역을 공유한 생태공학(ecological engineering) 측면에서의 접근방안을 모색 |
| 스마트하이웨이 연구개발사업 디자인 기술 개발 (국토해양부, 2009) | 스마트하이웨이를 구현하는 과정에서 주변 경관을 고려하는 경관설계와 도로시설물에 대한 디자인을 반영하는 관점에서 접근하고 현실화하는 연구 |
| 인간중심의 도로에서 생각해야 할 과제들 (한국도로학회, 2007) | 모든 사람을 위한 디자인(Design for All)을 기본개념으로, 접근 가능성과 안전 지향성이 확보되는 가로공간을 확보하기 위한 기법 제시 |
| 스마트하이웨이 연구개발사업 고속주행 여건을 고려한 환경시설 설치방안 (국토해양부, 2010) | 로드킬을 예방할 수 있는 생태통로의 설계기법 개발을 위해 생태통로의 유형별 특성 및 동물종류별 침입방지 유도울타리 등의 설치방법을 제시 |
| 환경친화적인 도로건설지침 (건설교통부·환경부, 2004) | 환경친화적인 도로건설의 실천을 위한 지침으로서 친환경도로 노선선정, 설계 시 고려해야 할 각 항목별 설계기법에 대해 지형, 지질, 동식물, 수리·수문 등 항목별로 지침을 제시하여 설계에 반영토록 하고 있음 |
| 환경친화적인 도로건설 편람 (건설교통부, 2004) | 환경친화적인 도로건설 지침의 실천을 위한 구체적인 편람으로 친환경도로 노선선정, 설계 시 고려해야 할 각 항목별 설계기법에 대해 지형, 지질, 동식물, 수리·수문 등 항목별로 상세한 기법을 제시하여 설계에 반영토록 하고 있음 |

녹색성장에 필요한 기반을 조성하고 녹색기술과 녹색산업을 새로운 성장동력으로 활용함으로써 국민 삶의 질을 높이고 국제사회에 책임을 다하는 성숙한 선진 일류국가로 도약하는 데 이바지하고자 2010년도에 저탄소녹색성장기본법이 제정되었으며, 각 부처는 다양한 정책을 수립하고 관련 사업을 시행하고 있다.

〈표 2〉 관련 법령

| 관련 법령 | 주요내용 | 담당기관 |
| --- | --- | --- |
| 저탄소녹색성장 기본법 | 녹색생활, 지속가능발전에 대한 규정을 체계적으로 마련함으로써 녹색국토, 녹색건축물, 녹색교통, 지속가능한 물 관리 등 푸른 한반도에서 삶을 영위할 수 있는 기반을 갖출 수 있도록 하였으며 이를 근거로 국가의 저탄소 녹색성장을 위한 정책목표·추진전략·중점추진과제 등을 포함하는 국가전략을 수립·시행함 | 국무 총리실 |
| 국토의계획및 이용에관한법률 | 국토의 이용·개발 및 보전을 위한 계획의 수립 및 집행 등에 관하여 필요한 사항을 정함으로써 공공복리의 증진과 국민의 삶의 질을 향상시키는 것을 목적으로 제정되었으며, 세부항목에서 자연보호에 관한 계획을 수립할 수 있도록 하였음 | 국토 해양부 |
| 환경·교통·재해 등에 관한 영향평가법 | 제29조에서 환경영향평가의 항목은 환경부령으로 정하도록 규정하고 있으며, 이에 따라 제정된 환경영향평가 작성 등에 관한 규정에서 도로주변 환경훼손을 최소화하고자 하였음 | 환경부 |
| 자연환경 보전법 | 자연환경을 인위적 훼손으로부터 보호하고, 생태계와 자연경관을 보전하는 등 자연환경을 체계적으로 보전·관리함으로써 자연환경의 지속가능한 이용을 도모하고, 국민이 쾌적한 자연환경에서 여유 있고 건강한 생활을 할 수 있도록 함을 목적으로 함 | 환경부 |
| 경관법 | 2007년에 제정된 경관법은 경관계획의 수립, 경관사업의 시행, 경관협정 등 경관자원의 보전·관리 및 형성에 관한 사항을 규정함으로써 지역특성에 맞는 국토환경 및 지역환경을 조성하고자 함 | 국토 해양부 |

〈그림 1〉 경관도로정비사업 시범구간: 경기도 남양주시, 국도 45호선

관련 사업으로는 도로를 대상으로 한 '경관도로 정비사업(국토해양부)', 도시숲사업의 일환인 '가로수사업(산림청)', 국토 전체를 대상으로 한 '녹색길사업(환경부)', '친환경생활공간조성사업(행정안전부)' 등이 있다.

경관도로 정비사업은 2008년 '경관도로 정비사업 업무편람'의 제정과 함께 31개소의 경관도로 정비사업 구간을 선정하여 연차적으로 수행하고 있다.

산림청 가로수사업은 도시숲사업의 일환으로 매년 가로수를 식재하여 도시 주변 산림과 연계한 녹색네트워크를 구축하고 있으며, 환경부의 녹색길 조성사업은 2012년까지 녹색길 30개소를 조성하여 지자체의 탄소배출 완화 기여율 10% 달성을 목표로 하고 있다.

〈표 3〉 관련 사업

| 경관도로(국토해양부) | 가로수사업(산림청) | 녹색길사업(환경부) |
|---|---|---|
| 도로와 주변 환경이 어우러져 도로를 이용하면서 시각적·심미적으로 쾌적하고 아름다움을 느낄 수 있는 도로경관 창출 | 도시숲사업의 일환으로 가로수를 대상으로 가로경관을 연출하고, 녹색네트워크를 조성하여 도시생태계 기능 강화 | 녹지생태계와 도시생태축을 보전, 창출하고 생태네트워크를 연계하여 여가활동 및 녹색교통의 기능을 증진 |

## 2.2 기술 현황

현재 국내에서는 도로부문의 탄소중립, 탄소저감 관련 기술 개발 및 연구는 미비한 수준이며 일부 도로시설물의 유지·관리에 자연에너지를 활용하는 수준에 머물러 있다.

2004년 '환경친화적인 도로건설 지침'의 제정으로 친환경도로 설계기법이 실무 분야에 전파, 보급되었으나 기술자들의 관심과 인식 부족으로 설계·시공 일괄입찰(T/K), 대안입찰 등에서 품질 차별화 수단으로 제한적으로 적용되고 있는 실정이다.

일본은 '도로의 Green화'를 국토교통성의 주요시책으로 책정하여 도로공간의 녹화를 추진하고 있으며, 중국은 총 3억 위안을 지원하여 생태경관도로(10개소, 240km)를 건설하고 있다.

유럽연합은 그린로드 통행세 징수제도를 도입하고 '녹색도로 및 교량' 건설계획을 수립하였고, 핀란드는 세계 최초 '녹색도로' 건설계획을 수립하여 고속도로의 생태화 계획을 추진하여 130km 구간을 2016년까지 조성할 예정이다.

호주는 'EastLink Trail'이라는 연장 35km의 오솔길을 도로교통시설과의 유기적인 연결을 통해 보행 및 자전거를 통해 시내의 다른 목적지와의 연결을 용이하게 하였으며, 오픈

스페이스 및 공원 조성을 통해 휴식공간으로 활용할 수 있도록 하였다.

## 3. 탄소저감형 그린네트워크 구축

### 3.1 탄소저감형 그린네트워크의 설계요소 도출

탄소중립과 생태계 보전을 목표로 하여 도로개설에 따른 자연환경 훼손을 최소화하고 도로변에 녹지조성 등 환경복원을 통해 탄소발생을 저감하는 도로공간의 조성을 위해 일반적 도로의 주요 설계요소 중 도로의 녹화, 친환경 공간조성이 가능한 설계요소는 <표 4>와 같다.

〈표 4〉 기능에 따른 도로공간의 녹화요소

| 구분 | 일반도로의 주요 설계요소 | 탄소저감형 그린네트워크 설계요소 |
|---|---|---|
| 기하구조 | · 평면 및 종단선형<br>· 횡단구성요소(중앙분리대, 차로, 길어깨, 측대, 환경시설대 등) | · 횡단구성요소(중앙분리대, 차로, 길어깨, 측대)<br>· 환경시설대(분리대, 식수대, 보도, 자전거도로, 비탈면, 측도 등 포함) |
| 토공 | · 비탈면 | |
| 배수 | · 통로 및 수로 BOX, PIPE, 측구, 도수로 등 | |
| 구조물 | · 교량, 터널, 생태통로 | · 교량, 생태통로 |
| 포장 | · 아스팔트 포장, 콘크리트 포장 | |
| 부대시설 | · 안내표지판, 교통표지판, 방음벽 등 | |
| 안전시설 | · 중앙분리대, 노측용 방호울타리, 시선유도시설 등 | · 중앙분리대, 노측용 방호울타리 |
| 기타 | · 가로수, 조명시설 등 | · 가로수 |

※ 내적설계요소(횡단면, 환경시설대, 교량)/외적설계요소(생태이동공간)

〈표 5〉 형태에 따른 도로공간의 녹화요소

| 형태 | 요소 | 특징 |
|---|---|---|
| 면 | · I.C 및 JCT<br>· 휴게소 | 녹지면적이 넓고 자연환경과의 연계성은 떨어지나, 자체적으로 생태공간의 기능을 기대할 수 있음 |
| 면+선 | · 비탈면<br>· 환경시설대 | 녹지면적은 비교적 넓고 주변 자연환경과의 연계성이 기대되며 생태적 가치가 큼 |
| 선 | · 중앙분리대<br>· 띠녹지 | 녹지면적은 비교적 좁으나 지역주민 및 운전자의 주행쾌적성에 미치는 영향이 큼 |

## 3.2 설계요소별 설계기법 개발

### 1) 횡단면 설계기법

(1) 녹지중분대 조성기법 및 적용기준

- 녹지중분대 폭원별 설계기법 개발
- 도로다이어트를 통한 녹지중분대 도입방안 개발

<기본방향>

| · 도로폭원 확보를 통한 식재 도입으로 탄소흡수 효과 확보<br>· 녹지도입을 통한 중앙분리대 경관 및 주행 쾌적성 향상<br>· 녹지대 내 가드레일 병행설치를 통한 안전성 제고 |
|---|

〈그림 2〉 중앙분리대 녹지도입 방안

(2) 비탈면 설계기법

- 식생의 활착(活着)을 고려한 비탈면 경사 및 수목 선정기법 개발

<기본방향>

| · 주변경관과 녹지축을 고려한 식생복원 관점의 비탈면 계획<br>· 지역경관에 미치는 악영향이 감소되도록 비탈면의 기울기 완화, 분할, 축소, 라운딩 등의 공법 적용으로 주변경관과 일체화 도모<br>· 식생녹화와 시간변화에 따른 경관을 고려한 식재계획 및 수목선정 |
|---|

〈그림 3〉 깎기부 경사완화로 식생복원을 통한 녹지축 도입

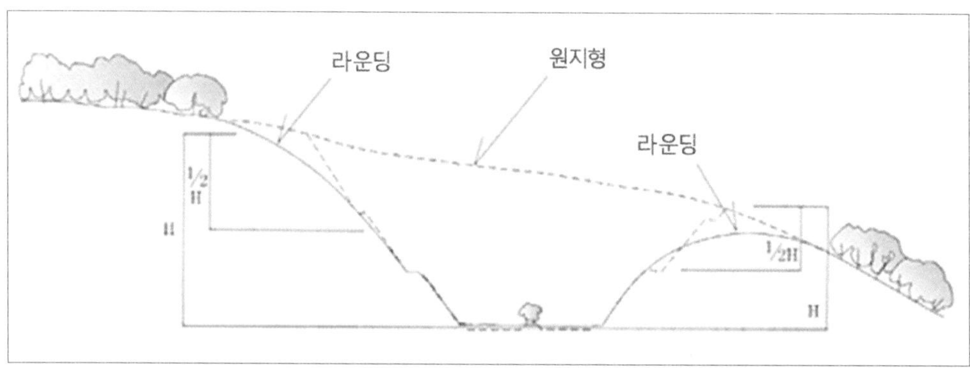


〈그림 4〉 적절한 라운딩 기법을 활용한 식재의 도입

(3) 환경시설대 설계기법

- 환경시설대의 요소별 설계기법 개발
- 지방부, 도시부 등 도로노선 위치에 따른 설계기법 개발
- 지역주민의 생활환경을 고려한 설계기법 개발

<기본방향>

- 도로 주변에 미치는 소음, 대기오염 등의 피해를 감소시키거나, 생활경관 등의 환경보전을 위하여 필요한 경우 도로 외측에 식수대, 방음둑, 방음림 등 환경시설대를 도입하여 차음효과 및 이산화탄소 흡수효과 확보
- 식수대는 조성지역의 토지이용계획 및 환경특성을 고려하여 식수대의 폭, 수목의 종류 선정
- 도로 주변의 식재를 적극 반영하여 도로 횡단면과 연계한 그린네트워크 조성

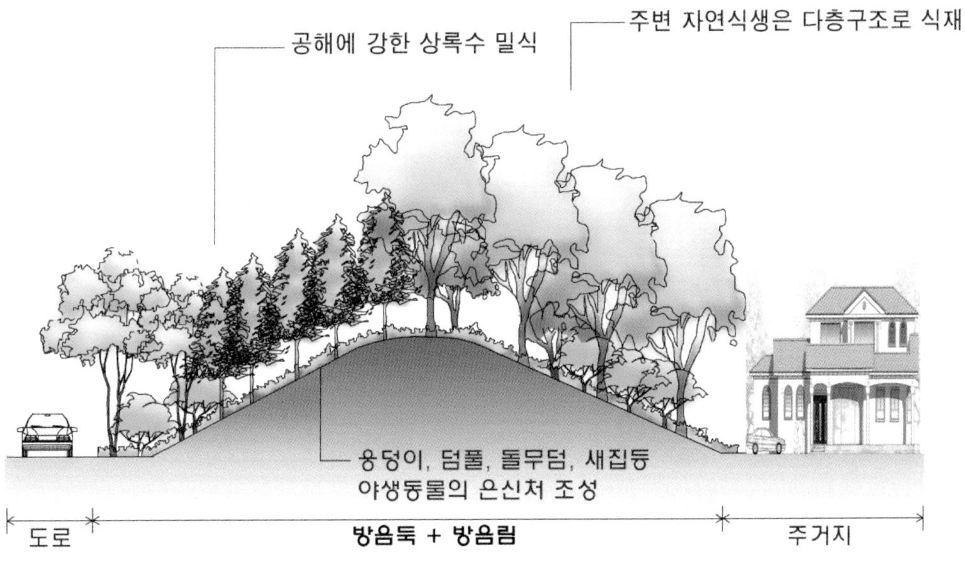


〈그림 5〉 환경시설대의 횡단구성

2) 최적구조물 선정기법

'최적구조물'이란 구조물에 요구되는 기능성 및 안전성, 경제성을 만족시키면서 자연환경 훼손을 최소화하고 주변의 자연과 조화되는 구조물을 말하며, 도로건설의 교량계획 시 지형조건에 조화되는 구조물의 위치 선정, 구조물 고유의 기능성 확보 등을 고려한 최적의 형식을 선정하는 기법을 개발하고자 한다.

<기본방향>

- 주변 환경특성을 고려하고 지형변화를 최소화시키고 지형과 조화되는 교량형식 선정
- 구조물 구간뿐만 아니라 연계되는 타 구조물과의 조화를 고려하여 전체적인 통일성을 갖춘 교량형식
- 역학적, 시각적으로 명쾌한 구조와 재료가 갖는 매력이 잘 표현되는 교량계획
- 교량의 위치, 연장, 높이, 구조형식(상하부), 경간장, 경간분할 등을 연계한 친환경 교량디자인
- 녹지경관 지역 가설교량에 대한 상부형식의 최적화와 하부형식(교각)의 최적화, 슬림화로 탄소감축, 자연환경 훼손 최소화 및 교량 통과지역의 그린네트워크 유지
- 저탄소, 저에너지, 자원순환, 지속가능성 등이 종합적으로 반영된 최적화 구조물의 계획

| | |
|---|---|
| ■ 거더교(girder bridge)<br> | 계류(溪流)에 걸쳐진 통나무다리에서 조형(造形)이 만들어진 형식으로 수평방향의 라인으로 질서 정연한 배치가 가능하여 차분한 자연경관 속에 조화되는 형식 |
| ■ 라멘교(rahmen bridge)-π형<br> | 통상적인 형교(桁橋)에 비해 형(桁)을 높게 설치할 수 있어 도로의 입체 교차부분이나 비교적 넓은 장소에 설치되며 다이내믹한 기능미가 특징 |
| ■ 트러스교(truss bridge)<br> | 투과성, 리듬감이 우수한 교량이나, 부재의 수가 많아 내부경관은 번잡한 인상을 주기 쉬우므로 적용에 있어 주의가 필요한 형식 |
| ■ 아치교(arch bridge)<br> | 안정감이 있고 경관이 아름다운 곳에 적합한 형식으로 상·중로 아치는 골짜기 지형에서 안정되어 보이며, 하로 아치는 단독으로 감상할 수 있는 하천이나 호수의 수변경관과 잘 조화되는 형식 |
| ■ 사장교(cable-stayed girder bridge)<br> | 교각 사이의 거리가 150~400m 정도 범위의 도로교에 흔히 쓰이고 있는 형식으로 경제적이고 미관에도 뛰어나며, 하폭이 넓은 하천의 하류부나 광활한 배경을 갖는 해안경관 지역에 적합한 형식 |

〈그림 6〉 교량의 형식 및 특징

3) 생태이동공간 조성기법

도로가 통과하는 지역에 서식하고 있는 동물종의 이동특성을 고려하여 설치되어야 하는 생태이동공간의 조성 프로세스는 다음과 같으며, 설정된 프로세스에 따라 최적의 생태이동공간이 조성될 수 있도록 조성기법의 개발이 필요하다.

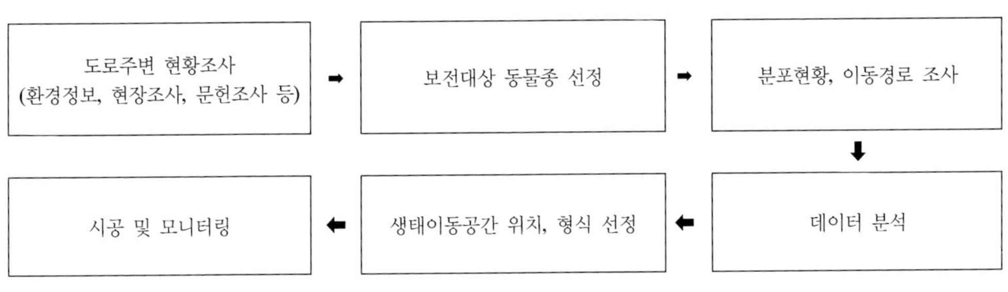


〈그림 7〉 생태이동공간 조성 프로세스

<기본방향>

- 동물의 종류 및 이동특성을 고려한 생태이동공간의 위치・형식 선정
- 동물의 도로침입에 대한 대책 수립 및 횡단 유도계획의 적용
- 자연상태를 최대한 보존하고 주변식생과 조화되는 식재계획 수립
- 동물의 서식지 환경특성에 따른 최적의 생태이동공간 조성

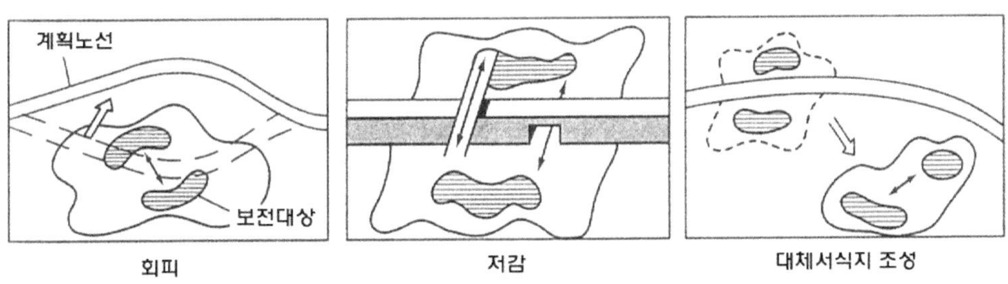


〈그림 8〉 도로개설에 따른 생태이동공간 피해 최소화 방안

## 3.3 탄소저감효과 평가방법 개발

기존의 도로설계기법과 탄소저감형 그린네트워크 도로설계기법에 대해 탄소흡수량을 산정, 비교하여 '탄소저감형 그린네트워크 도로'의 탄소저감효과를 정량화한다.

탄소발생량은 탄소배출계수를 활용하고 탄소흡수량은 가로수 식재 등 도로공간의 녹화에 의한 흡수량을 활용한다.

| · 탄소발생량=자재 투입량×탄소배출계수<br>· 탄소흡수량=수종별 탄소흡수량×수목본수 |
|---|

## 4. 마무리 글

온실가스 배출량이 세계 10위 수준에 해당하는 우리나라는 온실가스 감축을 의무화하는 국제기후변화협약에 의거, 2020년 배출전망치 기준 온실가스의 30% 감축을 목표하고 있다.

주요 온실가스 배출부문인 교통물류 온실가스 배출량은 2009년 기준 8,256만 톤 $CO_2eq$이며, 이중 도로부문이 7,794만 톤 $CO_2eq$(94.4%)으로 배출량의 대부분을 차지하고 있으며 이러한 수치는 선진국에 비해 절대적으로 부족한 도로시설에 대한 투자제한으로 연결되고 있다.

온실가스 감축을 위하여 도로의 신설을 제한하거나 도로사용을 억제하는 근시안적이고 단편적인 정책시행이 아닌, 도로의 기능성과 안전성을 만족시키면서 온실가스 저감이 가능한 탄소저감형 그린네트워크 조성기술의 개발은 온실가스 감축 잠재력이 큰 도로부문에서 시급히 개발되어야 하며 이러한 기술의 적용을 통하여 저탄소녹색성장의 뉴트렌드에 대한 국가경쟁력 강화에 이바지할 것으로 예상된다.

# 참고문헌

국토해양부(2013), 도로설계편람 제11편 경관
국토해양부(2012), 도로경관설계 안내서
국토해양부(2011), 경관도로 정비 시범사업 평가 개선방안 연구
국토해양부(2010), 스마트하이웨이 디자인 기술 개발
환경부(2010), 생태통로 설치 및 관리지침
국토해양부(2009), 도로의 구조·시설기준에 관한 규칙 해설
환경부(2009), 도시녹지네트워크를 위한 녹색길 조성사업 가이드라인 작성 연구
건설교통부, 환경부(2004), 환경친화적인 도로건설 지침
건설교통부(2004), 환경친화적인 도로건설 편람
손원표(2010), 경관·환경·디자인·인간중심「도로경관계획론」
손원표(2006), 아름답고 새로운「도로공학원론」

# 그린네트워크 도로의 수목공간 설계

**김태진**
한경대학교 교수

그린네트워크 도로의 수목공간 설계기술은 도로수목을 통한 $CO_2$ 흡수효과를 높일 수 있는 기법과 이에 따른 $CO_2$ 흡수 개선효과를 산정하는 것이다. 이 글에서는 $CO_2$ 흡수 개선효과가 우수한 도로식재 수종의 선발, 도로식재설계 방식의 개발, $CO_2$ 흡수 개선효과가 우수하나 이식활착이 어려운 일부 수종의 활착성공률을 높일 수 있는 시공 시스템 구축, 유지관리에 투입되는 에너지를 줄일 수 있는 도로수목 유지관리 시스템을 서술하고자 한다.

## 1. 서론

도시의 인구증가와 도시교통량의 증가는 고에너지 사용과 이산화탄소 발생 등 다양한 환경 문제를 야기하고 있다. 그러므로 도로를 중심으로 발생되는 $CO_2$를 도로주변에 식재한 수목을 통해 저감할 수 있는 친환경적인 도로 수목공간설계의 중요성이 부각되고 있다. 그린네트워크 도로 수목공간설계의 개념은 수목을 통한 $CO_2$ 흡수효과를 높일 수 있는 기법을 개발하고 $CO_2$ 흡수 개선효과를 높이는 설계기술을 말한다. 구체적으로 말하면 $CO_2$ 흡수 개선효과가 우수한 도로식재 수종의 선발, 도로식재설계 방식의 개발, $CO_2$ 흡수 개선효과가 우수하나 이식활착이 어려운 수종의 활착성공률을 높일 수 있는 시공 시스템 구축, 유지관리에 투입되는 에너지를 줄일 수 있는 도로수목 유지관리 시스템을 제안하는 것이다. 또한 도로식재수목의 $CO_2$ 흡수량 산정을 통해 그 개선효과를 검증하는 데 주요한 목표가 있다.

## 2. 관련 제도와 기술 현황

본 내용과 관련된 정부지원 정책사업은 아직 없다. 관련법령을 검토한 결과, 정부 정책에 도로수목의 탄소저감에 대한 법령은 없으며, 도로수목 정책 관련한 정부기관으로는 산림청 산림과학원, 도로공사 도로교통연구원 등이 있다. 관련 지자체 기관으로는 경기개발연구원 등 광역자치단체 산하 연구기관이 있으나 관련 연구는 아직 활발하지 못한 편이다.

본 글을 통해 국내의 도로 인프라시설을 친환경적이며 복합기능을 수행할 수 있는 토털 친환경도로식재 시스템의 구축 방법에 대해 설명하고 자 하는데, 이를 위해서는 후속적으로 본 연구 결과를 시행할 수 있도록 관련 규정 및 법의 제·개정과 연구 결과를 지속적으로 모니터링할 시험site 지원, 종합 매뉴얼의 정비가 시급히 마련되어야 할 필요가 있다.

〈표 1〉 관련 부처 유사연구 현황

| 부처명 | 사업명 | 과제명 |
|---|---|---|
| 경기개발연구원 | 자체기본연구 | 탄소저감을 위한 친환경공간구성 방안(강상준, 2009) |
| 경기개발연구원 | 자체기본연구 | 도시수목의 이산화탄소 흡수량 산정 및 흡수효과 증진 방안(박은진, 2009) |

현재 국내의 그린네트워크 도로의 수목식재 관련 연구 및 현 기술의 상황을 정리하면 다음과 같다.

- $CO_2$의 저감효과를 고려한 도로 수목 선정기법 미비
- $CO_2$의 저감효과를 고려한 도로 식재기술 미비
- $CO_2$의 저감효과를 고려한 도로 수목관리기법 미비
- 동절기 $CO_2$ 저감을 고려한 도로 식재수목 부족
- 도로 수목설계, 시공, 관리주체 분산에 의한 혼란
- 도로 수목에 대한 가치평가 및 특성에 대한 무지
- $CO_2$ 저감형 친환경 도로수목 식재정책 미비
- 도로 식재수목의 낮은 활착 성공률
- 유지관리를 위한 에너지 과다 투입 및 기술수준 미미

지금까지 미비했던 기초연구 데이터의 축적과 기술이 실용화될 경우, 탄소배출을 줄일 수 있을 뿐 아니라 국가 기반시설의 중심인 도로의 친환경성 지표가 향상될 수 있을 것이다.

국내 수목관련 $CO_2$의 흡수효과를 고려한 연구개발은 국립 산림과학원에서 <표 2>와 같이 주요 산림수종에 대한 기초적인 탄소 흡수량을 산출한 바 있으나 도로변에 식재되는 탄소저감 목적의 식재에 대한 수종선택과 설계, 관리방법에 대해서는 연구가 전무한 실정이다. 그 이유는 지금까지 도로변 수목식재의 주요기능이 도로주행 안전성 확보와 경관적인 측면에 맞춰져 왔기 때문이다.

〈표 2〉 산림수목의 연평균 ha당 탄소흡수량($tCO_2/ha/y$)

| 수종 | 20년생 | 25년생 | 30년생 | 35년생 | 40년생 |
|---|---|---|---|---|---|
| 강원지방소나무 | 7.40 | 7.83 | 7.91 | 8.11 | 8.11 |
| 중부지방소나무 | 5.83 | 7.68 | 8.54 | 8.68 | 8.54 |
| 잣나무 | 8.64 | 9.39 | 9.67 | 9.82 | 9.82 |
| 낙엽송 | 11.32 | 11.32 | 11.17 | 10.72 | 10.43 |
| 리기다소나무 | 8.25 | 8.68 | 8.97 | 9.26 | 9.41 |
| 편백 | 7.56 | 7.44 | 7.32 | 7.2 | 7.08 |
| 상수리나무 | 11.48 | 11.88 | 12.09 | 12.09 | 11.88 |
| 신갈나무 | 15.52 | 14.5 | 13.68 | 12.87 | 12.25 |

자료: 손영모 등(2007). 우리나라 산림 바이오매스 자원평가. 국립산림과학원

## 3. 국내외 기술 개발 실적과 추이

도로수목의 탄소흡수능력을 높일 수 있기 위해서는 아래에 열거한 국외의 발전된 도로주변 수목 관련기술을 분석하고 국내실정에 적합한 기법을 채택할 필요가 있다. 국외에서 추진되고 있는 관련기술 사례는 다음과 같다.

- 미국의 경우 전력선 하부의 식재기능에 적합한 Utility Tree™ 개발
- 도로 수목 주변 비포장 면적의 확대를 통한 도시 친환경 식재기법 적용
- 도로수목 유지관리 기법에 대한 신기술 개발
- 수목 이식활착 성공률이 높은 container 생산 및 이식 방법
- 도로수목DB와 GPS를 활용한 유지관리기법

• 도로수목 선정모델 수립과 모의실험 site 지원
• 공공기관과 연계한 우수 친환경도로 선발 경진대회 및 계도
• 도로 수목시공 및 유지관리 전문기술인력 양성
• 다양한 목적을 고려한 도로 경관설계 기술 개발

도로 주변의 가로식재 기능에 관한 지금까지의 연구는 <표 3>과 같이 주로 경관개선, 교통안전, 환경보전 등 순기능과 도로 및 연도에 주는 도복 및 낙지, 시야차단 등 역기능을 중심으로 연구되어왔다. 특히 본 내용과 관련이 있는 것은 미기후조절, 소음완화, 대기정화 등 환경보전기능에 관한 연구인데, 그것도 주로 대기정화효과 중심으로 이루어져 왔다.

경기개발연구원(2002) 연구에서는 도로수목의 기능을 꽃, 잎, 수형, 대기정화기능 등으로 분류하여 적지적소 선정을 위한 기준을 <표 4>와 같이 제시하였다.

〈표 3〉 가로수의 기능과 효과

| 구분 | 기능 | 효과 | 적용 |
|---|---|---|---|
| 순기능 | 수경 기능 | · 도로의 경관향상<br>· 통행의 쾌적성 | 자연경관 형성과 쾌적한 통행 환경조성 |
| | 교통안전기능 | · 시선유도<br>· 명암순응<br>· 차광<br>· 식별성 제고 | 도로외측 곡선부의 선형인지로 안전운전, 주행지점 인지, 사고 발생 시 피해 최소화 |
| | 환경보전기능 | · 미기후 조절<br>· 소음완화<br>· 대기정화 | 복사열 감소, 기온조절, 습도 조절, 매연피해방지 |
| 역기능 | 도로에 주는 영향 | · 도복 | 강풍으로 넘어짐 |
| | | · 근계성장 | 뿌리 비대로 노면 및 지하 매설물 손상 |
| | | · 시계불량 | 교통표지, 상가간판 가림 |
| | | · 낙지 · 낙엽 | 낙엽, 낙지로 인한 피해 |
| | 연도에 주는 영향 | · 일조차단 | 농경지 피해, 일조권 침해 |
| | | · 낙엽 · 도복 · 낙지 | 강풍에 수목 넘어짐, 낙지, 낙엽 등 |

자료: 산림청(2009). 가로경관 향상방안 연구보고서

〈표 4〉 가로변 식재 수종의 기능별 분류

| 수종 | 꽃 | 잎(단풍) | 수형 | 대기정화 |
|---|---|---|---|---|
| 이태리포플러 | | | | |
| 참나무류 | | | ● | ● |
| 루브라참나무 | | | | |
| 감나무 | | | ● | |
| 칠엽수 | ● | ● | ● | |
| 산딸나무 | ● | ● | | |
| 계수나무 | | ● | ● | |
| 목련 | ● | | | |
| 잣나무 | | | ● | |
| 밤나무 | | | | |
| 전나무 | | | ● | |
| 배롱나무 | ● | ● | | |
| 주목 | | | | |
| 아카시 | ● | | | |
| 후박나무 | | | ● | |
| 물푸레나무 | | ● | | |
| 개잎갈나무 | | | ● | |
| 꽃개오동 | ● | | | |
| 매화나무 | ● | | | |
| 모과나무 | | | ● | |
| 꽃사과나무 | ● | ● | | |
| 자두나무 | ● | | | |
| 측백나무 | | | ● | |
| 미류나무 | | | | |
| 오동나무 | | | | |
| 개복숭아 | | | | |
| 가이즈까향나무 | | | | |
| 은행나무 | | ● | | |
| 벚 나 무 | ● | ● | | |
| 산벚나무 | ● | ● | | |
| 왕벚나무 | ● | ● | | |
| 느티나무 | | ● | ● | |
| 양버즘나무 | | ● | | |
| 무궁화 | ● | | | ● |
| 단풍나무 | | ● | ● | |
| 중국단풍 | | ● | ● | |
| 청단풍 | | | | |
| 홍단풍 | | ● | | |
| 은단풍 | | ● | | ● |
| 메타세쿼이아 | | | ● | |
| 회화나무 | ● | | ● | |

| | | | | |
|---|---|---|---|---|
| 살구나무 | ● | | | |
| 이팝나무 | ● | ● | ● | |
| 팽나무 | | ● | | |
| 백합나무 | | ● | ● | ● |
| 꽃복숭아 | ● | | | |
| 산수유 | ● | | | ● |
| 느릅나무 | | ● | | |
| 참느릅 | | ● | ● | ● |
| 버드나무 | | | ● | ● |
| 수양버들 | | | ● | ● |
| 현사시 | | | | |
| 은사시 | | | | |
| 모감주 | ● | ● | | |
| 소나무 | | | | |
| 리기다소나무 | | | | |
| 자작나무 | | | | |
| 가중나무 | | | ● | ● |

자료: 경기개발연구원(2002). 경기도 가로수의 식재 및 관리방안

경기개발연구원의 박은진(2009) 연구에서는 가로수 대표 수종별 약 12~15개체를 대상으로 $CO_2$ 흡수율을 비교한 자료를 <표 5>와 같이 보고하였는데, 수종별로 상당히 많은 차이가 나타났으며, 최근 많이 심고 있는 소나무의 경우 이산화탄소 흡수율이 제일 낮은 것으로 나타났다. 이는 아직까지도 가로수의 수종선정 기준이 탄소흡수 효과보다는 경관 위주로 이루어짐을 알 수 있다.

〈표 5〉 가로수 대표수종의 $CO_2$ 흡수율 비교

| 수종 | $CO_2$ 흡수율(kg$CO_2$/tree/y) | |
|---|---|---|
| | 평균 | 표준오차 |
| 벚나무 | 26.9 | 5.9 |
| 은행나무 | 35.4 | 6.1 |
| 느티나무 | 33.7 | 6.1 |
| 양버즘나무 | 55.6 | 6.3 |
| 단풍나무 | 20.5 | 5.3 |
| 메타세쿼이아 | 69.6 | 6.7 |
| 회화나무 | 32.5 | 7.1 |
| 튤립나무 | 101.9 | 21.5 |
| 소나무 | 7.3 | 0.9 |
| 평균 | 42.6 | 7.3 |

자료: 박은진(2009). 도시수목의 이산화탄소 흡수량 산정 및 흡수효과 증진 방안. 경기개발연구원

기존연구에서는 도로주변 수목의 탄소저감효과를 고려한 연구가 부족하므로 본 글에 서술한 것 처럼 탄소흡수능력이 우수하지만 이식성공률이 낮은 수종의 도로변 식재수종 활착률을 높임으로서 탄소흡수기능이 우수한 가로수목 식재의 가능성을 새롭게 제시할 수 있을 것이다.

또한 본 제시 내용을 통하여 민간건설 분야의 조경산업, 산림청의 도시림 사업, 지자체의 가로녹지 정책에 기초자료를 제공하고 기술을 지도함으로써 가로공간 조경 및 녹지확대 정책과 연계 및 협력 가능성을 높일 수 있을 것이다.

## 4. 그린네트워크의 수목공간설계 연구

도로식재 수목 선정, 설계, 시공 및 유지관리 시 $CO_2$ 배출 최소화 및 $CO_2$ 흡수능력을 극대화시킬 수 있는 그린네트워크 도로식재 시스템 구축을 목표로 다음과 같은 연구가 필요하다.

### 1) $CO_2$ 저감형 친환경도로 수목선정 및 설계기법 연구

- $CO_2$ 흡수능력이 우수한 수종을 선발한다.
- 식재설계 방법별 차이에 따른 $CO_2$ 흡수능력이 우수한 식재구성 방식을 선정한다.

### 2) $CO_2$ 저감형 친환경도로 수목시공기술 개발

- $CO_2$ 흡수기능이 우수하나 이식 활착율이 저조하여 식재하기 곤란한 참나무 등 낙엽활엽 식재수종의 이식 활착률을 증진시킬 수 있는 생산 및 시공기술을 개발한다.
- 특수식재기층(structured soil) 시공법 및 container 수목 이식기법을 적용한다.

### 3) $CO_2$ 저감형 친환경도로 수목유지관리 기술 개발

- 식재 후 유지관리 수요 및 $CO_2$ 배출을 최소화할 수 있는 도로변 식재 유지관리기법 개발 및 유지관리를 고려한 대안을 제시한다.

4) 도로변 수목설계, 시공, 관리 통합 시스템의 종합적 $CO_2$ 저감효과 산출

- 식재수종별 규격, 생장 변수를 고려한 탄소흡수효과 산출 모델을 작성한다.
- $CO_2$ 흡수량 산출 및 그린네트워크 도로 식재 시스템의 $CO_2$ 흡수 개선효과를 산출한다.
- 단위 식재그루당 탄소흡수량 및 목표연도 누적 탄소흡수량 및 개선효과를 산출한다.
- 침엽수 및 활엽수별 탄소흡수량 및 목표연도 누적 탄소흡수량 및 개선효과를 산출한다.

도로변 수목의 수종선정과 식재방식, 관리방법에 따른 탄소흡수 능력을 최대화할 수 있는 그린네트워크 도로식재 기술 개발이 완료되면 도로변 녹지량과 면적이 확대되고 탄소흡수율이 높은 수목 식재방식을 적극 도입할 수 있을 것이다. 기존의 경관개선과 도로안전기능에 초점을 맞춘 수종선정 방법을 개선하여 탄소흡수율이 높은 수종이 도로변 식재수종으로 선정될 수 있도록 하며 이식성공률을 높여주는 시공기법 및 유지관리기술을 적극적으로 활용할 경우 식재수종에 따라 탄소저장량과 연간 이산화탄소 흡수량이 7~10배까지 차이가 날 수 있을 것이다. 그린네트워크 도로식재 기법을 실현할 수 있는 종합적인 정책(예)을 제안하면 다음과 같다.

- 주변 환경과 탄소흡수율을 고려한 합리적인 수종선정
- 토양 등 생육환경이 열악할 경우 생육기반을 정비한 후 도로변 식재사업을 추진하여 건강한 가로녹지 확충
- 식재 수목의 미래 경관변화와 생육공간・환경・수목의 생장량 등을 고려하여 식재
- 보도 폭이 일정 규모 이상 지역에서는 복열 식재 또는 화목・관목을 식재하여 다층구조 경관 형성
- 식재지반에 대한 합리적인 개선
- 투수량 확보 및 생태적 건강성 증진을 위한 띠녹지 조성

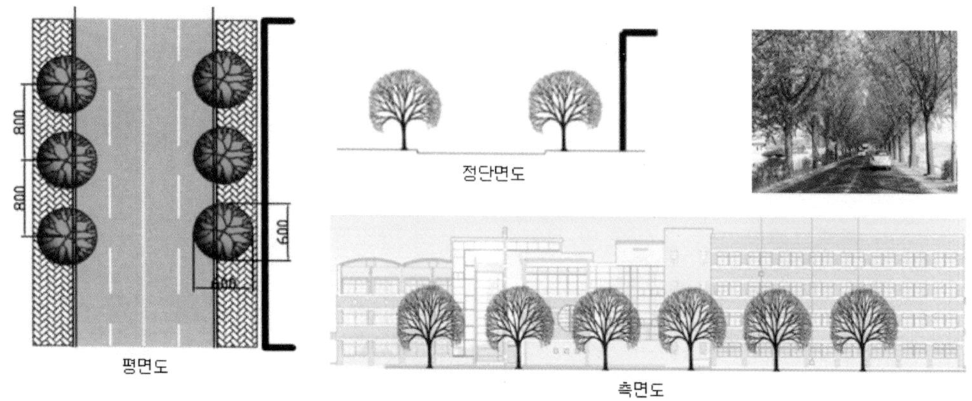


〈그림 1〉 도로변 식재모형(안)

## 5. 마무리글

도로주행 안전 및 경관기능 위주로 식재되는 현재의 도로변 녹지 및 수목 시스템을 지양하고 본 제시 방법을 활용하여 $CO_2$ 흡수기능 향상을 목표로 전환했을 때 기존 식재방식에 비해 $CO_2$ 흡수량을 현재방식을 기준으로 할 때보다 최소 30% 이상 높일 수 있을 것이다. 종합적인 그린네트워크 도로 수목공간 설계를 통해 $CO_2$ 흡수효과를 30% 내외 향상시킴으로써 탄소 저감을 고려한 도로수목 수종선정, 모델의 확산, 체계적인 친환경도로 수목관리 매뉴얼 구축, 도로변 수목의 탄소저감 기능이 가진 경제적 가치 및 환경적 가치에 대한 인식을 확산시킬 수 있을 것이다.

〈그림 2〉 가로수 식재방식의 개선사례

# 참고문헌


강상준(2009), 탄소저감을 위한 친환경공간구성방안 연구보고서, 경기개발연구원

국토해양부(2011), 탄소중립형 도로 기술 개발 기획보고서, 한국건설교통기술평가원

경기개발연구원(2002), 경기도 가로수의 식재 및 관리방안

김정수(2008), 기후변화 대응 및 산림가치 증대를 위한 탄소흡수원 확보방안, 강원개발연구원

녹색성장위원회(2010), 국가 CCS 종합추진계획

박은진(2009), 도시수목의 이산화탄소 흡수량 산정 및 흡수효과 증진 방안, 경기개발연구원

손영모 · 김종찬 · 이경학 · 김래현(2007), 우리나라 산림 바이오매스 자원평가, 국립산림과학원

손영모 · 김종찬 · 이경학 · 김래현 · 권순덕(2008), 산림부문 온실가스 흡수, 배출계수 관리방안, 국립산림과학원

손원표(2010), 경관 · 환경 · 디자인 · 인간중심 도로경관계획론, 도서출판 반석기술

이경원(1999), 산림의 흡수효과를 고려한 한국의 이산화탄소 수치 분석에 관한 연구, 동국대학교 석사학위논문

조현길(1999), 강원도 일부 도시의 경관 내 탄소흡수 및 배출과 도시녹지의 역할, 한국조경학회지 27(1): 39~53

조현길 · 윤영활 · 이기의(1995), 도시녹지에 의한 $CO_2$의 흡수-춘천시를 대상으로-, 한국조경학회지 23(3): 80~93

조현길 · 조동하(1998), 도시 주요 조경수종의 연간 $CO_2$ 흡수, 한국조경학회지 26(2): 35~53

조현길 · 한갑수(1999), 도심지와 자연지간 토양특성 및 탄소저장량 비교, 산림과학회지 15: 71~76

# 탄소배출 저감을 위한 공정관리 최적화

**권석현**
도명이엔씨 사장

도로공사 중 발생하는 탄소량, 공사기간 및 공사비용은 서로 유기적으로 연계되어 있으며, 상호 영향을 미친다. 본 연구에서는 탄소저감기술 적용을 통한 직접적 효과 외에 공기절감, 장비운용의 최적화에 따른 간접적 기대효과를 동시에 산정하여 녹색도로의 효율성 대비 종합적 기대효과를 평가하고자 한다. 이는 향후 도로시공 시 최적의 친환경 공정관리 기술 및 녹색 시공기술을 선택하는 데 활용할 수 있다.

## 1. 필요성 및 개요

도로건설 과정은 구상단계, 환경영향평가단계, 설계단계, 시공단계, 유지관리단계, 해체·폐기 단계의 각 사업단계마다 고려해야 하는 환경요소가 다르기 때문에 각 단계에서 최적기술을 선택하는 것이 매우 중요하다. 따라서 도로시공 시 각 단계별 실용 가능한 탄소배출기법을 확립할 필요가 있으며, 정립된 녹색 시공기법을 통해 각 계획에 대한 탄소배출량을 정량적으로 산출하여 환경에 가장 작은 영향을 미치는 녹색 건설기술을 선도할 수 있다. 이러한 측면에서 선진 외국의 경우 설계 시 환경부하 배출량을 사전에 고려하여 지속가능한 설계 및 시공기술까지 개발이 진행되고 있으며, 착공단계부터 탄소배출량이 가장 적은 자재를 선정하여 활용하고 있는 단계까지 진행되고 있다. 따라서 녹색기술요소를 추출하고, 각 개별 아이템별 녹색성을 향상시키기 위해서는 먼저 기반이 될 탄소배출량을 명확하게 산정할 수 있는 신뢰성 있는 정량화 방안이 우선시되어야 하며, 이를 바탕으로 향후 각 단계별 계획에 따른 탄소발생량을 예측하여 친환경성을 판단할 수 있는 방향으로 확대되어야 할 것이다.

도로시공 및 유지관리 공사 중 발생하는 탄소량, 공사기간 및 공사비용은 서로 유기적으로 연계되어 있으며, 상호 영향을 미치는 인자라 할 수 있다. 실제로 공사기간에 따른 공사비용 중 직접비는 공사기간의 증대와 더불어 감소하는 반면 간접비는 오히려 증가하는 관계에 있어 이 둘의 비용을 최적화하기 위한 공기산정은 가능하다. 그러나 탄소배출량과 공사기간 사이의 상호관계는 아직까지 연구가 미진한 실정이며, 따라서 이 두 가지 요소를 고려한 공정관리 최적화를 통해 탄소저감이 가능한 도로공사의 기획, 설계, 시공 방안의 제시가 필요한 시점이다.

본 연구에서는 도로공사의 시공단계에서 배출되는 탄소배출량을 정량화하고, 설계 공종구성에 따른 친환경적 요소를 도출하여 탄소배출량이 가장 적은 최적의 도로 시공방법을 제안하고자 한다. 또한 소요되는 장비와 재료에서 발생되는 탄소배출량 외에 시공기간, 공사비 등을 탄소발생량과 연계하여 복합적으로 비교평가가 가능한 멀티 환경성 평가 시스템을 구축함으로써, 사용자가 각종 설계 대안에 대한 도로시공의 환경성을 평가하는데 이용할 수 있도록 할 계획이다.

이를 위하여 본 연구에서는 탄소 저감을 통한 직접적 효과 외에 도로설계의 최적화를 통해 공기절감, 장비운용의 최적화에 따른 간접적 기대효과를 동시에 산정하여 녹색도로의 효율성 대비 종합적 기대효과를 평가하고자 한다. 이를 통해 탄소저감을 위한 설계기법의 적용범위와 효과대비 분석 등으로 실제 도로시공 시 적용 가능한 효율적인 녹색도로 시공 및 설계기술을 도출하고자 한다. 실제 도로시공 시 실무에서 활용 가능한 탄소저감형 시공기술을 선택할 수 있는 의사결정을 지원함으로써 궁극적으로 환경오염으로 인해 소요되는 사회적 기회비용을 감소시켜 지속가능한 성장에 일조할 수 있을 것으로 기대된다. 본 연구 결과의 적용에 따라 도로시공 시 발생하는 탄소배출량의 20% 저감이 이루어질 것으로 예상된다.

이는 향후 재료생산, 시공, 유지보수 과정에서 탄소발생을 줄일 수 있는 건설재료 및 공법개발을 유도하는 계기를 마련하는 매우 중요한 시작점이라고 판단된다. 또한 향후 발주기관과 건설업체에서는 계산결과를 토대로 도로공사 공법 선택 시 탄소발생을 최소화하는 방안을 선택할 수 있게 되며, 도로시설물 시공 시 발생하는 탄소배출량과 시설물 완공 후 예상되는 탄소 감축효과에 대한 비교 분석이 가능하게 되고, 건설기술 연구자・개발자들은 새로 개발된 기술이 기존 기술에 비해 탄소를 얼마나 감축시킬 수 있는지 설명할 수 있는 근거를 만들 수 있을 것으로 기대된다.

## 2. 관련 제도 및 정부지원 정책 현황

1990년대 후반, '건기법'에 반영되면서 공공기관뿐만 아니라 많은 민간기관에서도 효율적 공정관리를 실현하기 위한 비용과 노력이 투자되고 있으나, 실용적인 성과를 거두지 못하고 있다. 주로 공정과 공사비 통합을 위한 전산체계 구축이나, 공사비 산정에 기준이 되는 공정별 단위 생산성 마련에 초점이 맞추어져 있으며 도로공사 공정관리 전반에 대한 연구는 거의 없는 실정이다. 현재 관련 제도로는 건기법 제24조(건설공사의 품질관리) 2항, 동법 시행령 제66조(공사의 관리) 1항, 시행령 제75조(건설사업관리의 업무내용) 1항, 제105조(감리원의 업무 범위 및 배치기준 등) 1항과 2항 등에 공정관리에 관한 계획의 수립과 이행, 공정표 검토 등에 대하여 규정하고 있다. 그 외 도로법 제22조(도로정비 기본계획의 수립) 2항에 기본계획에는 환경친화적인 도로의 건설방안 사항에 대하여 규정하고 있다.

이처럼 정부차원에서 건설기술관리법 등을 통한 공정관리에 대한 업무를 규정하고 있으나, 이를 위한 방법 제시가 부재하며, 다만 규정을 이행함에 있어 표준이 될 만한 공정관리 방법에 대한 공공 차원의 자원이 필요한 것으로 판단된다. 따라서 연구 결과의 실질적인 효과를 거두기 위해서는 정부 차원에서의 공정관리 최적화 모델, 유효기법 등을 제공하고 이를 활용토록 하여야 한다.

〈표 1〉 관련 법령에 따른 환경친화적인 도로의 건설방안

| 구분 | 활용방안 | 관련 근거 |
|---|---|---|
| 도로설계 시 탄소저감형 공종 선정 및 조합방안 제시 | 도로사업과 관련된 공법 중 친환경적인 공법 선정 및 제시 | · 환경기술개발및지원에관한 법률 제7조<br>· 신기술 인증 · 기술검증 평가절차 및 기술 등에 관한 규정(환경부 고시)<br>· 신기술인증 · 기술검증 업무규정(한국환경기술진흥원 규정) |
| 친환경 자재 선정 | 전과정 평가 분석을 통해 생산단계에서 탄소 발생이 적은 자재 선정 | · 환경기술개발및지원에관한법률 등 시행령 · 시행규칙(환경마크)<br>· 친환경상품의구매촉진에관한 법률 |
| 폐기물 발생 최소화 | 도로공사 중 발생 폐기물 양 최소화, 효과적 처리 방안 제시 | · 자원의절약과재활용촉진에관한법률<br>· 지식경제부 기술표준원의 순화자원제품 인증제도 |

## 3. 국내외 기술개발 현황

국내의 경우 도로공사 공정관리 요소기술로 주로 공정과 공사비 연계를 위한 디지털 수량산출 기준 마련이나, 공종별 작업조나 생산성 등에 관한 연구 등 세부작업들에 대한 정보를 얻기 위한 연구가 이루어진 바 있으나, 도로공사의 공정 간 유기적 연계성을 고려한 전체적인 공정관리 최적화를 위한 요소 기술 개발은 매우 부족한 실정이다. 특히 현장 실무차원에서 도로건설공사에 주로 적용되는 공정관리 기법은 Bar-chart 정도의 단순 공정관리 방법으로, 공정관리의 최적화를 도모하기 위한 방법으로 적합하다고 볼 수 없다. 또한 공사수행 시 실적 위주의 공정관리로 인해 전체 작업 간의 연속적 흐름에 대한 관리가 효과적으로 이루어지지 못하고 있고, 이로 인해 발생하는 공기지연 및 비용증가 등의 문제 등을 해결하기 위한 새로운 공정관리기술의 도입이 필요하다.

이와 관련하여 개발된 기법으로는 반복공정에 적합한 선형공정계획 모델(Linear Scheduling)을 들 수 있으나, 주로 건축 및 주택을 중심으로 일부 건설회사들이 TACT를 통한 공기단축 사례를 제시하였고, 반복공정이라는 유사한 특성을 지닌 도로공사에서의 적용사례는 부재하다. 따라서 도로공사와 같이 수평으로 반복적인 건설공사에 적합한 선형공정계획 기법(Linear Scheduling Method)과 주요 공정들의 유기적 구성에 관한 분석이 가능한 네트워크 공정관리 기법(CPM)의 적절한 융합을 통한 공정관리 최적화 기술 개발이 필요하다. 특히 공사 중 발생 가능한 탄소배출량과 공정 간의 상관관계를 포괄하는 연구는 부재하며, 따라서 탄소배출량을 고려한 공정 최적화에 대한 연구 이전에 조사되어야 할 영역인 것으로 판단된다.

해외의 경우 도로건설공사에 있어 공정관리 시스템은 주로 바차트스케쥴(Bar Chart Schedule)이나 선형공정계획방식(Linear Schedule)을 이용하여 관리되며, 공기산정은 National Standard를 이용하는 것이 일반적이다. 1960년대부터 GSP, HOCUS, CYCLON, RCSQUE, COOPS, CIPROS, STROBOSCOPE 등의 시뮬레이션 도구개발이 이루어져 왔으며, 이러한 시뮬레이션 도구들을 이용하여 다양한 공정의 최적화 방안이 개발되어 오고 있다. 미국의 경우 공공프로젝트의 계약정책수립에 있어 공기절감의 절대조건인 건설생산성의 표준화된 계량, 로지스틱스와 자원의 효율적 이용계획, 생산성에 영향을 미치는 외부 환경적 요소 등을 평가・적용하는 것을 기본공정계획(Baseline Schedule)의 기반으로 사용하고 있다. 특히 도로건설의 경우 공정의 선형성과 반복성으로 인하여 작업 간, 작업조 간, 작업조의 자원과 로지스틱스를 최적화하기 위한 시뮬레이션 모델의 적용이 적합하여 건설생산성과 공기를 예측하는 툴로서 사용되고 있다. 또한 도로 프로젝트의 수행기간 단축을 위한 다양한 기술표준과 시방서, 매뉴얼 등을 공공기관 차원에서 제공하고 있다. 예를 들어, Caltrans의 경우 'Project Delivery Accelation Toolbox' 등을 통하여 프로젝트 공기단축을 위한 단계별 · 분야별(설계, 시공, 엔지니어링 등)로 유용한 도구를 매뉴얼로 작성하여 제시하고 있다.

## 4. 탄소배출 저감을 위한 공정관리 연구

탄소저감을 위한 녹색도로 설계 및 시공은 종단선형 변화, 자재 및 공정관리 등 공사 수행방식의 개선으로 달성할 수 있으나, 도로의 효율성 측면을 같이 고려할 필요가 있다. 본 연구에서는 $CO_2$ 저감을 통한 직접적 효과 외에 도로설계의 최적화에 따른 효율적 공기절감, 장비운용의 간접적 기대효과를 동시에 산정하여 녹색도로의 효율성 대비 종합적 기대효과를 평가하고자 한다.

이를 위하여 본 연구에서는 각 도로공사 시공 단계별 공정특성을 충분히 고려한 탄소배출량 산정방법을 체계화하고, 공정관리, 장비조합 등을 통한 최적 시공방법을 제시함으로써 시공기간, 공사비를 비롯한 환경 전반에 미치는 영향을 최소화할 수 있는 의사결정 방법을 지원하고자 한다. 단계별 연구수행 내용은 <그림 2>와 같다.

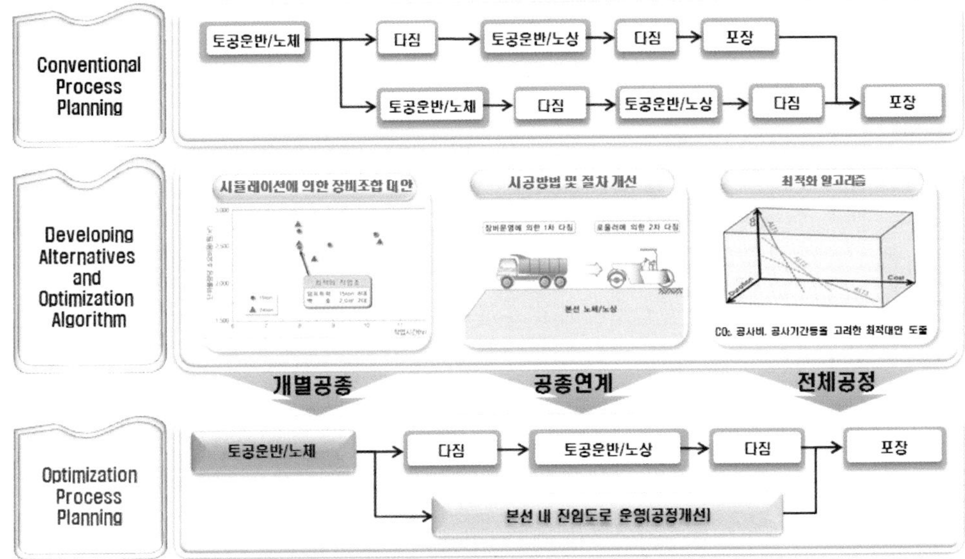


〈그림 1〉 주요 연구수행 내용

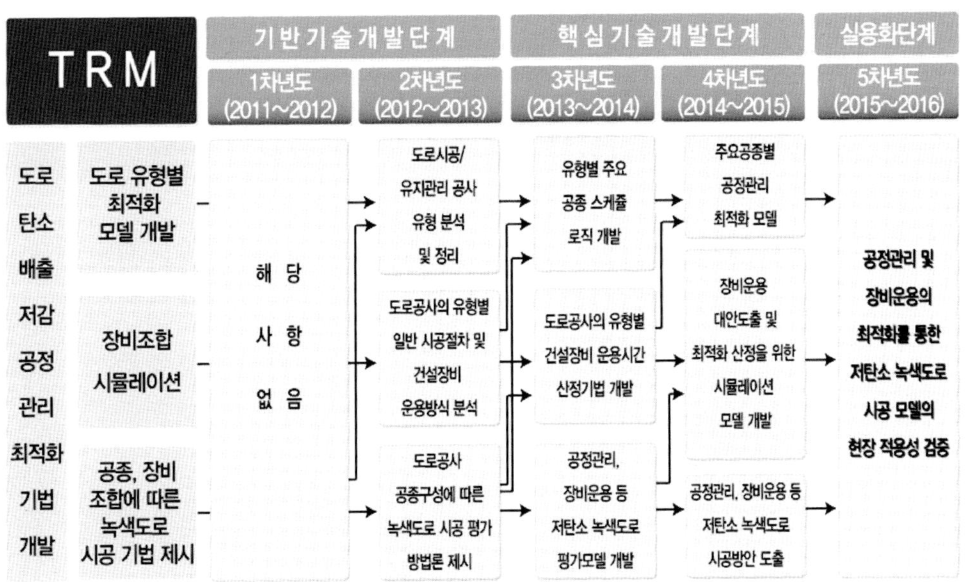


〈그림 2〉 연차별 연구개발 TRM

연구개발의 주요내용은 다음과 같다.

## 4.1 요소인자 및 연계성 분석

### 1) 탄소배출 저감을 위한 요소인자

일반적으로 최소의 자원투입으로 최대의 시공효율을 도출하는 시공개선이 보편적인 탄소배출 최소화 방안이나, 도로시공에 따른 복합적인 현장조건 및 교통망의 유기적인 유지관리 측면 등을 고려 시, 자원의 집중투입으로 공기를 단축하는 방법이 생애 주기에 발생하는 탄소를 저감하는 방안이 될 수도 있다. 따라서 도로시공 시 탄소배출 저감을 위한 요소인자는 현장조건을 반영한 공정계획과 연계되어야 한다. 탄소배출 저감만을 위한 보편적인 요소인자는 <표 2>와 같다.

〈표 2〉 탄소배출 저감을 위한 요소인자

| 항목 | 내용 | 비고 |
|---|---|---|
| 공법 개선 | 자원투입 대비, 시공 효율성 및 도로 기능성 유지가 뛰어난 공법 선정 | 생애 주기를 반영한, 자재, 장비투입 최소화 공법 |
| | 환경성을 고려한 신공법 선정 | 탄소발생 최소화 공법 |
| 작업조 구성 | 작업량, 운반거리 등 현장조건에 따른 시뮬레이션 분석 후, 시공 효율대비, 경유 사용량 최소 작업조 구성 | 공정계획과 연계한 작업조 구성 |
| 시공 인프라 | 토공유동계획에 따른 골재 생산시설 및 현장 가열 재포장 시설 등 시공 인프라 시설에 의한 자원 재활용 | 인근 공구와의 협력체계 구축으로 유기적인 자원유동계획 수립 |
| 자재 선정 | 시공 및 운영기간을 고려한 친환경 자재 선정 | 탄소발생 최소화 자재 선정 |

### 2) 공정관리 최적화를 위한 요소인자

공정관리 최적화를 위한 요소는 공법개선, 작업조 구성의 적정성 등 시공효율 측면에서는 탄소배출 저감요소와 같으나, 지역기후를 고려한 공사 가능일 산정, 공기단축에 의한 간접비 절감, 절대공기 확보를 위한 작업조 집중투입 등 발주처와의 협의에 의한 공기준수 요소가 포함된다. 또한 일정관리를 위한 공정보할이 공사비 운영과 연계되므로, 상황에 따라 탄소배출 저감과 상충되는 요소가 발생한다. 공정관리를 위한 보편적인 요소인자는 <표 3>과 같다.

〈표 3〉 공정관리 최적화를 위한 요소인자

| 항목 | 내용 | 비고 |
|---|---|---|
| 공법 개선 | 공사기간 단축 및 공사비가 절감되며, 시공효율이 높은 공법 선정 | 조건에 따라 공사비 및 탄소배출이 증가되어도, 공기단축 공법 선정 필요 |
| 작업조 구성 | 작업량, 운반거리 등 현장조건에 따른 시뮬레이션 분석 후, 시공 효율이 가장 높은 공법 선정 | 탄소배출 및 공사비와 연계한 작업조 구성 |
| 시공 인프라 | 자재 및 토공 운반에 따른 양중장비 설치(카리프트 등), 골재생산시설 등 현장조건에 따른 시공인프라 시설 | 경제성 및 시공성을 반영한 가시설 설치 유무 비교 검토 |
| 공사 가능일 | 지역기후(우기, 동절기, 태풍기) 및 휴무일을 고려한 작업 가능일 산정 | 공종별 작업 가능일을 분석한 멀티캘린더 작성 |
| | 주 공정에 따른 선·후행 공정의 절대공기 확보를 위해 필요시 돌관작업 수행 | 작업조 집중투입에 따른 시공 효율 및 탄소배출량 분석 |
| 자재 수급 | 충분한 수급일정 확보 및 예비 수급원 관리 | 수급 여유일정 확보 |

3) 탄소배출 저감 및 공정관리 최적화를 위한 요소인자의 연계성 분석

탄소배출 저감계획은 공사수행 시 적정 자원운용으로 $CO_2$ 발생을 최소화하는 것을 원칙으로 하며, 공정계획은 합리적인 공사비 투입과 발주처와 협의된 지정공기 준수를 원칙으로 하므로, 각각의 관리목표가 서로 상이하다. 그러나 최적의 자원투입으로 시공효율을 극대화하는 합일점이 발생하므로, 공통의 중점관리 요소인자가 도출되며, 요소인자의 연계성은 <그림 3>과 같다.

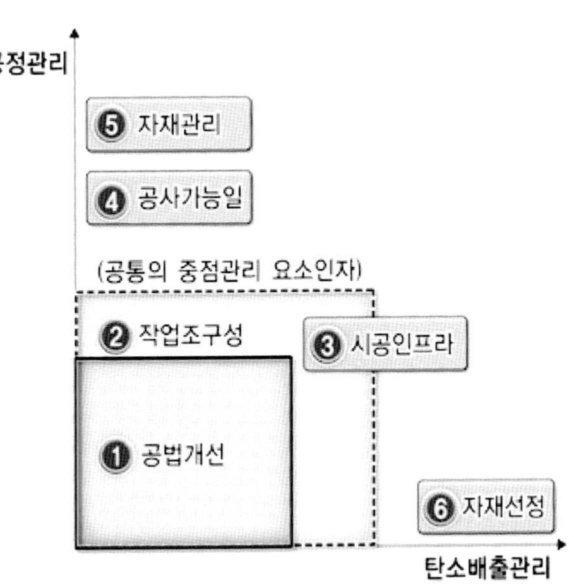


〈그림 3〉 탄소배출과 공정관리의 연계요소분석

탄소배출 저감 및 공정관리 최적화를 위한 공통인자는 공법개선, 작업조 구성, 시공인프라 구축 등이며, 그중에서 공법개선의 비율이 가장 높다. 따라서 탄소배출 저감을 위한 공정관리 방안으로, 현장조건에 부합하는 공법개선과 합리적인 작업조 구성에 대한 분석이 우선적으로 요구된다. 또한 공사기간, 공사비, 탄소배출량과의 상관관계는 <그림 4>와 같으며, 환경성 및 경제성이 최적화되는 공정관리 기간에 공법개선 등의 관리계획이 적용되는 것이 효율적이다.

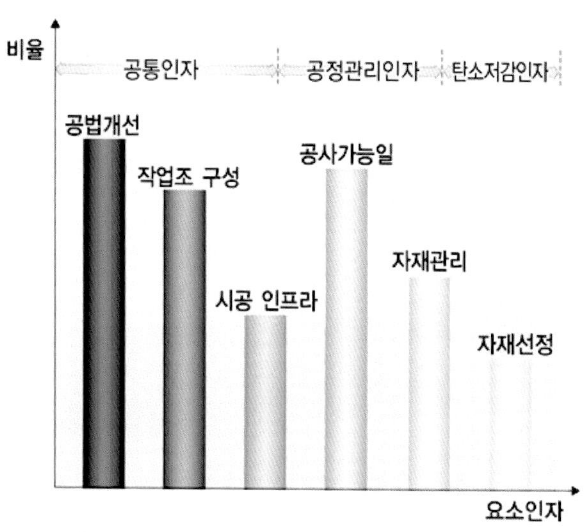


〈그림 4〉 탄소배출 저감과 공정관리의 공통인자

## 4.2 탄소배출 저감을 위한 세부 공정관리 방안

1) 공법개선

현장조건에 부합하는 공법을 환경성, 시공성, 경제성 등에 의한 가치분석 후, 분석결과에 따라 공법을 선정하되, 목표공기 준수가 가능한 범위에 들어올 때까지 반복하여 작업하며, 작업순서는 <그림 5>와 같다.

이처럼 현장조건에 따라 환경성, 시공성, 경제성을 중심으로 공종별 공법분석 후, 공법선정 및 선정된 공법을 전체계획에 부합되도록 조합하는 것을 작업순서로 하며, 이때 각 분야별 전문가의 세부적인 의견을 수렴한다.

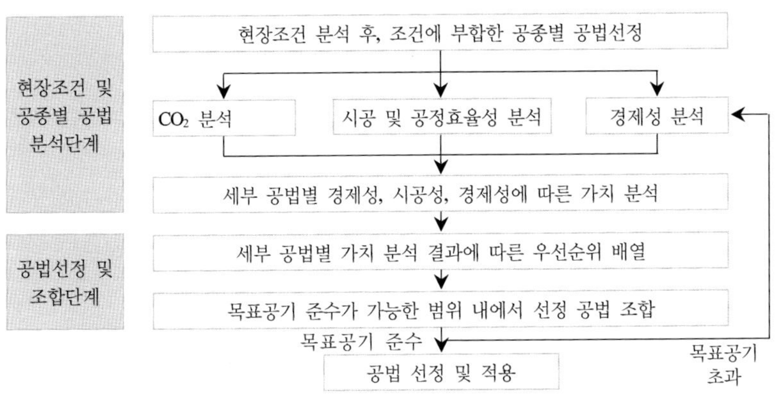


〈그림 5〉 탄소배출 저감 및 공정효율 극대화를 위한 공법 선정순서

또한 탄소배출 저감 및 공정관리를 위한 공법개선 효과는 가능한 정량적인 수치로 표현하는 것을 원칙으로 하며, 설계 및 시공 가치평가 제안과정과 같이 전문가 그룹에 의한 아이디어 창출회의와 워크숍을 통해 체계적으로 수행되어야 한다. 공법개선 항목 및 정량화된 수치에 의한 표현 예시는 아래와 같다.

<공법개선 예시>

공법개선 항목은 각 분야별 전문가와의 협의에 의해 도출하며, 세부 공종별 공법개선 전후에 따른 탄소발생량, 공사기간, 공사비 절감수치를 비교 분석한다. 정량적인 수치는 최솟값 1에서 최댓값 10의 중간값으로 산정하며, 수치가 최댓값에 가까울수록 탄소발생량, 공사기간, 공사비가 높으므로, 공법개선 효과는 정량적인 수치의 차이로 표현된다. 또한 세부 공종별 공법개선 효과를 분석 후, 선정된 공법적용에 따른 사업전체의 공법개선 효과를 분석하는 것을 작업순서로 한다.

(1) 세부 공종별 공법개선 및 효과분석

① 띠장 간격조정

가시설 구간의 암질은 전체적으로 양호한 편이며 가시설 설치 높이가 낮아, 토압을 고려한 띠장 설치간격이 조정될 필요가 있다. 이에 따라 안전성 검토 후, 가시설 띠장 설치 간격을 조정한다.

〈표 4〉 파장간격 조정에 따른 개선효과

| 공법개선 전 | | 공법개선 후 | |
|---|---|---|---|
| · 어스앵커 및 록볼트 설치 간격: 2.0m<br>· 풍화암~연암 경계부: 어스앵커 | 탄소발생 / 공사비 / 공사기간 | · 어스앵커 및 록볼트 설치 간격: 2.5m<br>· 풍화암~연암 경계부: 록볼트 | 탄소발생 / 공사비 / 공사기간 |

② 측구단면 조정

사업구간의 배수구조물 설계 강우빈도 분석결과, 측구의 벽체 및 기초두께는 기존규격보다 작게 조정되어도 충분히 기능성이 유지되는 것으로 분석되었다. 단, 외부파손을 고려한 콘크리트 강도는 상향 조정되어야 한다.

〈표 5〉 측구단면 조정에 따른 개선효과

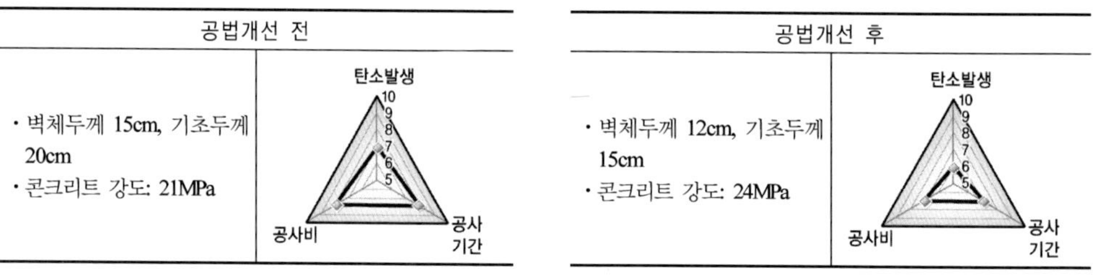

| 공법개선 전 | | 공법개선 후 | |
|---|---|---|---|
| · 벽체두께 15cm, 기초두께 20cm<br>· 콘크리트 강도: 21MPa | 탄소발생 / 공사비 / 공사기간 | · 벽체두께 12cm, 기초두께 15cm<br>· 콘크리트 강도: 24MPa | 탄소발생 / 공사비 / 공사기간 |

③ 포장두께 조정

영업소 및 휴게소의 콘크리트 포장 두께는 차량통행에 의한 하중 전달계수 결과에 따라 포장두께 28cm를 적용하여도 충분한 기능성을 유지하는 것으로 분석되었다.

〈표 6〉 포장두께 조정에 따른 개선효과

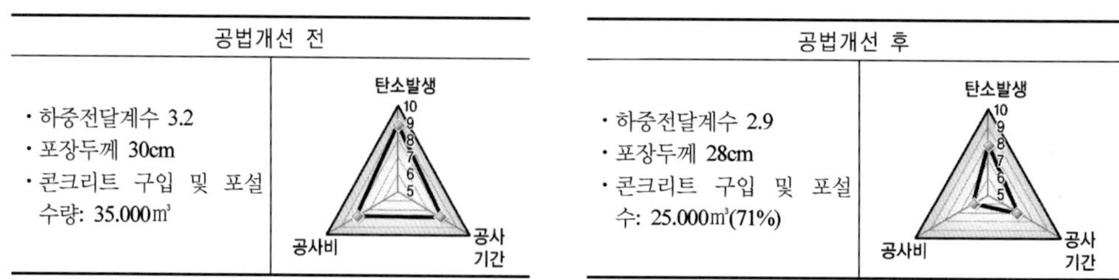

| 공법개선 전 | | 공법개선 후 | |
|---|---|---|---|
| · 하중전달계수 3.2<br>· 포장두께 30cm<br>· 콘크리트 구입 및 포설 수량: 35.000㎥ | 탄소발생 / 공사비 / 공사기간 | · 하중전달계수 2.9<br>· 포장두께 28cm<br>· 콘크리트 구입 및 포설 수: 25.000㎥(71%) | 탄소발생 / 공사비 / 공사기간 |

④ 라이닝 철근 조정

암질 패턴 분석결과에 따라, 터널 확폭구간은 암질이 양호하며 자립도가 높으므로, 별도의 라이닝 철근을 배근하지 않아도 안정성이 확보된다. 단, 접속부 일부에 철근을 배근하여, 추가적인 안정성을 확보할 필요가 있다.

〈표 7〉 라이닝 철근 조정에 따른 개선효과

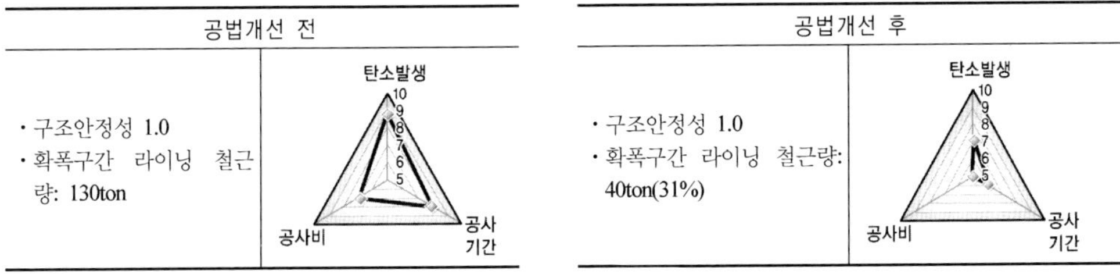

| 공법개선 전 | | 공법개선 후 | |
|---|---|---|---|
| · 구조안정성 1.0<br>· 확폭구간 라이닝 철근량: 130ton | 탄소발생 / 공사기간 / 공사비 | · 구조안정성 1.0<br>· 확폭구간 라이닝 철근량: 40ton(31%) | 탄소발생 / 공사기간 / 공사비 |

⑤ 록볼트 개선

암질 패턴 분석결과에 따라, 연결통로는 암질의 자립도가 높은 편이나, 복합적인 암질 구성으로 시스템 록볼트 사용 시 시공효율이 떨어진다. 따라서 록볼트 수량을 줄이고, 랜던 록볼트를 적용하여 시공효율 및 경제성을 확보하였다.

〈표 8〉 록볼트 개선에 따른 개선효과

| 공법개선 전 | | 공법개선 후 | |
|---|---|---|---|
| · 피난연결통로: 시스템 록볼트 적용(500EA)<br>· 전기실 연결통로: 시스템 록볼트 적용(300EA) | 탄소발생 / 공사기간 / 공사비 | · 피난연결통로: 랜덤 록볼트 적용(300EA)<br>· 전기실 연결통로: 랜덤 록볼트 적용(150EA) | 탄소발생 / 공사기간 / 공사비 |

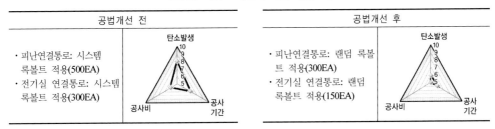

⑥ 어스앵커 보강

가시설 구간의 암질은 전체적으로 양호한 편이며 가시설 설치 높이가 낮아, 일부 취약구간을 제외한 나머지 부분은 CIP공법에서 숏크리트+록볼트 공법으로 변경할 필요가 있다. 단, 흙막이 벽 가상 파괴면이 말뚝 선단으로 가정됨에 따라, 말뚝 선단 구간에 어스앵커 보강이 필요하다.

〈표 9〉 어스앵커 보강에 따른 개선효과

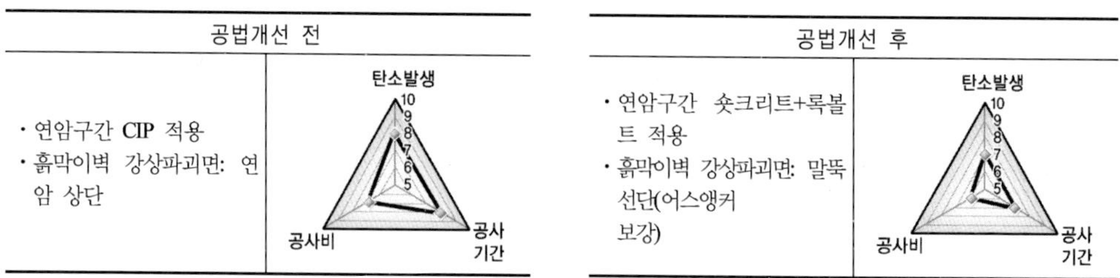

| 공법개선 전 | | 공법개선 후 | |
|---|---|---|---|
| · 연암구간 CIP 적용<br>· 흙막이벽 강상파괴면: 연암 상단 | 탄소발생 / 공사비 / 공사기간 | · 연암구간 숏크리트+록볼트 적용<br>· 흙막이벽 강상파괴면: 말뚝 선단(어스앵커 보강) | 탄소발생 / 공사비 / 공사기간 |

(2) 사업 전체의 공법개선 효과분석

위에서 적용한 6가지의 세부 공종별 공법개선을 사업 전체에 적용한 결과, 탄소발생은 약 8% 절감되며, 공사기간은 약 15% 단축되는 것으로 분석되었다. 일반적으로 공사비를 고려한 공법개선은 자원투입 대비 시공효율 개선으로 탄소발생 저감과 비례하나, 공사기간 단축을 고려한 공법개선은 탄소발생 저감과 상이하게 적용되는 경우가 발생하므로, 공사비, 공사기간, 탄소발생을 동시에 절감하는 공법개선을 도출하여야 한다.

〈표 10〉 항목별 공법개선에 따른 사업 전체의 개선효과

항목별 절감효과
(공사비, 공사기간, 탄소발생 비율)

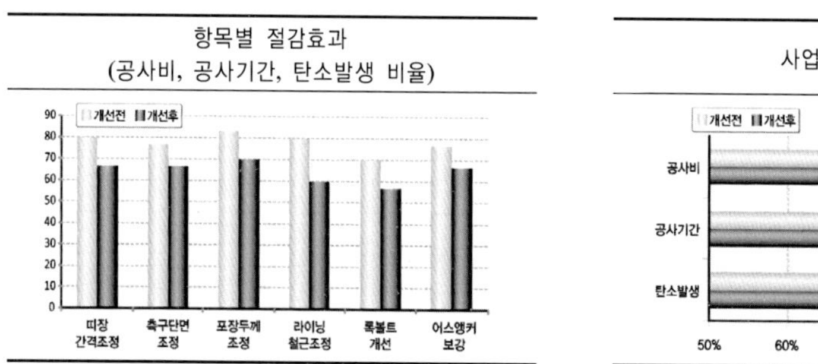


사업전체의 개선효과

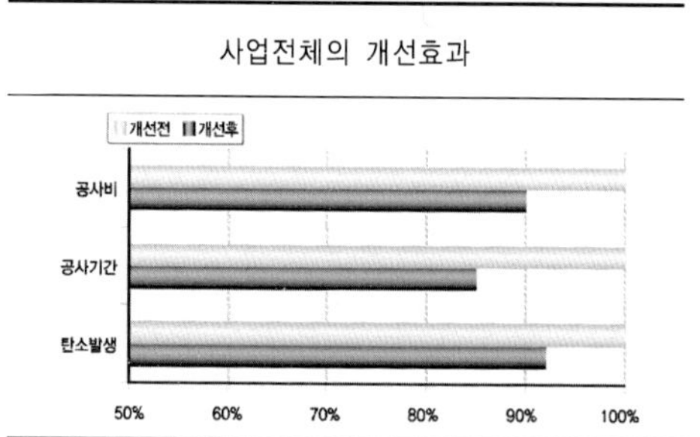


2) 작업조 구성

효율증대를 고려한 작업조 구성은 사업구간 및 공종별 특성에 따라 적용범위가 다양하며, 경우에 따라 Earth Work Simulation 및 NEX-Pert 등의 프로그램과의 연계가 필요하다. 일반적으로 장비효율을 고려한 작업조 구성과 구간별 투입효율을 고려한 작업조 구성으로 크게 구분되며 분석의 예시는 아래와 같다.

<작업조 구성 예시>

(1) 장비의 효율을 고려한 작업조 구성

현장조건에 부합한 주요장비의 작업량과 작업의 선·후행 및 사이클 타임을 고려한 장비조합을 탄소발생량 및 공종효율에 따라 분석 후, 최적안을 도출한다. 토공 유동계획에 따른 분석예시는 <표 11>과 같다.

〈표 11〉 토공 유동계획에 따른 장비 시뮬레이션 분석

| 구분 | 작업조 구성 | | 환경성 | | 공정효율 | 가치점수 |
|---|---|---|---|---|---|---|
| | 적재 | 운반 | 일 경유 사용량 | 탄소 발생량 | 작업일 | |
| 1안 | 로더 2.6㎥ 2대 | 덤프 8ton 5대 | 89 L | 0.87ton | 143 | 0.74 |
| 2안 | | 덤프 15ton 3대 | 88 L | 0.83ton | 138 | 0.77 |
| 3안 | | 덤프 24ton 2대 | 84 L | 0.74ton | 130 | 0.84 |
| 4안 | 로더 3.5㎥ 2대 | 덤프 8ton 5대 | 101 L | 0.76ton | 111 | 0.90 |
| 5안 | | 덤프 15ton 3대 | 104 L | 0.75ton | 106 | 0.92 |
| 6안 | | 덤프 24ton 2대 | 100 L | 0.68ton | 100 | 0.99 |

작업량 및 운반거리에 따른 장비 작업조를 안별로 구성 후, 각각의 경유사용량과 작업일을 산정하였다. 산정된 경유사용량에 따른 탄소발생량을 최대 가치점수 0.5로 환산하고, 작업일 또한 최대 가치점수 0.5로 환산하여, 탄소발생량과 작업일의 가치점수를 더한 값 중 1에 가장 가까운 안을 최적안으로 도출하였다.

(2) 구간별 투입효율을 고려한 작업조 구성

현장조건에 부합한 작업구간 분할 후, 예정공기 준수 및 장비투입의 효율을 고려한 작업조 구성안을 수립하고, 구간분할에 따른 작업조 투입 및 효율 분석예시는 <표 12>와 같다.

이처럼 작업조 집중투입에 따른 탄소발생량과 공정효율을 효과적으로 분석하여 최적안을 도출한다.

〈표 12〉 구간별 작업조 투입효율에 따른 시뮬레이션 분석

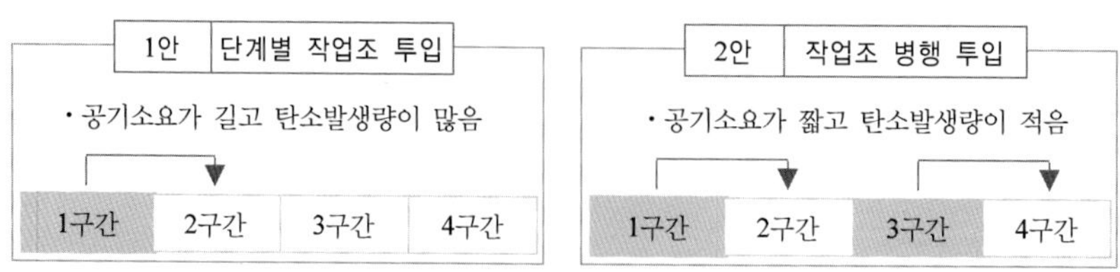


| 구분 | 작업조 구성 | | 환경성 | 공정효율 | 가치점수 |
|---|---|---|---|---|---|
| | 장비 | 작업조 | 탄소 발생량 | 작업일 | |
| 1안 | 280ton 무한궤도 크레인 1대 | 1조(6인) | 15.40 ton | 132 | 0.65 |
| 2안 | 220ton 무한궤도 크레인 2대 | 2조(12인) | 13.75 ton | 66 | 0.95 |
| 3안 | 250ton 타이어 크레인 1대 | 1조(6인) | 13.60 ton | 136 | 0.70 |
| 4안 | 220ton 타이어 크레인 2대 | 2조(12인) | 12.47 ton | 68 | 0.99 |

## 5. 향후 활용방안 및 정책제언

녹색건설은 기존에 관심이 집중되어 있는 건축물 부분 외에 건설・토목 공사를 포함한 인프라 부분, 플랜트 부분 등에 대한 특성을 고려하여 전방위적인 탄소저감 대책이 필요하다. 국내의 경우에는 건축물 부분에 있어서는 지구 온난화에 대응하고자 에너지 총량제, 온실가스 의무감축제, 탄소인벤토리구축, 신재생에너지 의무도입제, 친환경건축물 인증제 등 전 산업 분야에 걸쳐 이산화탄소를 절감하고자 하는 노력들이 진행되고 있다. 그러나 건설・토목 전반에 걸친 인프라 부분에 있어서는 현재 일부 신재생 발전 분야 이외에 전통적인 토목사업은 해외시장에서도 녹색건설상품에 비해 상대적으로 활발하게 논의되지 못하고 있는 것으로 판단된다. 따라서 기존 건설상품의 포장만이 아닌 건축물부문과 마찬가지로 토목시설에서 친환경성을 높이기 위해 검토되어야 할 요소를 도출하는 작업이 선행되어야 할 것으로 판단된다.

본 연구를 통해 국내기준 및 유형에 부합하는 도로 건설・유지관리 공사 공정관리 최적화 모델 개발 시 미국 등 선진외국의 공사관리 기법에 관한 해외 전문가 활용(자문)을 통하여 국제적으로 통용 가능한 기술 개발이 가능할 것으로 판단된다. 또한 녹색시공 기술 관련 평가방안 도출로 친환경 공정선택 시 의사결정을 지원하며, 경제적 타당성 평가 및 환경비용 가치평가를 통한 친환경 공정기술을 유도할 수 있을 것으로 기대된다.

# 참고문헌

권석현(2008), 건설사업의 환경경제성 평가모델 개발, 중앙대학교 박사학위논문

박광호(2004), 건설사업의 환경적, 경제적, 사회적 평가를 위한 TBL 통합 모델의 개발, 인하대학교 박사학위논문

산업자원부(2003), 환경친화적 산업기반구축을 위한 환경경영표준화 사업

산업자원부(2003), 환경 친화 제품설계를 위한 DfE 기술 개발사업

서성원(1998), 주거용 건축물의 전과정에 따른 $CO_2$ 배출량 평가 및 전산체계 구축, 중앙대학교 박사학위논문

이승언(2005), 살아 있는 토목시공학

환경부(2001), 환경정책의 경제성 분석제도 도입을 위한 중장기 전략수립연구

## 제 2 부

# 녹색도로의 포장 및 $CO_2$ 흡수기술

# 녹색도로의 포장 및 $CO_2$ 흡수기술

**이광호**

한국도로공사 도로교통연구원 도로연구실장

도로는 인간생활에 꼭 필요한 수단이고 생산적인 도구이다. 중요한 것은 자연을 이용하고 활용하는 데 있어 자연파괴를 최소화하며 오히려 자연친화적이고, 더 나아가 타 부문에서 발생한 $CO_2$까지 흡수할 수 있는 기술을 도로부분에서 창출하고 활용해야 한다는 것이다. 타 기술 분야와 마찬가지로 도로부문의 기술도 첨단화·융합화가 필요하다. 이러한 시대적 요청에 맞는 도로 기술의 하나가 녹색도로포장 및 $CO_2$ 흡수기술인 것이다.

## 1. 서론

도로를 포함한 교통부문의 온실가스 배출량이 전체의 약 20%를 차지할 정도로 많은 양의 온실가스가 배출되고 있다. 특히 도로부문은 여객과 수송 분야에서 가장 많은 분담률을 가지고 수송수단으로써 중요한 역할을 담당해왔으나, 도로부문이 녹색산업과는 동떨어진 산업으로 인식되어왔다. 따라서 이에 대한 문제점 분석과 개선점을 찾아야 할 시점이다.

우리나라의 경우 범세계적 기후변화 대응 노력에 동참하고 녹색성장을 통한 저탄소 사회를 구현하기 위하여, 국가적 목표를 갖고 저탄소녹색성장기본법을 2010년 발효시킨 바 있다. 이와 같은 국가적 목표를 근거로 산업 전 부문에 걸쳐 감축계획이 세워져 있으며, 우리 도로건설 부분도 미래에 대비한 $CO_2$ 감축에 능동적으로 참여하는 것이 필요하다. 녹색도로 인증제의 도입이 도로 기술자 입장에서 볼 때 $CO_2$ 감축에 능동적 참여의 길이라고 생각하며, 이 제도의 정착에 대비해서도 도로건설 부분에서의 관련기술 개발이 필요하다고 판단한다.

현재 녹색도로 인증제(Greenroads Rating System)를 실시하고 있는 미국의 경우 주로 이 제도를 도로설계 및 건설의 녹색단계를 정량적으로 평가하고 인증서를 부여하는 단계지만 점차적으로 입찰단계의 중요한 요소로 작용할 것으로 보인다.

이러한 국내외적 환경을 고려할 때 친자연환경을 고려한 도로 기술의 개발과 보급이 필요하다고 판단된다.

## 2. 기술 현황

지속가능한 녹색도로 건설기술은 최근에 그 연구가 활성화되고 있다. 과거에는 주로 도로건설에 건설폐재 등을 단순 재활용하거나 시공 시 $CO_2$의 발생을 최소화할 수 있는 기술이 주류를 이루었다면, 최근에는 보다 적극적인 방법으로 $CO_2$를 제거하거나 에너지를 생산하는 수준까지도 다뤄지고 있다. 이러한 관점에서 녹색도로의 기술을 분류하면 다음과 같다.

### 2.1 건설단계별로 도로시설물에 직접 구성되는 녹색기술, 즉 도로계획 설계시공 유지관리 단계에서 적용되는 기술 분야

- $CO_2$ 배출 및 환경부하 저감형 도로설계 및 시공기술
- 도로건설 시 환경에 저해되는 재료를 신개념 친환경 재료로 대체할 수 있는 기술
- 도로구조물의 슬림화를 통해 재료사용을 감소시킬 수 있는 기술
- 도로선형 및 노면개선을 통해 배출가스를 최소화할 수 있는 기술
- 교통혼잡 구간의 발생요인 분석 및 처리기술
- $CO_2$ 발생량을 최소화하기 위한 비혼잡 구간의 저탄소 교통운영관리 기술
- 교통혼잡 및 $CO_2$ 발생량 전개과정 · 분석 도구 등 저탄소 교통관리 의사결정을 위한 통합 교통관리 시스템

### 2.2 도로시설물을 구성하는 데 직접적인 관련은 없지만 도로시설물을 이용한 녹색기술, 즉 $CO_2$ 포집, 에너지 자원 생산 및 에너지 수집 기술 분야

- 도로에서 방출되는 $CO_2$를 포집하고, 저장 및 처리하는 기술
- 도로 및 부속시설에서 신재생에너지를 활용한 에너지 수집재료 및 발전기술
- 도로에서 자연에너지를 활용한 에너지 변환 및 저장·관리하는 기술
- 자연에너지를 효율적으로 수집하는 도로시설·구조개선 기술 및 자원 잠재량 평가 기술

## 3. 탄소중립형 도로기술 연구

탄소중립형 도로 기술개발 연구에서는 앞서 살펴본 기술 현황에서의 각 분야별 기술 중 현 시점에서 연구추진이 가능하고 필요하다고 판단되는 과제를 선정하였으며 이를 살펴보면 다음과 같다.

### 3.1 활성산업부산물을 활용한 탄소흡수용 도로재료 개발

최근 탄소저감을 위하여 콘크리트 제조 시 보편적으로 사용되는 방법이 산업부산물을 활용한 혼합재 및 결합재 등의 대체이다. 하지만 대체물질 사용량 증가와 같은 수동적인 탄소저감 방법에는 한계가 있어, 보다 능동적인 탄소저감 노력과 산업폐기물 재활용을 동시에 이루어야 할 필요가 있다. 따라서 이와 같은 수동적 탄소저감과 능동적 탄소저감을 모두 만족하는 새로운 개념의 탄소흡수용 도로재료를 개발하고자 하며, 도로재료뿐만 아니라 건축, 건설, 사회기반시설에 다양하게 활용하고자 하는 것을 목표로 하고 있다. 중점 연구 개발목표는 다음과 같다.

- 산업부산물을 활성화하여 $CO_2$ 포집 효능을 높인 녹색도로 소재 및 구조체 개발
- 녹색도로 신소재의 탄소 포집 효능과 지속시간 극대화 등 도로재료 최적화 방안

## 3.2 폐아스콘 재활용 증진을 통한 자원절감형 도로기술 개발

과거 폐아스콘 재활용을 위한 연구가 꾸준히 있었지만 고급포장을 요구하는 고속도로나 국도 등에는 그 적용에 한계가 있었고 기술적 수준도 높지 않았다. 그러나 최근 정부의 환경정책에 따라 폐아스콘 점착력 복원을 위한 재생첨가제의 개발과 고내구성 중온 재생 아스콘용 첨가제를 확보할 필요성이 높아졌다. 재생 아스콘 기술 개발을 통하여 고속도로의 표층 아스팔트의 재활용 등 고급 재활용 포장의 기술적 향상을 기대할 수 있으며, $CO_2$ 저감, 자원절약 및 예산절감 등이 가능할 것으로 판단된다. 또한 재생 아스콘의 활용을 촉진시킬 수 있는 설계반영 및 시공기준을 개발함으로써 도로분야에서의 저탄소 녹색성장 국가정책에 기여할 것으로 판단된다. 중점 연구 개발 목표는 다음과 같다.

- 중온 아스팔트 제조기술을 활용한 재생 아스콘의 고내구성 확보 기술 개발
- 폐아스콘의 점착력 복원을 위한 특수 첨가제 개발
- 재생 아스콘 생산 및 시공 기술 개발
- 도로의 등급별 재생 아스콘 적용 최적화를 위한 설계 및 시공 기준 개발

## 3.3 바이오 폴리머 콘크리트 도로포장 재료 개발

도로포장에 적용될 바이오 폴리머 콘크리트를 개발하는 연구의 최종목표는 기존 도로포장 재료 생산 및 시공에서 발생하는 탄소배출량을 감소시키고, 도로포장의 내구성과 공용성을 향상시키는 데 있다. 기존 아스팔트를 바이오 폴리머 콘크리트 재료로 대체함으로써 아스팔트 생산 및 시공 시 발생하는 $CO_2$를 효과적으로 절감할 수 있다. 아스팔트 재료는 원재료가 화석연료가 사용되며 생산 및 시공 시 재료를 가열함에 따라 탄소배출량이 매우 높은 실정이다. 바이오 폴리머 재료는 상온에서 생산 및 시공되므로 본 재료를 50% 사용 시 1km 도로건설에 $23tCO_2/km$ 탄소저감이 가능하다. 바이오 폴리머 콘크리트 도로포장을 적용할 경우 아스팔트 대체 효과로 1km 도로건설 시 $90tCO_2/km$의 탄소저감이 가능하다. 중점 연구 개발 목표는 현장 실용화를 위한 시공기술 개발을 포함하여 다음과 같다.

- 도로포장용 바이오 폴리머 바인더 개발
- 도로포장용 바이오 폴리머 콘크리트 재료 개발
- 바이오 폴리머 콘크리트 시공 및 품질관리 기술 개발

### 3.4 저탄소 도로포장을 위한 지반개량 기술 개발

기존 흙포장의 경우 시멘트를 주 결합재로 사용하고 있어 탄소배출 문제가 대두되고 있으며 결합재로서 산업부산물 재활용 비율이 지속적으로 증가하고 있으나 일부 분야에서만 소량이 재활용되고 있는 실정이다. 현재 흙포장은 자연상태의 흙에 시멘트와 고화제를 혼합하여 강도를 향상시켜 포설되고 있으며 강도의 발현은 시멘트의 첨가량(일반적으로 15~20%)에 의존하고 있는 실정이며 시멘트의 첨가량을 최소화할 경우, 시멘트 1톤당 $CO_2$ 방출량을 20% 정도 감축할 수 있다. 본 기술에서는 결합재로서 환경친화적인 폴리머 및 그와 유사한 자연재료를 이용하는 것으로, 특히 시멘트 계열을 쓰지 않고, 이산화탄소를 발생하지 않는 친환경 흙포장 기술로, 연구 중점 개발 목표는 다음과 같다.

- 탄소 저감형 지반 개량 기술 개발
- 순환골재를 활용한 도로포장 기층 재료 및 지침 개발
- 탄소저감형 바이오 흙포장 기술 개발

### 3.5 바이오 케미컬 기술을 활용한 도로 온실가스 흡수공법

대기 중에 있는 온실가스(질소산화물, 이산화탄소 등)를 적극적인 방법으로 흡수 제거하는 기술이 최근 저탄소 기술로 관심을 받고 있으며 미국과 캐나다를 중심으로 이에 대한 연구를 진행하고 있다. 또한 바이오 기술의 응용으로 강도 등 성능이 우수하고 균열이 발생되었을 경우 자가치유가 가능한 콘크리트 기술이 최근 실용화되고 있다. 특히 콘크리트의 사용량이 많은 콘크리트 도로포장에 적용하면 포장 수명과 품질이 좋아져 상대적으로 많은 양의 시멘트의 사용량을 줄여 $CO_2$ 저감을 기대할 수 있다. 이와 같은 개념을 도입하여 본 연구에서는 다음과 같은 연구중점 목표를 갖고 있다.

- 도로 온실가스 제거를 위한 도로시설용 $TiO_2$ 콘크리트 공법 개발
- $CO_2$ 저감용 바이오 콘크리트 제조 및 포장 기술 개발
- DAC(Direct Air Capture)기술을 활용한 도로 $CO_2$ 흡수 시설물 개발

## 4. 결론

현재 세계는 지구 온난화에 따른 이상기후로 인해 많은 환경적 변화를 겪고 있으며, 앞으로 온난화에 의한 피해는 더욱 심각해질 것이라는 의견이 지배적이다. 이에 따른 범세계적 차원에서 기후변화에 대비한 노력이 강화되고 있다. 1992년 리우환경회의에서 지구 온난화에 따른 이상기후현상 예방을 위한 기후변화협약(UNFCCC) 체결 이후 국내외적으로 온실가스 감축을 위한 노력의 필요성이 제고되고 있는 상황에서 우리나라 또한 탄소 배출량을 줄이며, 지속가능한 경제성장을 도모하는 이른바 '저탄소 녹색성장'을 내세워 친환경 정책을 펼치고 있다. 이에 도로 및 교통부문에서도 국가정책에 병행하여 관련 기술을 개발하고 활용하는 데 보다 적극적인 자세로 전환하여야 한다. 국가연구과제인 탄소중립형 도로 기술 개발이 초보적인 수준의 기술 개발을 시작하는 것이지만 향후 친환경적인 도로 기술로 발전하는 초석이 될 것으로 그 의미가 크다고 생각한다.

# 참고문헌

한국도로공사 도로교통연구원(2012), 저탄소 녹색고속도로의 현재와 미래
한국건설교통기술평가원(2012), 탄소중립형 도로 기술 개발 연구개발 계획서
조용주 등(2010), 환경과 성장을 추구하는 지속가능 녹색도로, 한국건설기술연구원

# 활성산업부산물을 활용한 탄소 흡수용 도로재료

**송지현**

세종대학교 부교수

본 연구에서는 대기 중 $CO_2$를 효과적으로 저감하기 위해 탄소포집능력을 활성화시킨 산업부산물을 이용하여 이산화탄소 흡수용 재료를 개발하고 도로재료로서 적용하고자 한다. 신개념 도로재료를 이용한 $CO_2$ 저감은 산업부산물의 탄소포집능력 극대화를 통한 능동적 탄소저감과 대체 시멘트 재료를 사용함으로써 기존 시멘트 사용량 감소를 통한 수동적 탄소배출 저감을 가능하게 한다. 또한 본 연구 결과를 활용하면, 폐기물로 버려지는 다양한 산업부산물의 재활용을 통한 환경부하 감소를 기대할 수 있다.

## 1. 서론

$CO_2$는 지구 온난화의 직접적 원인으로 이상기후 및 생태계 변이라는 인류생존의 문제를 야기하고 있다. 우리나라의 경우 교토의정서의 2차 공약기간(2013~2017년) 동안 $CO_2$ 배출량 감소 의무국이 될 가능성이 매우 높아서 온실가스 저감기술의 개발과 적용이 시급하다. 국내 온실가스 총배출량($CO_2$와 다른 온실가스 포함)이 2000년 이후 연평균 2.82% 증가해온 추세를 유지한다고 가정하여 2차 공약기간 동안의 연평균 총배출량을 산정하면 약 8억 톤에 달하며, 이 기간 동안 탄소배출권 거래시장을 통해 연평균 3.7억 톤을 감축해야 할 것으로 추정된다. 따라서 $CO_2$를 방출하는 제품에 대해서 탄소세 또는 탄소배출부과금이 추가로 부가되어야 하며, 이로 인한 시멘트의 단가 상승률은 대략 150~200%로 예측된다. 이러한 시멘트 가격의 상승은 도로시설물 건설 및 유지관리 비용의 급격한 상승요인으로 작용하게 되며, 사회경제적으로 매우 큰 영향을 미칠 것으로 예상된다.

결과적으로 다양한 산업 분야에서 $CO_2$를 저감하는 기술은 미래를 선도할 새로운 기술로 평가받고 있으며, 특히 도로재료로 광범위하게 사용되는 콘크리트에서 $CO_2$를 저감할 수 있는 신기술은 활용 가능성이 매우 높다고 할 수 있다. 'Green Concrete($CO_2$ 저감 콘크리트)'는 2010년 MIT Technology Review에서 발표한 10대 신기술 중 하나이며, 유럽 EU 선진국에서는 미래성장산업으로 '$CO_2$ 소량배출 및 흡수 콘크리트 개발'을 선정하고 연구개발 중이다.

따라서 국내에서도 대량의 탄소를 발생시키는 콘크리트의 $CO_2$ 저감을 목적으로 하는 재료기술의 개발이 절실히 필요하다. 특히 국내 총온실가스배출량 중에서 수송 분야는 기여율이 약 18% 정도로 높아 주요 온실가스 배출원 중 하나이다. 따라서 총연장 10만km 이상인 도로포장과 관리에 탄소저감형 녹색기술을 도입하면, 수송부분에서 배출되는 온실가스를 능동적으로 포집 격리하여 주요 저감원으로 활용할 수 있다.

실제로 도로포장 및 관리의 주재료인 콘크리트는 주요 $CO_2$ 발생원이며, 전 세계에서 인류가 발생시키는 $CO_2$의 약 8%를 차지하고 있다. 이 중 5%는 시멘트의 생산과정에서, 3%는 시멘트를 이용하여 콘크리트를 만드는 과정에서 발생하게 된다. 2009년 우리나라의 시멘트 생산량은 5,000만 톤이었으며, 시멘트 생산과정에서만 4,400만 톤의 $CO_2$가 발생된 것으로 파악되며, 시멘트 운반에서 콘크리트 타설까지의 발생량을 추가할 경우 6,000만 톤의 $CO_2$가 배출된 것으로 추정된다. 따라서 현재와 같은 방법으로 시멘트를 계속 사용한다면 콘크리트에서 발생되는 $CO_2$는 시멘트 생산량에 비례하여 지속적으로 증가하게 될 것이다. 이에 대한 대책으로 국내에서는 산업부산물의 일부를 기존 시멘트 또는 아스팔트와 혼합하여 도로재료로 사용하고 있으나, 탄소포집 격리용 산업부산물 재료 분야에의 활용은 전무한 상황이다.

## 2. 관련 제도와 기술 현황

우리나라에서는 2011년 저탄소녹생성장기본법(법률 제10599호, 2011.4.14)을 제정하여 기후변화대응 정책 및 관련 계획을 수립하였다. 기후변화대응의 기본원칙에서는 온실가스 배출에 따른 권리・의무를 명확히 하고 이에 대한 시장거래를 허용함으로써 다양한 감축수단을 자율적으로 선택할 수 있도록 하고, 국내 탄소시장을 활성화하여 국제 탄소시장에 적극 대비할 것이며 지구 온난화에 따른 기후변화 문제의 심각성을 인식하고 국가적・국민적 역량을 모아 총체적으로 대응하고 범지구적 노력에 적극 참여하는 것을 원칙으로 세웠다.

특히 교통부분의 온실가스 관리에 대해서는 생산자와 정부에 대해 두 가지 입장으로 원칙을 세웠다. 자동차 등 교통수단을 제작하려는 자는 그 교통수단에서 배출되는 온실가스를 감축하기 위한 방안을 마련하여야 하며, 온실가스 감축을 위한 국제경쟁 체제에 부응할 수 있도록 적극 노력해야 한다고 정하였다. 정부는 자동차의 평균에너지 소비효율을 개선함으로써 에너지 절약을 도모하고, 자동차 배기가스 중 온실가스를 줄임으로써 쾌적하고 적정한 대기환경을 유지할 수 있도록 자동차 평균에너지 소비효율기준 및 자동차 온실가스 배출허용기준을 각각 정하되, 이중규제가 되지 않도록 자동차 제작업체(수입업체를 포함한다)로 하여금 어느 한 기준을 택하여 준수토록 하고 측정방법 등이 중복되지 않도록 원칙을 세웠다.

그러나 도로 자체 또는 도로포장 재료에 의한 온실가스 관리에 대한 대책은 제안되지 않고 있다.

우리나라는 법 제42조 제1항 제1호에 따라 2020년의 국가 온실가스 총배출량을 정하여 감축목표를 세웠다. 이에 따라 저탄소녹색성장기본법 시행령에서는 온실가스 감축 국가목표를 설정하고 관리하는 것에 대한 원칙 및 역할을 지정하여 부분별 관장기관에 대해 필요한 조치에 관한 사항을 지정하였다.

관련 기술의 현황은 다음과 같다.

## 2.1 시멘트 저감형 고성능 콘크리트 기술

시멘트 저감형 고성능 콘크리트 기술은 플라이애시 및 고로슬래그 등의 산업부산물의 활용을 증대시키기 위한 기술로서 일반적인 혼입수준에서는 이미 많은 기술이 확보되어 있으나 혼입량을 증대시키기 위한 기술의 개발은 지속적인 연구개발이 필요한 상황이다.

또한 geopolymer 기술을 이용한 시멘트 대체소재의 개발은 기후변화의 주요원인 중 하나인 이산화탄소 배출을 시멘트 생산에 비해 80% 이상 저감시킬 수 있으며, 열저항성, 화학저항성, 기계적 특성이 매우 우수하고, 중금속을 고정화할 수 있기 때문에 폐기물 처리에 적용 가능하다. 단, 현재 소각재를 geopolymer 소재로 재활용하고자 하는 연구는 매우 미흡한 상태이며, 소각재의 경우 성상이 다양하고 유해성분을 다량 함유하고 있기 때문에 소각재를 이용하여 geopolymer 제조 시 압축강도 발현에 영향을 줄 수 있다.

### 2.2 무시멘트 콘크리트 기술

무시멘트 콘크리트 기술은 산업부산물을 활용하고 알칼리 활성화 경화기술의 개발이 진행 중이나, 도로포장 및 구조체 적용은 아직 미진한 수준이다. 국내의 경우 전남대 '바이오하우징연구사업단'의 '무시멘트 콘크리트' 연구와 대우건설의 '탄소배출저감 콘크리트 개발' 등의 연구가 있었으며, 그 외 몇몇 대학에서 소규모 연구가 수행된 바 있다.

### 2.3 이산화탄소 포집기술

우리나라의 경우 이산화탄소 포집기술에 대한 검토는 하고 있지만 실제로 시멘트 공정에 적용한 예는 아직 없다. 따라서 탄소흡수 흡착기술 개발에 대한 적극적인 연구 및 검토가 필요하다.

## 3. 탄소포집 격리용 시멘트기반 결합재 개발 및 원천기술 확보 연구

### 3.1 활성산업부산물을 활용한 탄소 흡수능 극대화

1) 탄소포집능력 활성화 가능 산업부산물 현황 분석

국내에서 활용 가능한 산업부산물의 종류 및 수급현황을 확인하고, 주로 사용되는 산업부산물의 현재 사용 및 처분 현황을 분석한다. 주로 활용되는 산업부산물로는 플라이애시, 고로슬래그, 실리카 퓸 등으로 주로 시멘트 재료로 대체 사용되고 있다. 석회석미분말 등은 시멘트 재료 중에서 시멘트 및 콘크리트 성질개량을 위한 혼화재로 사용되고 있다. <표 1>은 국내 활용 가능한 산업부산물의 종류 및 처분법을 정리해놓은 것이다.

〈표 1〉 국내 활용 가능한 산업부산물의 종류 및 처분법

| 종류 | 정의 | 처분법 |
|---|---|---|
| 고로슬래그 (Blast furnace slag) | 용광로에서 선철을 만들 때 생기는 슬래그이며, 철 이외의 불순물이 모인 것 | 시멘트 재료로 사용되거나 콘크리트의 경화 전후의 성질을 개량하기 위한 혼화재로 사용 |
| 플라이애시 (Coal fly ash) | 발전소에서 석탄이나 중유 등을 연소했을 때 생성되는 미세한 입자의 재 | 시멘트 재료로 사용되거나 매립하여 처분 |
| 리젝트애시 (Reject fly ash) | 플라이애시 중에서 국가표준 레벨 이하 수준의 재 | 연삭 및 정제 과정을 거친 후 시멘트 재료로 사용됨 |
| 실리카 퓸 (Silica-fume) | 실리콘메탈(철과 규소의 합금) 제조과정에서 생성되는 미세입자를 전기적 집진장치를 이용하여 모아둔 것 | 유리화(vitrified)하거나 매립 |
| 석회석미분말 (Lime stone powder) | 파쇄된 석회석 분말로 탄산칼슘이 주성분임 | 시멘트 및 콘크리트 성질 개량을 위한 혼화재 및 아스팔트 포장용 채움재로 사용 |
| 음이온성 점토 (Layered Double Hydroxide, LDH) | 자연계에 미량으로 존재하는 점토 광물의 일종으로 인공적인 합성이 가능 | 촉매, 흡착제, 탈수제, 이온교화제로 사용 |
| 지올라이트 (Zeolite) | 알칼리 및 알칼리토금속이 결합되어 있는 광물 | 흡착제 혹은 분자체로 사용 |
| 하수슬러지 소각재 (Sewage sludge ash) | 탈수된 하수슬러지 연소과정에서 생성되는 부산물 | 매립, 콘크리트 재료, 토양 개량제, 충전제로 사용 |
| 도시고형폐기물 소각재 (Municipal solid waste incinerators) | 생활폐기물을 연소시킬 때 생성되는 재로 바닥재와 비산재로 나뉨 | 매립하거나 건설재료에 혼합하여 사용 |

2) 탄소포집 활성화 기법 개발

탄소포집 활성화 기법 개발을 위해 크게 지지체 종류, 활성화제 종류, 산업부산물 개질화 방법 등 3가지 요소에 초점을 두고 평가한다. 다양한 산업부산물을 보조 지지체로써, 활성화제로 사용하여 이산화탄소 흡수제를 제조하고 이산화탄소 흡수반응 특성을 분석한다. 또한 산업부산물을 물리 화학적 개질화 방법에 따른 이산화탄소 흡수반응 특성을 비교 분석하여 최적의 탄소포집 활성화 기법을 확립한다. 또한 pH, Ca 함량, 유기물 및 양이온, 비표면적, 중금속 등 탄산염화작용에 영향을 미치는 요인을 파악한다.

3) 탄소포집 column test

다양한 지지체 종류, 활성화제 종류, 물리 화학적 개질화 방법에 따라 제조한 이산화탄소 흡수제의 이산화탄소 흡수반응 특성을 확인하기 위해 column test를 진행한다. Column test를 통해 나온 이산화탄소 흡수반응 특성을 확인하고 최적의 지지체, 활성성분을 선정하고 이산화탄소 흡착능 개량을 위한 개질법을 선정한다. 또한 온도 및 유입 이산화탄소

농도 등의 다양한 환경조건에 따른 흡수제의 이산화탄소 흡수반응 특성을 분석하여 최적의 흡수조건을 확인한다.

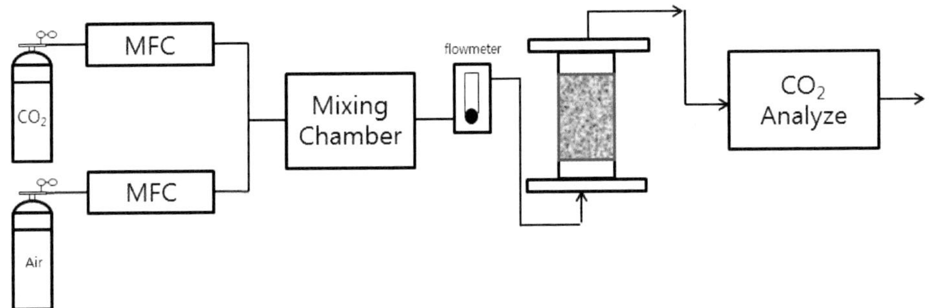


〈그림 1〉 탄소포집 column test 모식도

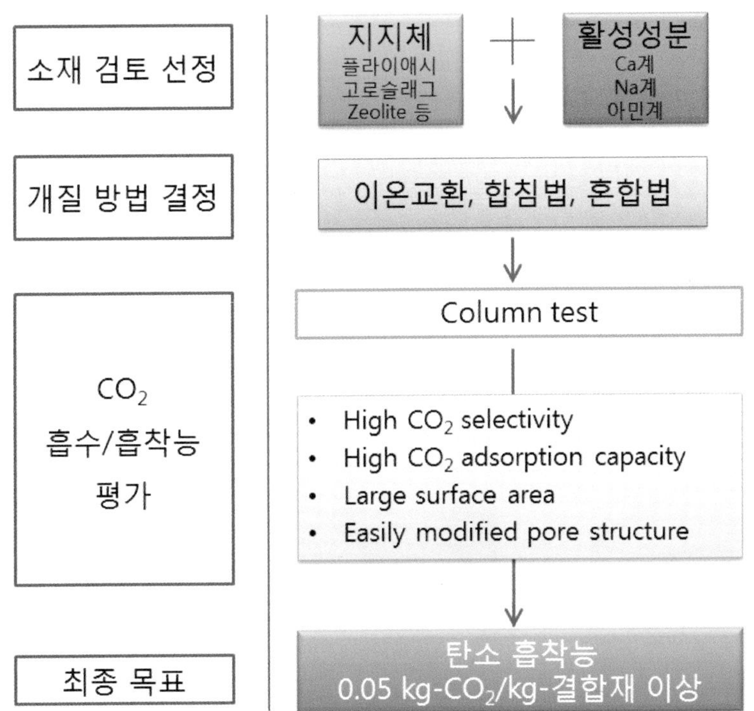


〈그림 2〉 활성산업부산물을 활용한 탄소흡수용 도로재료의 개발 및 평가 개요

## 3.2 능동형 탄소흡수형 산업부산물을 활용한 시멘트콘크리트 도로포장재료의 개발

### 1) 활성산업부산물을 적용한 흡수제 및 모르타르 물리 화학적 분석

제조한 흡수제로 제작한 모르타르의 물리 화학적 특성을 확인하고자, 주사전자현미경(FE-SEM) 및 EDX을 이용하여 산업부산물 및 흡수제 표면의 미세구조를 분석한다. <그림 3>은 플라이애시, 고로슬래그, 석회석미분말의 표면을 SEM으로 분석한 결과이다. 또한 제조한 흡수제를 적용하여 제작한 모르타르의 국내 적용기준의 만족 여부를 확인한다.

〈그림 3〉 플라이애시, 고로슬래그, 석회석미분말의 표면 SEM 사진

### 2) 활성산업부산물을 적용한 모르타르의 휨 강도 및 압축 강도 실험

KS L 5105 규정에 의거하여 활성산업부산물을 사용한 모르타르의 휨 강도(플로우) 및 압축 강도를 확인한다. 산업부산물 종류 및 시멘트와의 비율에 따라 다양하게 제조한 모르타르의 휨 강도 및 압축 강도 결과를 비교하여 물질별, 비율별 최적 혼합조건을 확인한다.

플로우 체험기
플로우 테이블 25회 낙하
모르타르의 밑지름 측정


〈그림 4〉 모르타르의 휨 강도(플로우) 실험과정

| 2층 / 32회 다짐 | 공시체 제작 | 압축강도 측정 |
|---|---|---|

〈그림 5〉 모르타르의 압축 강도 실험과정

### 3.3 활성산업부산물을 활용한 탄소흡수용 도로재료의 현장 적용성 평가

활성산업부산물을 활용한 콘크리트의 초기 및 최종 경화속도를 분석하고 압축강도, 탄성계수 및 인장강도 발현 등을 분석하여 활성산업부산물을 활용한 도로재료의 현장 적용성을 평가한다. 휨 강도 및 압축 강도 실험과정은 모르타르 실험과정과 동일하다. 활성산업부산물을 이용하여 제작한 콘크리트의 특성을 확인하여 콘크리트 설계기준 강도와 비교하여 현장에서 사용할 수 있는 용도를 확인한다.

## 4. 결론

기존의 시멘트 콘크리트 포장의 산업부산물 활용기술은 이미 상용 가능한 수준으로 분석되나, 산업부산물의 활용을 통한 간접적이고 수동적인 탄소저감기술 한계가 있다. 이에 탄소를 흡착 포집하여 적극적이고 능동적인 친환경도로 포장기술 개발이 필요하나 아직 미약한 상황이다.

따라서 본 연구에서는 활성산업부산물을 이용하여 수동적 탄소배출 저감과 능동적 탄소저감이 동시에 가능한 도로재료를 개발하고자 한다. 이러한 연구를 수행하기 위해서는 재료개발 분야, 재료의 물리 화학적 특성검증 분야, 정밀계측 및 스마트 센싱 분야, 구조해석 분야 등의 학제적 집단연구가 요구되며, 연구센터에서 각기 다른 전문 분야를 갖는 우수 연구인력들이 공동으로 연구를 진행하는 것이 필수적이다.

연구의 특성상 원천기술의 확보가 무엇보다 중요하며, 단기간의 실험중심 연구만으로는 현장적용이 어렵다. 실험을 통한 검증, 실제 문제에 대한 적용성 검토가 모두 이루어져야 할 것이다.

# 참고문헌

한국과학기술기획평가원(2010), 온실가스 대응 및 저탄소 녹색성장을 위한 중점 녹색기술로서의 이산화탄소 포집저장(CCS) 기술 현황과 정책동향, 동향브리프 2010-1호, 한국과학기술기획평가원

이종구(2010), 사회적 요구에 부응하는 신재료－지오폴리머－, 건축시공 제10권 제5호 통권 43호, 한국건축시공학회

# 바이오 폴리머 콘크리트 도로포장 재료

**박희문**
한국건설기술연구원 연구위원

본 연구에서는 최근 유가상승과 탄소배출량 감소 노력에 따라 아스팔트 및 콘크리트 등 기존 도로포장 재료를 대체할 수 있는 천연 바이오 재료를 이용한 도로포장용 저탄소 바이오 폴리머 콘크리트를 개발하고자 한다.
기존 도로재료를 바이오 폴리머 콘크리트로 대체함으로 아스팔트 생산 및 시공 시 발생하는 $CO_2$를 효과적으로 절감할 수 있어 본 재료를 50% 사용 시 1km 도로건설 시 약 $23tCO_2/km$ 탄소저감 효과를 기대한다.

## 1. 서론

도로포장에서 주로 사용되는 아스팔트 재료는 석유에서 추출되는 것으로 향후 석유의 고갈화가 진행됨에 따라 이에 대한 대비가 필요한 시점이며, 아스팔트 포장 생산 및 시공 시 발생하는 온실가스 및 유해가스 배출량을 감소시키는 노력이 필요하다. 2009년 우리나라의 시멘트 생산량은 5,000만 톤이었으며, 시멘트 생산과정에서만 4,400만 톤의 $CO_2$가 발생된 것으로 파악되고 시멘트 운반에서 콘크리트 타설까지의 발생량을 추가할 경우 6,000만 톤의 $CO_2$가 배출된 것으로 추정된다. 따라서 현재와 같은 방법으로 시멘트를 계속 사용한다면 콘크리트에서 발생되는 $CO_2$는 시멘트 생산량에 비례하여 지속적으로 증가하게 될 것이다.

최근 유가상승 현상과 탄소배출량 감소노력에 따라 아스팔트 및 콘크리트 등 기존 도로포장 재료를 대체할 수 있는 신개념·저탄소 도로포장 재료의 개발이 필요하다. 본 연구에서는 기존 도로포장 재료의 문제를 개선하기 위하여 천연 바이오 재료를 이용한 도로포장용 저탄소 바이오 폴리머 콘크리트를 개발하고자 한다.

기존도로에서 사용되어온 아스팔트 및 콘크리트 재료를 바이오 폴리머 재료로 대체함으로 아스팔트 생산 및 시공 시 발생하는 $CO_2$를 효과적으로 절감할 수 있다. 바이오 폴리머 재료는 상온에서 생산 및 시공되므로 본 재료를 50% 사용 시 1km 도로건설 시 $23tCO_2/km$ 탄소저감이 가능하다. 본 연구개발 성과물은 시작품 개발, 제품 개발에 속하며 또한 본 재료의 현장 실용화를 위한 시공기술 개발을 포함하고 있다.

〈그림 1〉 바이오 폴리머 콘크리트

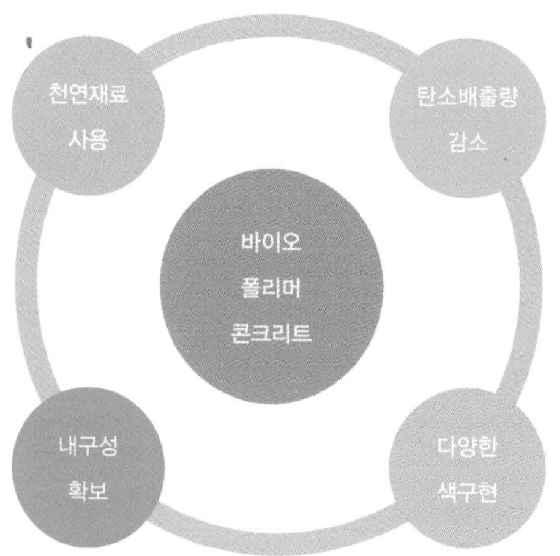


〈그림 2〉 바이오 폴리머 콘크리트의 주요특징

## 2. 기술 현황

국내 바이오 및 화학공학 분야에서는 다양한 천연재료를 이용한 기초소재를 활발하게 개발하여 다양한 산업 분야에 적용하고 있다. 특히 천연재료의 공정을 통하여 얻어지는 바이오 디젤은 향후 석유고갈에 따른 차세대 연료공급원으로 부각되고 있다. 그러나 국내 건설 분야에서는 바이오 재료에 대한 연구 및 적용이 매우 미비한 실정이다. 이에 바이오 및 화학공학 원천기술을 건설 분야에서 적용하여 실용화함으로써 시장을 선점하는 계기를 마련하고 시장을 확대할 수 있을 것으로 판단된다.

미국은 재생 가능한 유기물을 이용한 바이오 에너지 산업을 현재 국가 차원에서 육성 중에 있으며, 특히 옥수수에서 추출한 바이오 에탄올 생산량은 2008년 기준 7.2백만 갤런으로 매년 급격히 증가하는 추세이다(Metwally and Williams, 2010). 바이오 디젤과 에탄올 생산의 가장 큰 장점은 본 재료를 차량의 연료로 사용 시에 탄화수소, 일산화탄소, 황산가스 등의 배출가스를 감소시켜 탄소배출량을 저감시킬 수 있다. 향후 차량의 연료로서의 바이오 디젤의 사용과 같이 도로포장 재료 분야에서도 저탄소 친환경 재료의 사용이 점차 증대할 것으로 전망한다.

프랑스의 COLAS사는 재생 가능한 식물을 이용하여 친환경 도로포장 재료를 개발하였으며, 본 재료를 사용할 경우, 시공온도를 최대 40도까지 낮추어 시공 시 발생하는 탄소배출량 감소효과를 높이고 또한 재료의 투명성 및 색상변화를 통하여 운전자의 시인성을 확보하여 도로주행 안정성을 높였다(Colas, 2008). 미국의 아이오와 주립대학교 연구팀은 3가지 종류의 바이오매스(Oakwood, Switchgrass, Cornstover)를 사용하여 도로포장 바이오 폴리머를 개발하여 시험 중에 있다(Metwally and Williams, 2010). 네덜란드 Latexfalt사는 콩기름에서 추출된 바이오 재료를 사용하여 도로포장용 개질 바이오 첨가제 'MAGIC Y'를 개발하여 현장에 적용 중에 있다(Lommerts 외, 2010). 본 재료는 기존 유화아스팔트와 혼합하여 재료의 저장안정성 및 현장 작업성을 급격히 향상시켰다. 미국 일리노이 주립대학에서는 돼지배설물을 열화학적 공정 처리한 동물성 바이오 바인더를 일반아스팔트와 혼합하여 개질 바이오 바인더(bio-modified binder, BMB)를 개발하였다(Fini 외 2011). 본 재료의 주요특징은 특히 아스팔트의 저온물성을 향상시키는 효과가 있으며, 아스팔트 포장에 적용 시에 혼합 및 다짐온도를 감소시켜 중온아스팔트 효과를 볼 수 있다.

도로포장용 바이오 폴리머 바인더를 개발하기 위해서는 바이오 재료를 이용하여 바이오 폴리올을 생산할 수 있어야 한다. 바이오 폴리올은 식물성 오일을 주원료로 하여 생산되는데, 식물성 오일들은 글리세롤에 다양한 종류의 지방산이 결합된 구조로 되어 있으며, 대표적인 식물성 원료는 대두, 야자열매, 피마자열매, 해바라기씨 등이 있다. 국외의 경우, 이미 풍부한 식물자원을 바탕으로 다양한 바이오 폴리올이 양산되고 있으며, 미국은 대두유(Soybean Oil), 말레이시아는 야자유(Palm Oil), 아이슬란드는 어류(Fish Oil), 독일은 피마자유(Castor Oil)를 기반으로 하는 다양한 바이오 폴리올이 개발되고 시판되고 있다(Satheesh 외 2007, Pechar 외 2006, Satheesh 외 2007). 국내외 바이오 폴리올의 생산기술 동향은 다음과 같다.

〈표 1〉 바이오 폴리올 생산기술 개발 동향(민경선 외, 2011)

| 구분 | 개발단계 | 개발내용 | 개발주체 |
|---|---|---|---|
| 국외 | 실증화 | Castor oil을 이용한 폴리올 | BASF |
| | | Soybean oil을 이용한 폴리올 | DOW, Cargill |
| | | Palm oil을 이용한 폴리올 | Maskimi |
| | 기술검토 | 목질계 바이오매스를 이용한 폴리올 | Bayer |
| 국내 | 상업화 | Castor oil을 이용한 폴리올 | KPX 케미칼 |
| | Pilot | 액화 목재를 이용한 폴리우레탄 발포체 제조 | 한국임업연구원 |
| | 기술검토 | 미세조류 oil을 이용한 폴리올 | 한국해양연구원 |

유채, 대두, 야자수 등의 식물에 풍부한 트리아실글리세롤(일명 바이오 오일)은 환경위기 및 고유가시대에 화석연료의 사용을 어느 정도 대체할 수 있는 확실한 수단임에는 틀림이 없어 보인다. 아직까지 충분한 가격 경쟁력을 갖추지 못하여 정부의 정책적 지원을 받는 상황이기는 하지만, 우리나라를 비롯한 세계 각국에서 바이오 오일로부터 생산한 바이오 디젤이 경유와 혼합되어 상용화가 이루어지고 있다. 하지만 식물 유래의 바이오 오일은 분명한 한계를 지니는 것으로 보인다. 대두유의 사용은 곡물가격의 급등을 초래하여, 식량문제와 연계된 바이오 연료의 실효성 자체에 대한 강한 반감을 야기하고 있다. 때문에 비식용 식물성 오일에 관심이 집중되고 있지만, 이 또한 광활한 경작면적이 필요하고, 재배에 오랜 시간이 소요되며, 기후 계절 등 다양한 환경요인들에 의해 제약을 받는 식물성 오일의 궁극적인 한계를 벗어나기는 만만치 않아 보인다.

이러한 식물성 오일의 한계를 극복하기 위한 전 세계적인 연구개발의 주류는 광합성 미세조류의 배양을 통한 바이오 오일 생산기술이라 할 수 있다. 무한한 태양에너지와 이산화탄소를 이용하는 광합성 미세조류는 식물에 비해 우수한 오일 생산성을 보이고, 환경 요인에 의한 영향을 덜 받기 때문에 매우 유망한 바이오 오일 생산방법이라 할 수 있다. 하지만 광합성 미세조류 오일의 경제성을 확보하기 위해서는 해결되어야 할 과제가 많은데, 이를 위해서는 오랜 시일이 소요된다.

또 하나 우리에게 친숙한 바이오 오일 공급원으로 유지성 미생물이 있다. 효모, 곰팡이, 최근에는 종속영양 미세조류 등 다양한 미생물들이 고농도의 오일을 생산할 수 있는 것으로 알려져 있다. 소규모의 미생물 배양기를 이용해서도 오일의 생산이 가능하기 때문에, 가장 안정적으로 대량의 바이오 오일을 생산할 수 있어 국토면적이 협소한 우리나라에 특히 유리한 공정이라 할 수 있을 것 같다. 물론 미생물 오일 또한 분명한 한계를 지니고 있다. 태양에너지를 이용하는 식물이나 광합성 미세조류와 달리 유지성 미생물은 오일 생산을 위해 유기성 영양원을 필요로 하는데, 잉여나 폐기성의 유기물을 활용하는 공정의 개발이 필수적이라 할 수 있다. 하지만 바이오 오일 자원의 원활한 확보 차원에서 광합성 오일과 함께 미생물 오일이 한 축을 담당할 것으로 기대된다.

원유와 마찬가지로 바이오 오일은 연료, 화학, 식의약 기능성 원료로 다양하게 활용될 수 있다. 바이오 오일의 지방산 성분인 폴리올은 폴리우레탄 소재의 원료로서 다양한 폼 제품으로 산업적 응용이 가능하다(Zia 외 2007, Madbouly외 2009). 또한 트리아실글리세리드의 골격을 이루는 글리세롤은 미생물 대사과정을 통하여 에탄올, 프로판디올, 프로피온산, 부탄디올 등 다양한 화학원료로 전환되어 섬유, 비닐, 플라스틱, 고무 등으로 응용될 수 있다. 지구 환경을 고려하는 친환경적인 인류의 자발적 의지로서뿐만 아니라 고유가에 따른 부득이한 상황으로 인해 전 세계 산업기반이 석유 화학에서 바이오 오일 화학으로 변천되는 것은 분명한 사실인 것 같다. 바이오 재료별 장단점은 대표적으로 <표 2>와 같다.

## 3. 도로포장용 바이오 폴리머 콘크리트 개발 연구

### 3.1 도로포장용 바이오 폴리머 바인더

바이오 폴리머 바인더는 석유계와 유사하게 레진이 사용되나 주성분에 바이오 재료가 함유되어 있다. 바이오 폴리머 바인더는 주제 및 경화제의 종류 및 특성, 주제 내의 바이오 재료 함량, 바인더의 화학적 구성 등에 따라 물리적 특성이 결정된다.

〈표 2〉 바이오 재료별 장단점 조사

| 바이오 에너지원 | 장점 | 단점 |
|---|---|---|
| 목질계 | 재생가능<br>막대한 자원량<br>저장성, 대체성<br>산림 부산물의 활용 | 원료형태별 가공기술 개발요구<br>원료의 산재로 수집, 관리 문제<br>계절적 변동에 따른 공급문제 |
| Soybean | 바이오 에너지로 전환용이 | 곡물가 상승으로 경제성 저하<br>대규모 경작지 요구로 미국 외에는 생산성이 낮아 수급 어려움 |
| Rapeseed | 단위면적당 생산성 탁월<br>국가보조금 합법적 제공이 가능해 농민들 부가수익 위해 경작지 늘림 | 일 년에 한 번 재배하는 작물로 수급 어려움<br>보조금 삭감 시 경작지 급감 우려 |
| Palm Oil | 현존 최고 경제성을 가진 바이오 디젤 연료<br>생산연령 10년 이상 | 식용유 소비 늘면서 가격 상승 부담 |
| Corn | 전 세계에 널리 분포된 경작지를 이용해 대량 생산 용이 | 곡물가 상승으로 경제성 떨어짐 |
| Jatropha | 비식용으로 가격 안정<br>생산연령 30년 이상<br>재배 용이하며 유전자 변형 가능해 경작지 확장 가능 | 재배 농가 부족<br>바이오에너지 전환율 낮음 |

자료: 한국화학연구원 정보집, 2010

바이오 폴리머가 양생되면 콘크리트의 시멘트와 같이 골재 간의 바인더로서 역할을 하게 되며 바인더의 물성은 양생 전과 양생 후로 구분되어 실험을 통하여 결정된다. 양생 전 폴리머 바인더의 물성은 재료의 취급특성과 관련이 있으며 점도특성에 의하여 주로 결정된다. 작업시간(Working Time)은 혼합량, 재료의 온도, 대기온도에 좌우되며 재료량이 증가하거나 대기온도가 증가하면, 일반적으로 작업시간이 감소한다. 양생 후 바이오 폴리머 바인더의 물성은 압축강도, 인장강도, 휨강도, 부착강도, 탄성계수, 신율 등이 있다. 이러한 바인더의 물성들은 바이오 폴리머 콘크리트의 물성에 직접적으로 연관되며 도로포장의 공용성을 좌우하는 주요한 인자들이다.

폴리머 바인더 시험법은 양생 전과 양생 후로 구분되며 미국 ACI(American Concrete Institute)에서 규정한 석유계 폴리머 바인더 시험법 및 기준을 적용하면 된다. <표 3>은 바이오 폴리머 바인더의 물성을 결정하는 시험법을 요약한 것이다.

바이오 폴리머 바인더를 도로포장용으로 사용하기 위해서는 시공 시 충분한 작업시간을 확보할 수 있는 가사시간이 필요하다. 가사시간이 짧을 경우, 작업 중 바인더가 경화되어 시공품질 확보가 어려워지며, 가사시간이 길 경우에는 바인더의 물성저하가 우려된다. 따라서 다양한 대기온도, 습도조건, 노화에 따른 바이오 폴리머 바인더의 가사시간에 대한 시험을 통한 데이터 확보가 필요하다. 양생 후 바이오 폴리머 바인더의 물성은 기본적으로 ACI에서 제시하는 기준을 만족하여야 하며 또한 바인더의 환경조건에 따른 물성변화에 대한 시험을 수행하여 공용기간 중에 발생되는 다양한 변수에 대하여 고려할 수 있다.

〈표 3〉 바이오 폴리머 바인더 물성 시험방법(ACI, 1998)

| 바인더 물성 | 시험방법 |
|---|---|
| 점도 | ASTM D 2393 |
| 가사시간 | AASHTO T-237 |
| 접착강도 | ASTM C 882 |
| 열팽창계수 | ASTM D 696 |
| 인장강도 | ASTM D 638 |
| 신장률 | ASTM D 638 |
| 탄성계수 | ASTM D 638<br>ASTM D 695 |
| 양생 수축률 | |

본 연구에서는 바이오 폴리머 바인더 개발을 위하여 바이오 원재료를 화학공정을 통하여 특성을 향상시키고 바인더의 기본적 화학구성 및 물성을 평가할 것이다. 바이오 폴리머의 점도 및 노화특성을 다양한 시험법을 통하여 평가하며 바이오 재료의 함량변화에 따른 바인더의 특성을 분석할 것이다. 또한 온도와 습도를 변화시켜 바이오 폴리머 바인더의 화학적·물리적 특성을 규명할 것이다.

## 3.2 도로포장용 바이오 폴리머 콘크리트

바이오 폴리머 콘크리트는 바이오 폴리머 바인더, 골재, 파우더를 혼합하여 생산된다. 바이오 폴리머 콘크리트는 바인더와 골재를 미리 혼합하여 스크리드(Screed)를 이용하여 포설하는 Premix 방식과 바인더를 먼저 적용한 후에 바인더 표면에 골재를 살포하는 방식이 있다. 바이오 폴리머 콘크리트에 사용되는 골재로는 quartz, silica sand, basalt, aluminum oxide가 있다. 폴리머 콘크리트 표면에 사용되는 골재는 높은 미끄럼저항성과 강도가 요구된다(Hardness 7~9). 세립분 필러는 폴리머 콘크리트에서 양생 시 발생하는 수축현상을 감소시키는 역할을 한다.

바이오 폴리머 콘크리트의 Working life와 양생시간은 다른 온도조건에 적합하도록 조정해야 한다. 유기화합물인 폴리머 콘크리트의 열팽창계수는 무기화합물인 콘크리트와 철에 대비하여 높다. 바이오 폴리머 콘크리트는 온도변화에 따라 체적변화가 급격히 발생함으로 경계면에서 응력을 발생시킨다. 특히 저온조건에서는 경계부에서 debonding 발생하며 주요 메커니즘은 경계부에서 접착파괴, 폴리머 콘크리트에서의 전단파괴가 발생할 수 있다. 폴리머 콘크리트에 골재를 적용하면 폴리머 콘크리트의 열팽창계수를 감소시킨다. 그러나 과다한 골재사용은 폴리머 콘크리트의 불투수성과 연성을 감소시킬 수 있다.

바이오 폴리머 콘크리트는 ACI(American Concrete Institute)에 따르면 작업시간, 양생시간, 접착강도, 압축강도, 휨강도, 압축 탄성계수, Thermal Compatibility를 측정하기 위하여 시험을 수행하며 및 폴리머 바인더 종류별 물성기준을 제시하였다.

<표 4> 바이오 폴리머 콘크리트 물성 시험방법(ACI, 1998)

| 바인더 물성 | 시험방법 |
|---|---|
| Working life, gel time | AASHTO T 237 |
| 양생시간 | |
| 접착강도 | ASTM C 882 |
| 압축강도 | ASTM C 579 |
| 휨강도 | ASTM C 580 |
| 탄성계수, 압축 | ASTM C 579 |
| Thermal compatibility | ASTM C 884 |

본 연구에서는 바이오 폴리머 콘크리트의 최적배합비를 결정하기 위한 절차를 제시하고 탄성계수 및 강도 등 역학적 물성을 평가하고자 한다. 바이오 폴리머 콘크리트의 장기공용성을 평가하기 위하여 윤하중 시험을 수행할 예정이며 향후에 본 재료를 사용 시 필요한 구조적 설계절차를 제시하고자 한다. 바이오 폴리머 콘크리트의 생산 및 시공 품질관리를 확보하기 위하여 현장 시험시공을 수행할 예정이며 재료별, 공정별 품질관리 절차를 제시할 것이다.

## 4. 결론

친환경 바이오재료를 도로포장에 적용하는 기술을 본 연구를 통하여 개발함으로써 기존 도로공사에서 널리 사용해온 아스팔트 및 콘크리트 재료를 대체할 수 있는 계기가 될 것이다. 본 연구의 결과는 향후 친환경도로 재료 분야 기술을 선점할 수 있으며, 도로재료의 기술력 향상을 통한 도로포장의 공용성 증대를 기대하고 있다.

또한 도로재료 생산 및 도로시공 시 발생하는 온실가스 배출량을 감소시킴으로써 친환경도로 건설시장 확대가 가능하며, 향후 탄소배출권 거래에서 경제적으로 유리하다고 판단된다.

바이오 폴리머 재료의 가격이 기존 아스팔트 또는 콘크리트에 비교하면 고가인 것은 사실이다. 그러나 이제 도로건설에서 경제성만을 고려하는 시대에서 벗어나야 한다. 미래를 생각하며 재생 가능하고 친환경적인 재료를 도로에 적용할 수 있는 기회를 보다 많이 주어야 할 것이다.

# 참고문헌


Metwally, M. M. and Williams, R. C.(2010), "Development of Non-Petroleum Based Binders for Use in Flexible Pavements", Report of Iowa Highway Research Board, Publication No, IHRB Project TR-594

Colas, Inc. "Plant-Based Binder VEGECOL"(2008), Technical Notice

Lommerts, B. J., Sikkema, D., and Nederpel, C.(2010), "Are Bio-Emulsifiers within REACH?", www.latexfalt.com

Fini, E. H., et al.(2011), Partial Replacement of Asphalt Binder with Bio-binder: Characterization and Modification, International Journal of Pavement Engineering, DOI: 10.1080/10298436.2011.596937

American Concrete Institute(ACI)(1998), "Guide for Polymer Concrete Overlays", ACI Report 548.5R-94

Zia, K. M., H. N. Batti, and I. Ahmad Batti(2007), Methods for polyurethane and polyurethane composites, recycling and recovery: A review, Reactive and Functional Polymers, 67(8): pp. 675～692

Madbouly, S. A. and J. U. Otaigbe(2009), Recent advances in synthesis, characterization and rheological properties of polyurethane and POSS/polyurethane nanocomposites dispersions and and film, Progress in polymer Science, 34(12): pp. 1283～1332

Satheesh Kumar, M, N., K. S. Manjula, and Siddaramaiah(2007), Castor oil-based polyurethane–polyester nonwoven fabric composite: Mechanical properties, chemical resistance, and water sorption behavior at different temperatures, Journal of Applied Polymer Science, 105(6): pp. 3153～3161

Pechar, T. W., et al.(2006), Characterization and comparison of polyurethane network prepared using soybean-based polyols with varying hydroxyl content and their blends with petroleum-based polyols, Journal of Applied Polymer Science, 101(3): pp. 1432～1443

민경선 · 엄영순(2011), 식물소재 유래 바이오 폴리우레탄 생산, BT NEWS, Vol.18 No.2, 한국생물공학회, pp.21～25

한국화학연구원 정보집(11)(2010), BIOPLASTICS pp. 51～58

최인규, 바이오에너지 이용현황 및 전망 "기후변화협약 협상동향 및 산림부문 대응방향" 학술심포지엄

# 순환골재를 활용한 도로포장 기층재료 및 시공

**홍석우**
동의대학교 교수

본 연구는 입상재료의 탄성계수를 중심으로 한 역학적 특성을 중심으로 기능성을 평가하여, 입상재료의 다양한 활용방안과 순환골재의 도로포장 기층재료로서의 적용성을 판단하는 것이다. 이를 위하여 반복재하식 삼축압축시험에 의한 탄성계수를 평가하였다. 입상재료는 국내에서 가장 많이 사용되는 입상보조기층, 입상입도조정기층 그리고 순환골재 혼합물에 대한 시험을 수행하였다.

## 1. 서론

세계적으로 $CO_2$ 배출 등으로 인한 지구 온난화 현상 등이 발생함으로써 환경에 대한 관심이 급증하고 있고, 지속가능한 개발의 측면에서 저탄소 녹색성장의 패러다임이 전반적인 공감대로 자리 잡아가고 있다. 입상의 재료의 기본적인 수급원인 골재를 천연골재 채취로 획득하는 것은 이미 불가능한 현실에 직면하고 있고, 석산개발을 통한 쇄석골재의 수급 또한 자연훼손 및 환경파괴에 대한 우려에 직면하고 있다. 따라서 건설폐기물 중 대부분을 차지하는 폐콘크리트 및 폐아스콘을 골재원으로 사용하는 순환골재 사용의 필요성이 매우 증가하고 있는 실정이다.

역학적-경험적 방법을 기반으로 하는 한국형포장설계법에서 기본적인 입력물성치는 탄성계수를 중심으로 한 변형특성이 적용되고 있다. 따라서 새로운 포장재료의 개발과 적용을 위해서는 반복하중 조건에서의 탄성계수 평가와 관련된 역학적 특성치를 평가하는 것이 필수적이다.

입상재료의 다양한 장점에도 불구하고, 현재까지 국내에서는 입상재료를 입상보조기층 또는 동상방지층 및 차단층에 국한하여 적용하고 있었으나 본 연구를 통하여 다양한 활용방안을 제시하였다. 본 연구에서는 기존에 널리 사용되어오고 있는 입상보조기층 재료의 역학적 특성평가와 함께, 입도조정 기층재료 및 순환골재 혼합물의 역학적 거동과 관련된 반복하중 조건에서의 변형특성을 시험적으로 평가하였다. 시험의 절차는 각 입상재료층이 실제 공용상태에서 경험하는 응력범위를 고려하여 결정하였고 각 재료의 비교를 통해 적용성을 판단하였다.

## 2. 입상재료의 변형특성 및 포장설계 입력물성치

입상재료의 탄성계수는 매우 다양한 요소에 영향을 받는다. 대표적인 영향요소로는 간극비, 건조단위중량, 함수비, 과압밀비 등과 같은 재료적인 요인과 변형률 크기, 구속응력, 하중주파수, 하중반복횟수, 응력경로 등과 같이 시료가 경험하는 시험조건으로 나누어진다(Rhee, 1991). 시험을 통하여 탄성계수를 평가하는 경우에는 간극비, 건조단위중량, 함수비 등을 현장조건과 동일하게 또는 유사하게 제작된 시편을 사용하게 되므로 변형특성에 대한 재료적 요인은 시편 성형과정에서 반영된다.

구속응력의 영향뿐 아니라 전체 변형률 영역에서의 입상재료에 대한 구성모델이 식(1)과 같이 제안된 바 있다(권기철, 2004). 이러한 구성모델은 서로 다른 변형률 범위에서 시험이 수행되는 다양한 시험기법(공진주시험, 반복재하식 MR 시험, FWD, SASW, 평판재하시험 등)의 통합적인 평가에 활용성이 큰 장점이 있다.

$$E = (k_1 + k_2(P)) \cdot f(\epsilon) \qquad (1)$$

여기서 E=탄성계수

P=구속응력

k1, k2=모델계수

f(ε)=변형률 크기 영향의 함수

반복재하-정적삼축압축시험을 이용한 대체 MR 시험법에 관하여는 Kalcheff와 Hicks(1973), Sweere와 Galjaard(1988), 권기철(1999), 우제윤 등(1993)의 연구가 있다. 이러한 연구는 회복탄성계수가 반복재하횟수의 영향을 거의 받지 않는다는 연구 결과에 근거하여 수회의 정적 반복재하 후에 결정되는 할성탄성계수로부터 회복탄성계수를 결정하는 방법이다. 이러한 연구 성과를 반영하여 한국형 포장설계법에서는 반복재하-정적삼축압축시험을 기본으로 하는 탄성계수평가 기법을 기본 시험법으로 적용하고 있다.

# 3. 시험장치 및 시험시료

## 3.1 시험시료

1) 입상보조기층

본 연구에서는 실제 고속도로 현장에서 사용 중인 7종의 보조기층 재료를 채취하여 시험에 적용하였다. 선정된 7종의 보조기층 시료는 통일분류법으로 GP 또는 GW, AASHTO 분류로 A-1-a, AASHTO T294-92I 분류로는 material type I에 해당하였고, CBR 값은 39에서 88의 범위로 나타났다.

2) 입도조정기층

국내에서는 현재 입도조정 기층을 사용하고 있지 않아서 실제현장에서 사용하고 있는 입도조정 기층시료를 채취할 수 없었다. 따라서 시방기준에 합당한 쇄석골재를 입도별로, 각 입도의 골재를 합성하여 입도조정 기층의 입도범위에 합당한 시료를 인위적으로 제조하였다.

3) 순환골재

순환골재는 폐아스콘골재와 폐콘크리트 골재를 일정 비율로 혼합하여 사용하였다. 일정한 비율로 혼합된 순환골재에 시멘트, 유화아스팔트, 아크릴 폴리머를 섞어 혼합물의 형태로 제조하였다.

순환골재를 이용한 포장체의 효율적인 활용을 위하여 기층용 재생아스팔트 혼합물, 표층용 재생아스팔트 혼합물, 입상보조기층용 순환골재 등이 다양하게 개발되고 있으나 아직까지도 대부분은 복토 및 성토용 등 단순 재활용에 머물고 있는 실정이다. 보다 다양한 활용을 위해서, 본 연구에서는 순환골재의 85% 이상을 차지하는 폐아스콘 골재와 폐콘크리트 골재를 입도조정한 후 약간의 첨가제를 추가하여 배수성이 있는 기능성 포장층 재료의 개발 가능성을 검토하고자 하였다.

폐아스콘 골재와 폐콘크리트 골재는 재료분리를 막기 위하여 30~25mm, 25~13mm, 13~8mm, 8mm 이하로 분류하여 보관하고 있으며, 본 연구에서도 분류 보관된 골재를 일정한 혼합비율로 조제하였다.

〈표 1〉 각각 순환골재별 배합비율

| 구분 | 구성 무게비(%) | | | |
|---|---|---|---|---|
| | 30~25mm | 25~13mm | 13~8mm | 8mm |
| 폐아스콘 골재 | 10.4 | 37.5 | 18.8 | 33.3 |
| 폐콘크리트 골재 | 18.8 | 68.8 | 6.3 | 6.3 |

〈표 2〉 순환골재를 이용한 혼합물 구성비

| 구분 | | 구성 무게비(%) | | | |
|---|---|---|---|---|---|
| | | RAM-1 | RAM-2 | RAM-3 | RAM-4 |
| 폐아스콘 골재 | | 48.0 | 38.0 | 28.0 | 18.0 |
| 폐콘크리트 골재 | | 48.0 | 58.0 | 68.0 | 78.0 |
| 시멘트 | | 4.0 | | | |
| 첨가제 | 아크릴폴리머 | 5.0 | | | |
| | 유화아스팔트 | 1.5 | | | |

상온에서 고체 또는 반고체 상태인 직류 아스팔트를 가열하지 않고 상온에서 사용할 수 있도록 아스팔트를 미립으로 만들어 물속에 분산시키는 유화아스팔트를 이용하여 고유의 기능을 최대한 활용하였다. 음이온계 유화아스팔트는 도데실벤젠설폰산염을 아스팔트와 혼합하여 제조할 수 있으며, 골재와의 부착성을 용이하게 하고, 시멘트와 물과의 중합반응에서 안정성을 높여준다.

아크릴폴리머는 경질 단분자 원료인 MMA(methyl methacrylate), 연질 단분자 원료인 BAM(buthyl acryl monomer), 물, 알킬폰산염이 혼합되어 제조되며, 촉매로 분말형태의 과황산암모늄 및 중아황산소다가 포함된다. 아크릴폴리머는 시멘트와 폐골재 사이에서 경화되면서 강도를 증진시키고 혼합물의 혼합성을 증진하는 역할을 한다.

## 3.2 시험장치 및 시험절차

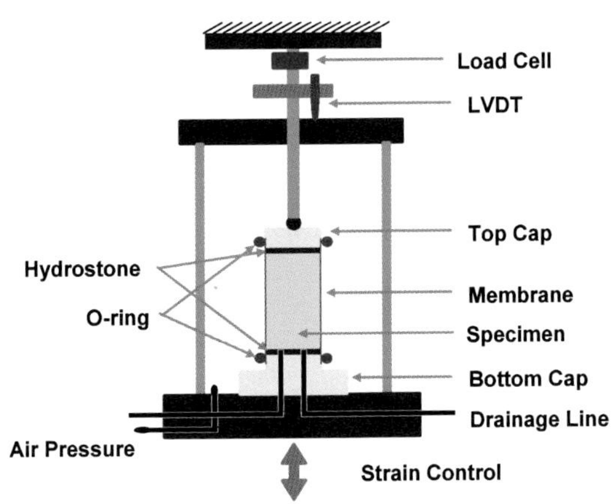


〈그림 1〉 삼축압축시험장치의 개요도

본 연구에서는 동일한 삼축압축시험장치를 사용하여, 각각의 시편에 대하여 서로 다른 시험방법을 적용하여 반복하중에 따른 변형특성을 평가하였다. 시험에 사용한 삼축압축 시험장치는 변형률 조절(strain control) 방식이고, 하중계(load cell, 용량 20kN)와 변형측정을 위한 LVDT(용량 20mm)는 삼축셀 외부에 장착한 외부측정 시스템을 적용하였다(그림 1). 구속응력은 공기압을 사용하였으며 압력계(용량 10kg/cm$^2$)와 레귤레이터(regulator)를 사용하여 일정한 구속응력을 제어하였다. 자료 획득은 정적 데이터로거를 사용하였다.

시편이 준비되면 시험장치에 시편을 설치하고, 하부판(base plate)에 설치된 배수구멍(drainage hole)이 열림 상태가 되도록 하였다. 본 연구에서는 외부변형측정장치를 사용하고 있고 변형특성 평가범위가 중간변형률 이하이므로 시편과 단부캡 사이의 오차(단부오차)를 효과적으로 제거해야 한다. 이러한 단부제거 효과목적으로 성형된 시편의 양단부를 석고로 처리하여 시험장치에 거치하는 방법을 적용하였다(김동수 등, 1996). 석고 양생을 위한 2시간 이상의 대기시간을 둔 후, 구속응력을 재하한 상태에서 1시간 이상 여유를 두어 균일한 구속응력이 재하되도록 하였다.

초기 구속응력의 크기는 104kPa을 적용하였으며, 초기 구속응력조건에서 육안으로 시편이 구속응력이 재하되었는지 멤브레인의 상태를 육안으로 관찰하고 안정응력을 재하하였다. 안정응력은 13.8kPa을 적용하였다.

## 4. 다양한 입상재료의 역학적 특성평가

본 연구에서는 다짐시험에서 결정된 최대건조단위중량의 95% 수준의 다짐밀도와 최적함수비 조건에서 성형된 시편에 대하여 동일한 하중조합을 적용하여 시험을 수행하여 시료의 종류에 따른 영향 이외의 모든 조건을 동일하게 하였다.

### 4.1 입상보조기층의 역학적 특성평가

국내에서 사용하는 대부분의 입상보조기층재료는 자갈 또는 쇄석에 모래 또는 스크리닝스를 혼합하여 만들어진다. 통일분류법으로는 GP 또는 GW, AASHTO 분류로는 A-1-a에 해당한다. 비소성의 세립분을 함유하고 있어서 물의 영향을 거의 받지 않는 비소성(NP) 재료이며 #200체 통과량은 거의 대부분 5% 미만이다(한국도로공사, 1997; 건설교통부, 2002). 본 연구에서 적용한 입상보조기층재료 또한 국내의 일반적인 특성에 부합되는 재료다.

<그림 2>는 입상보조기층재료의 반복재하 삼축압축시험에서 결정된 응력-변형률 관계의 일례를 나타낸 것이다. 구속응력이 증가하면서 탄성계수가 증가하고, 축차응력의 증가에 따라서 변형률 경화가 발생하고 있음을 확인할 수 있다.

<그림 3>은 입상보조기층재료의 체적응력에 따른 탄성계의 변화를 선형영역에서의 변화 일례를 나타낸 것이다. 그림에서 확인할 수 있듯이 입상보조기층재료의 탄성계수는 구속응력(체적응력)의 영향을 대단히 크게 받음을 알 수 있다.

<그림 4>는 입상보조기층시험 수행된 입상보조기층재료의 체적응력에 따른 탄성계수 변화를 나타낸 것이다. 한국형포장설계법 연구에서, 국내 입상보조기층재료의 탄성계수는 개략적으로 50~400MPa 범위에 존재하는 것으로 보고되고 있으며, 본 연구에서 적용한 입상보조기층재료의 탄성계수 또한 이러함 범위에서 결정되었다.

<그림 4>로부터 입상보조기층재료의 경우 식(1)과 같은 선형함수의 구성모델의 적용성이 매우 우수함을 알 수 있으며, 선형함수의 구성모델을 적용하여 결정된 모델계수는 <표 3>에 정리하였다.

<그림 4>에 나타낸 바와 같이 동일한 입상보조기층재료에 있어서도 입상보조기층이 경험하는 공용하중 범위에서 100MPa 이상 탄성계수가 변화한다. 따라서 하나의 탄성계수

값을 사용하여 포장 구조해석을 수행하는 경우에는 입상보조기층재료가 경험하는 대표적인 응력조건을 결정하는 것이 매우 중요함을 확인할 수 있다.

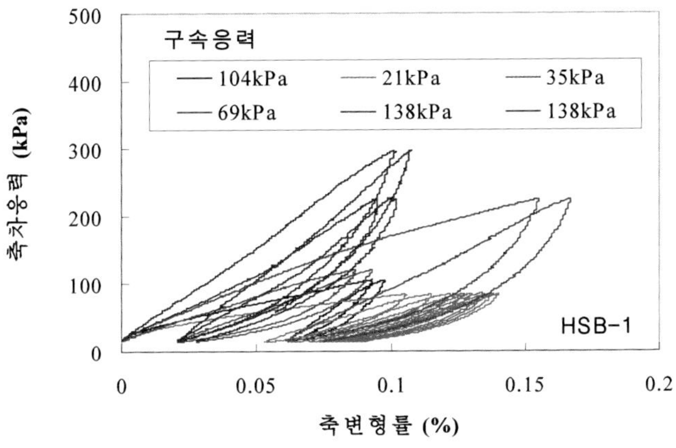


〈그림 2〉 입상보조기층재료의 응력-변형률 관계

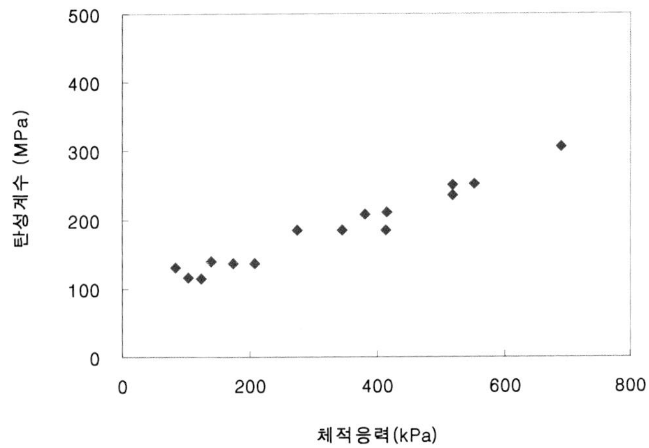


〈그림 3〉 입상보조기층재료의 체적응력에 따른 탄성계수 변화 일례(HSB-1, 선형영역)

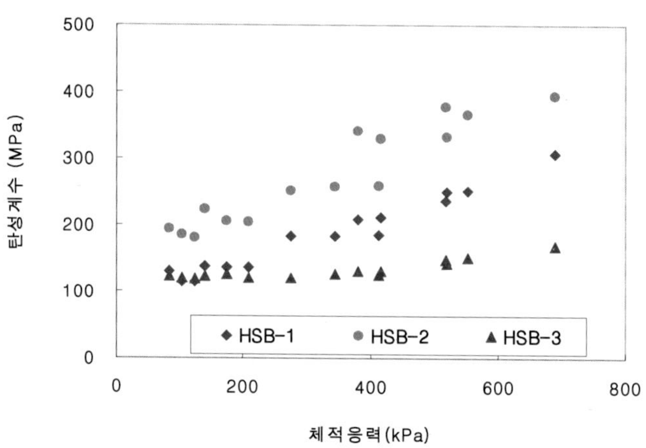


〈그림 4〉 입상보조기층재료의 체적응력에 따른 탄성계수 변화

〈표 3〉 입상보조기층재료의 탄성계수 구성모델의 모델계수

| 구분 | 모델계수 k1 | 모델계수 k2 | 결정계수(r2) |
|---|---|---|---|
| HSB-1 | 87.04 | 0.30 | 0.96 |
| HSB-2 | 148.6 | 0.38 | 0.89 |
| HSB-3 | 109.8 | 0.07 | 0.78 |

## 4.2 입도조정기층의 역학적 특성평가

<그림 5>는 입도조정기층재료의 반복재하 삼축압축시험에서 결정된 구속응력 단계별 응력-변형률 곡선을 나타낸 것이다. 입도조정기층재료의 경우에는 축차응력이 증가하면서 탄성계수가 증가하는 응력경화(stress hardening)의 경향이 입상보조기층재료에 비하여 더욱 뚜렷하게 나타나고 있다. 그러나 전체적으로는, 입상 입도조정기층재료의 응력-변형률 곡선의 형태 및 체적응력에 따른 탄성계수 변화의 형태는 입상보조기층의 경우와 매우 유사하게 결정됨을 확인할 수 있다. 입상 입도조정기층의 탄성계수는 동일한 구속응력에서 축차응력이 증가하면서 증가하는 응력경화 현상을 보이고 있으며, 이러한 응력경화 현상은 축차응력의 영향보다는 체적응력의 영향이 탄성계수에 매우 크게 영향을 미치고 있음을 나타내는 것이다.

<그림 6>은 입도조정기층재료의 체적응력에 따른 탄성계수 변화 일례를 나타낸 것이다. 체적응력에 따른 탄성계수의 변화(그림 6)는 매우 좋은 선형의 상관성을 보이고 있음

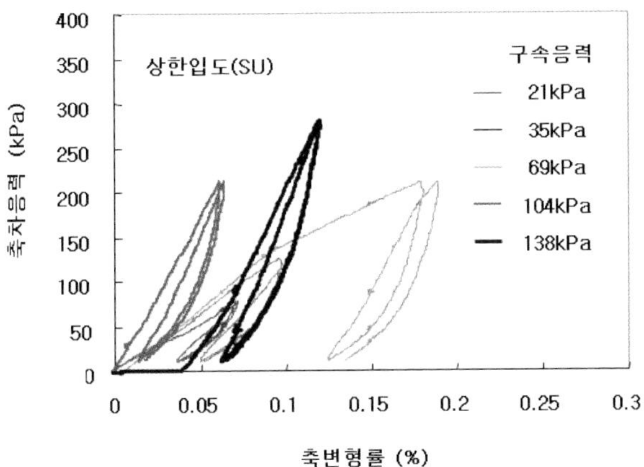


〈그림 5〉 입도조정기층재료의 응력-변형률 관계 일례

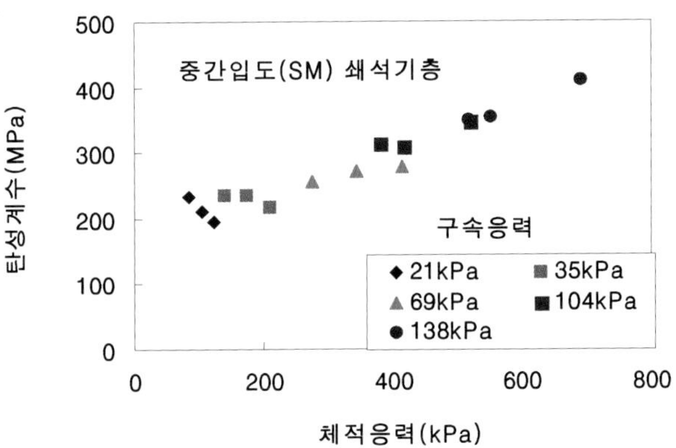


〈그림 6〉 입상 입도조정기층재료에 대한 시험결과

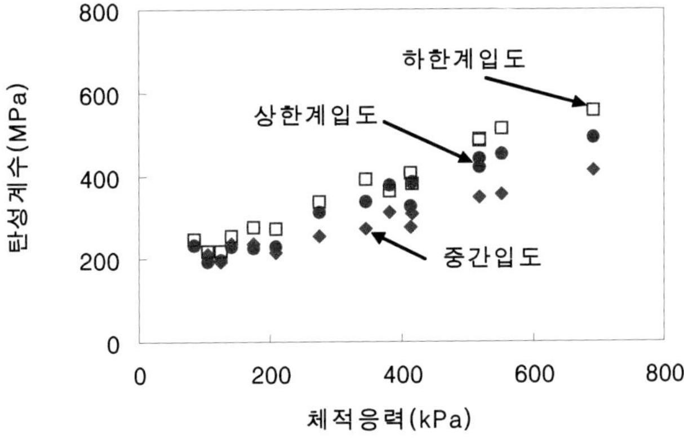


〈그림 7〉 입도분포에 따른 입도조정기층재료의 탄성계수 특성

을 알 수 있어, 입도조정기층의 탄성계수는 체적응력에 매우 큰 영향을 받고 있음을 확인할 수 있다.

입상 입도조정기층재료의 체적응력에 따른 탄성계수 변화의 형태는 입상보조기층의 경우와 매우 유사하게 결정됨을 확인할 수 있으며, 입도변화에 따른 탄성계수의 변화는 크지 않음을 알 수 있다.

〈표 4〉 입상 입도조정기층재료의 탄성계수 구성모델의 모델계수

| 구분 | 모델계수 k1 | 모델계수 k2 | 결정계수(r2) |
|---|---|---|---|
| SU | 151.8 | 0.521 | 0.95 |
| SM | 173.3 | 0.327 | 0.93 |
| SL | 168.2 | 0.583 | 0.97 |

한국형포장설계법(건설교통부, 2006; 국토해양부, 2008)에서는 입상보조기층재료의 탄성계수를 기초물성치로부터 결정하는 경험모형을 제시하고 있다. 경험모형에 필요한 기초물성치는 다짐시험에서 결정되는 최대건조단위중량, 입도분포 특성으로부터 결정되는 균등계수와 #4번체(4.75㎜) 통과율이 사용된다.

입상보조기층재료에 대해 개발된 경험모형을 적용하여 결정된 탄성계수와 시험으로부터 결정된 탄성계수를 비교하여 <그림 8>에 나타내었다. <그림 8>에서 확인할 수 있는 바와 같이 경험모형에서 결정된 탄성계수는 실제 탄성계수보다 매우 작게 추정하고 있고, 추정의 상관성이 매우 작음을 알 수 있다.

종합하면 한국형포장설계법에서 제안하고 있는 입상보조기층재료의 탄성계수결정에 대한 경험모형을 입도조정기층에 대하여 직접적으로 적용하기는 매우 곤란한 것으로 판단된다. 비록 입도조정기층재료가 입상보조기층재료와 기초 물성특성이 유사하지만 탄성계수는 더욱 크게 결정되는 특성에 기인한 것으로 판단된다. 제한된 자료이지만, 본 연구에서 시험된 결과에서는 입도조정기층의 탄성계수가 입상보조기층의 탄성계수에 대하여 변화의 폭이 매우 작게 나타나 보다 간단한 형태의 경험모형 개발도 가능할 것으로 판단된다.

순환골재 혼합물의 반복재하 삼축압축시험에서 결정된 응력-변형률 관계는 <그림 9>에 나타내었고, 이로부터 결정된 응력조건에 따른 탄성계수 변화일례를 <그림 10>에 나타내었다.

<그림 9>에서 보듯이 순환골재 혼합물의 경우에는 초기하중 재하단계에서의 소성변형이 거의 발생하지 않고 있는 특징이 있다. 반복재하단계에서의 누적변형은 일부 발생하고 있으나, 이것 또한 입상보조기층 및 입도조정기층재료의 경우보다 매우 작게 나타났다.

<그림 10>에 나타낸 체적응력에 따른 탄성계수의 관계는 일정한 상관성이 있는 것으로 나타났으며, 입상재료와 동일하게 체적응력 모델의 적용이 가능한 것으로 판단된다.

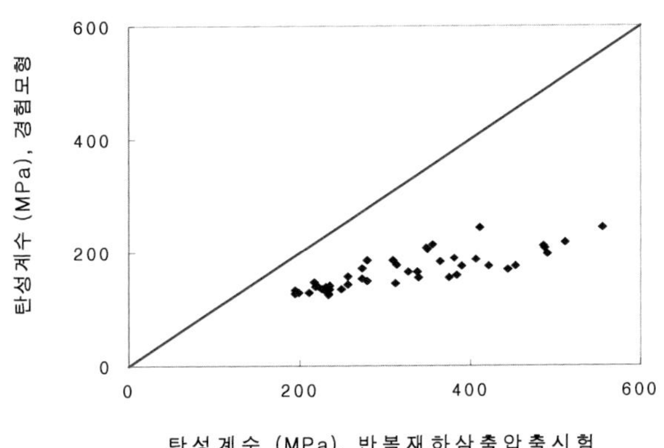


〈그림 8〉 입도조정기층재료에 대한 경험모형에서 추정된 탄성계수와 측정된 탄성계수의 비교

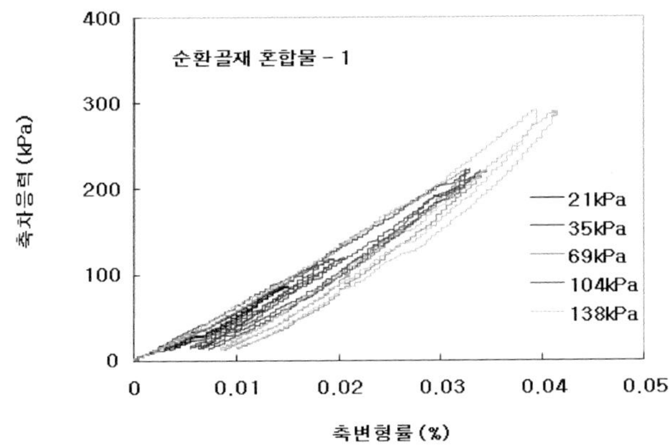


〈그림 9〉 순환골재 혼합물의 응력-변형률 관계(RAM-1)

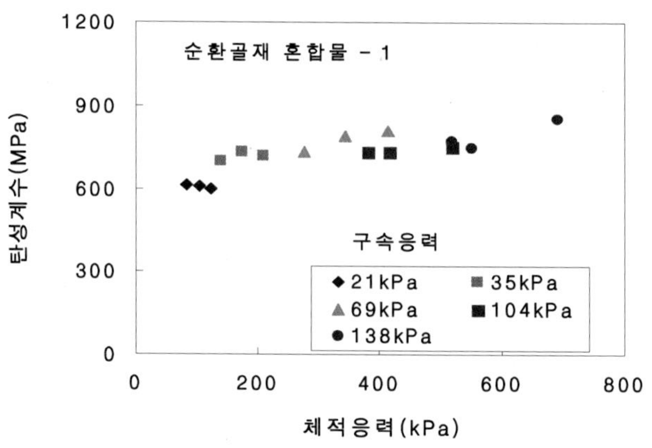


〈그림 10〉 순환골재 입상재료의 반복삼축압축시험 결과

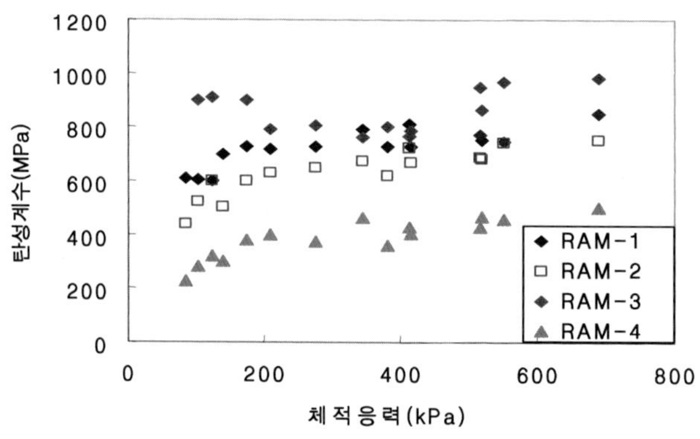


〈그림 11〉 순환골재 배합비 변화에 따른 탄성계수 변화

<그림 11>은 순환골재 혼합물의 배합비에 따른 탄성계수 변화를 나타내고 있다. 본 연구에서 적용한 배합비율 범위에서는 모두 체적응력 모델의 적용가능성이 충분한 것으로 나타났다.

<그림 11>에서 확인할 수 있듯이, 폐아스콘 골재를 줄이고 폐콘크리트 골재를 증가시킬수록 탄성계수는 감소하는 것으로 나타났다. 이것은 폐아스콘 골재에 포함된 폐아스팔트의 함량이 줄어들기 때문인 것으로 판단된다.

<그림 11>로부터 순환골재 혼합물의 식(1)과 같은 선형함수의 구성모델을 적용하여 결정된 모델계수는 <표 5>에 정리하였다.

〈표 5〉 순환골재 혼합물이 탄성계수 구성모델의 모델계수

| 구분 | 모델계수 k1 | 모델계수 k2 | 결정계수(r2) |
|---|---|---|---|
| RAM-1 | 620.4 | 0.318 | 0.67 |
| RAM-2 | 495.1 | 0.419 | 0.76 |
| RAM-3 | 809.9 | 0.14 | 0.10 |
| RAM-4 | 267.1 | 0.360 | 0.76 |

순환골재 혼합물의 탄성계수는 폐아스콘 골재의 배합비율을 감소시킬수록(즉, 폐콘크리트 골재의 배합비를 증가시킬수록) 탄성계수가 감소하는 것으로 나타났다. 이것은 폐아스콘 골재의 함유량을 줄일수록 폐아스콘 골재에 함유되어 있는 아스팔트 양이 함께 줄어들기 때문으로 판단된다. 따라서 순환골재 혼합물을 실제 포장층에 적용하는 경우에는, 적용대상층에서 요구하는 물성치에 합당한 배합비의 결정이 필요한 것으로 판단된다.

## 5. 결론

본 연구에서는 기존에 널리 사용되어오고 있는 입상보조기층재료의 역학적 특성평가와 함께, 입도조정기층 및 순환골재 혼합물의 역학적 거동과 관련된 반복하중 조건에서의 변형특성을 평가하였고 순환골재의 포장재료로서 사용가능성에 대해 살펴보았다. 시험결과로부터 다음의 결론을 얻었다.

입상보조기층, 입도조정기층, 순환골재 혼합물 모두 탄성계수는 구속응력의 영향을 대단히 크게 받고 축차응력, 하중주파수, 하중반복횟수의 영향은 상대적으로 매우 작음을 확인하였고, 탄성계수는 체적응력의 영향만을 선형영역에서 고려하는 구성모델의 적용이 가능함을 확인하였다.

입상보조기층재료의 응력-변형률 관계에서, 구속응력이 증가하면서 탄성계수가 증가하고, 축차응력의 증가에 따라서 변형률 경화가 발생하고 있음을 확인할 수 있다. 입도조정기층재료의 경우에는 축차응력이 증가하면서 탄성계수가 증가하는 응력경화의 경향이 입상보조기층재료에 비하여 더욱 뚜렷하게 나타나고 있다. 그러나 전체적으로는, 입도조정기층재료의 응력-변형률 곡선의 형태 및 체적응력에 따른 탄성계수 변화의 형태는 입상보조기층의 경우와 매우 유사하게 결정됨을 확인할 수 있었다.

입상보조기층재료, 입도조정기층 및 순환골재 혼합물의 탄성계수 특성을 평가하고 그

범위를 제시하였다. 본 연구에서 수행한 대상재료 중 순환골재 혼합물의 공학적 특성이 포장재료로서 가장 우수한 것으로 나타났다. 그러나 이러한 결과는 실내시험 결과에 국한된 것으로서 향후 현장시험을 통한 보다 폭넓은 성능검증과 함께 시공성 및 경제성을 고려한 종합적인 분석이 요구된다.

# 참고문헌


건설교통부(2000), 도로설계편람

건설교통부(2001), 도로설계기준

건설교통부(2005), 도로설계기준, 한국도로교통협회

건설교통부(2002, 2003, 2004, 2006), 한국형 포장설계법 개발과 포장성능 개선방안 연구: 아스팔트 포장설계법 개발(하부구조 물성정량화)

국토해양부(2008), 한국형 포장설계법 개발과 포장성능 개선방안 연구: 아스팔트 포장설계법 개발, kprp H-08

권기철(1999), 변형특성을 고려한 노상토 및 보조기층재료의 대체 MR 시험법, 박사학위논문, 한국과학기술원

권기철(2004), 낮은 구속응력단계에서 지반의 탄성계수에 대한 구속응력의 영향, 한국지반공학회, 제20권 4호, pp.57~63

권기철(2004), 국내 보조기층 재료의 변형특성을 고려한 전체 변형률 영역의 구성모델 개발, 한국도로학회논문집, 제6권 제3호, pp.65~77

김동수 · 권기철(1996), 신뢰성 있는 노상토의 회복탄성계수 시험법, 대한토목공학회지 논문집, 제16권 제Ⅲ-1호, pp.81~91

우제윤 · 조천환 · 문홍득 · 김동수(1993), 표준 삼축압축시험기를 이용한 노상토의 회복탄성계수 시험법, 대한토목학회 논문집, 제13권 제4호, pp.239~250

한국도로공사(1997), 노상토 및 보조기층재료의 대체 MR 시험법 개발에 관한 연구

AASHTO(1986), AASHTO Guide for Design of Pavement Structure, AASHTO, Washington, D.C.

AASHTO(1992), Resilient Modulus of Unbounded Granular Base/Subbase Materials and Subgrade Soils-SHRP Protocol P-46 AASHTO, T-294-92I, AASHTO, Washington D.C.

AASHTO(2002), AASHTO Guide for Design of New and Rehabilitated Pavement Structures, AASHTO, Washington D.C.

Kalcheff, I. V. and Hicks, R. C.(1973), A Rest Procedure for Determining the Resilient Properties of Granular Materials, Journal of Testing and Evaluation, Vol.1, No.6, pp.472~479

Rhee, S. K.(1991), A Study of Resilient Behavior and Constitutive Modeling of Thick Granular Layers for Heavily Loaded Asphalt Pavement, Ph.D Dissertation, Texas A&M University

Sweere, G. T. H. and Galjaard, P. J.(1988), Determination of Resilient Properties of Sands, Transportation Research Record No. 1192, TRB, National Reseach Council, Washington, D.C., pp.8~15

# 탄소저감형 흙포장 기술

**이용수**
한국건설기술연구원 연구위원

탄소저감형 흙포장은 기존의 골재 등을 이용한 아스팔트 포장과 콘크리트 포장과는 달리 화강토와 석분 등을 무·유기계 결합재와 혼합하여 만든 포장으로 화강토를 이용하기 때문에 경제적이고, 시공이 신속·간편한 특성을 지니고 있고 태양복사열 저감 등 환경친화적으로 자전거도로, 주차장, 단지 내 도로, 농로 및 산책로, 공원광장 등에 적용할 수 있다.

## 1. 서론

최근 자전거도로, 산책길, 주차장, 올레길 등 생활양식의 다양화에 따른 생활도로가 크게 증가하고 있다. 도로포장은 주로 아스팔트 콘크리트 포장과 콘크리트 포장으로, 기존의 포장은 태양복사열에 의한 피해, 아스팔트 및 콘크리트 표층의 파손 잔해물 발생, 자연경관 훼손, 미관, 환경적인 측면에서 유익하지 않는 점이 있다. 또한 물의 침투를 막고 노상의 지지력을 저하시키지 않는 것을 원칙으로 아스팔트 포장과 콘크리트 포장이 적용되고 있다.

기존의 포장의 문제점, 즉 토양의 산성화로 인한 공법의 환경적인 문제점을 보완하고, 아스팔트와 같은 고강도 포장재료보다는 경차와 보도 등에 사용되는 친환경적인 생활 도로포장이 필요한 실정이다.

흙포장은 기존의 골재 등을 이용한 아스팔트 포장과 콘크리트 포장과는 달리 화강토와 석분 등을 무·유기계 결합재와 혼합하여 만든 포장을 말한다.

흙포장은 화강토를 이용하기 때문에 경제적이고, 시공이 신속·간편한 특성을 지니고 있어 하중이 작게 작용하는 자전거도로, 주차장, 단지 내 도로, 농로 및 산책로, 공원광장 등에 적용할 수 있다. 더불어 태양복사열을 배제하기 때문에 자연 환경 친화성이 우수하고, 자연의 흙을 사용함에 따른 자원 재활용을 높이고, 퇴화 후 자연토로 환원되는 친환경적으로 환경을 보전할 수 있다.

일반적으로 흙포장의 주요재료는 시멘트, 고화재 등 무기계열과 폴리머 등 고분자 계열을 주로 사용하며 최근에는 시멘트를 전혀 쓰지 않는 친환경 폴리머 등 고분자계열의 재료를 사용하고 있다.

따라서 본고는 흙포장에 대한 기술동향과 흙포장의 특성으로 재료, 적용방안에 대한 일반적인 사항을 기술하고자 한다.

## 2. 기술 현황

국내 흙포장 공법의 시초는 1960년대 흙시멘트 연구에 첫걸음을 내딛게 된 시기로서 흙시멘트 국내도입 시기에 해당된다. 국내의 흙시멘트 연구는 국립건설연구소에서 연구를 시작하였는데 선도적인 연구사업으로 실내시험에 의한 흙시멘트의 정량·정성적인 연구가 수행되었다. 우리나라에서 흙시멘트가 도입된 것은 1963년 서울－강릉 도로포장 및 천안-온양 도로구간에 300m, 폭 7m, 두께 0.5m 규모로 시험포장하여 약 20%의 공사비를 절감한 예가 있다. 시험포장에 대한 검증결과, 아스팔트 콘크리트 포장은 표면에 이상이 없었으나, 흙시멘트포장의 표면은 심한 마모를 받았거나 또는 박리현상이 생겼으며, 특히 동절기에는 차량의 체인에 의한 박리현상이 심하게 나타났다. 이후 1966년 춘천시내 도로포장, 1968년 국립건설연구소 내 진입로 및 구내포장, 1970년 공주-조치원 간 국도포장, 어린이 대공원 내 도로포장 등 50여 개소에 적용하여 그 성과가 우수하였다는 보고가 있다. 도로포장 이외의 다른 분야에 이용한 것은 1976년 계화도 간척지 용수로 라이닝에 흙시멘트를 이용한 것이 최초의 시도였다(도덕현·이재현, 1978).

미국의 경우 1932년 South Carolina 도로국에서 저렴한 전천후 도로를 건설하기 위한 노력으로 흙포장에 관한 연구를 시작하여 1933~1934년에 도로에 시험 시공하여 연구한 결과 도로에 유용하게 쓸 수 있음이 밝혀졌다. 1930년대 초반까지 흙포장을 도로건설에 부분적으로 적용하려는 노력이 있었으며, 도로건설에 적용하기 위한 신뢰성 확보 차원의 실험들이 계속적으로 진행되었다(이재학, 2009).

흙포장이 최초로 실제공사에 적용된 것은 1935년 미국의 South Carolina의 Johnsonvill 근처 도로에 적용하였으며, PCA(portland cement association)의 연구소는 1935년 포틀랜드 시멘트와 함께 다양한 종류의 흙을 균일하고 만족스런 혼합물로 생산하기 위한 과학적 방법에 대해 광범위한 개발을 시작하였다. 이 연구를 통해 흙시멘트 혼합물의 신뢰할 수 있는 실내시험법과 현장공사 관리방법이 개발되었고, 1944년 AASHO(american association of state highway officials)와 1945년 ASTM(american society for testing materials)에 의해 표준시험으로 적용되었다. 그 이후 미국과 캐나다를 비롯하여 많은 나라에서 흙시멘트를 이용한 포장공사가 빠르게 확산되었고, 수많은 현장에서 우수한 공용성을 나타내며 흙시멘트의 실내시험법과 공사규정들의 신뢰성이 지속적으로 증명되었다(이재학, 2009).

1960년대에 흙포장의 물리적 성질 및 공학적 특성에 관한 연구가 가장 활발히 연구되고 발표된 시기였다. 흙포장의 화학적 반응에 대한 연구를 포함하여 흙의 종류 및 함수비에 따른 강도특성, 양생온도와 양생기간의 영향, 수축균열을 포함하는 내구성 문제 및 첨가제에 의한 개량 정도 등 다양하고도 세부적인 내용에 대한 연구가 진행되었다(김종렬 외 4인, 2004; 주명기 외 2인, 2002).

기존의 아스팔트 포장과 콘크리트 포장에서는 대도시의 열섬현상과 비점오염 등의 문제가 나타나고 있다. 기존 포장공법에 의한 탄소발생과 비점오염 등의 문제를 개선하기 위한 방안으로 흙포장 방안이 대두되고 있다. 흙포장은 자연의 흙을 사용함으로써 자원 재활용을 높이고, 탄소저감과 더불어 열섬 저감 효과 등의 친환경적으로 환경을 보전할 수 있는 방안이라 할 수 있다.

이외에 흙포장 연구는 흙시멘트 혼합토의 강도저하, 동결융해 등 단점을 보완하기 위한 연구가 꾸준히 진행되었다. 이때 주로 사용되는 것은 시멘트 외에 플라이애시, 고로슬래그, 석회 등 산업부산물을 이용하는 것과 규소계 무기물, 석회계 무기물, 실리카, 수산화나트륨 등 포졸란 반응에 의한 강도 개선 연구가 진행되었다(김병일 외 3인, 2003; 이주형 외 5인, 2000; 정혁상 외 3인, 2009).

종래 기술들은 대부분이 현장토 또는 현장 인근의 흙에 분말형 첨가제를 현장에서 백호우나 교반형 스태빌라이저로 교반하는 방식으로써 첨가재료들의 반응을 통하여 토립자의 결합력을 증대시키지만 현지 흙을 대상토양으로 고화시킬 경우 양질의 토양을 입수하기가 쉽지 않고, 특히 점토, 유기질토, 실트질 등은 토립자 간 자체 결합력 및 혼입수에 의해 뭉쳐 있으므로 상호 입자 간 단립화가 어려워 고화력이 떨어지는 문제점을 내포하고 있다.

더욱이 흙 속에 있는 휴민산 등이 시멘트의 고결성을 저해하므로 수화반응에 의한 고화는 기대하기가 어렵고 이러한 이유로 시도된 석회 광물 및 포졸란 물질을 이용한 지반 개량은 초기 에트린자이트 생성을 확대하고 포졸란 반응을 통한 장기 내구성 증진을 목적으로 하고 있지만 처리효과가 발현되기 전에 결합력의 약화로 인해 쉽게 풍화되므로 포장 구조체의 강도발현 및 내구성의 저하를 유발하고 표면에 균열 및 스케일링 현상 발생 등 많은 문제점이 발견되고 있는 실정이다(한국건설기술연구원, 2010; 이용수 외 3인, 2010; 주재우 외 3인, 2003).

## 3. 탄소저감형 흙포장의 특성

### 3.1 재료 특성

#### 1) 폴리머 계열

폴리머는 고분자 물질로 구성되어 있고, 투수성과 소성지수는 감소시키는 반면, 토양의 강도 및 지지력은 증가시키는 특성이 있다. 폴리머는 어느 한 재료가 또 다른 재료에 부착될 때 중요한 요소는 부착되는 재료의 표면처리이다. 폴리머는 흙 입자 사이의 필름막을 형성하고 이러한 필름막이 지반의 압축 및 인장강도 및 부착성능을 향상시키는 역할을 수행하게 된다.

폴리머의 효소 습윤제는 물의 표면장력을 감소시켜 수분이 빠르게 확산 증진하여 고분자 용액을 토양 속으로 더 빨리 흡수하도록 돕는 것이다.

폴리머를 사용한 토양의 필름막이 형성되는 동시에 망상구조를 갖게 된다. 이에 따라 흙 입자들이 더욱 견고하게 결합되어, 시멘트 모르타르와 같이 우수한 성능을 가지며, 폴리머의 막이 형성되는 구조는 <그림 1>과 같다.

그림과 같이 흙 입자 사이에 폴리머를 첨가하면 흙 입자 사이에 균일하게 분산되며, 필름막을 형성하기 시작한다. 이와 같이 형성된 필름막이 흙 입자 사이에 부착되어 수화반응이 진행되어 흙 입자가 서서히 부착된다. 수화반응이 더욱 진행됨에 따라 내부수분은 계속 감소되며, 수화에 따른 용적팽창으로 인하여 폴리머 입자는 모세관 공극 내에 응집된다.

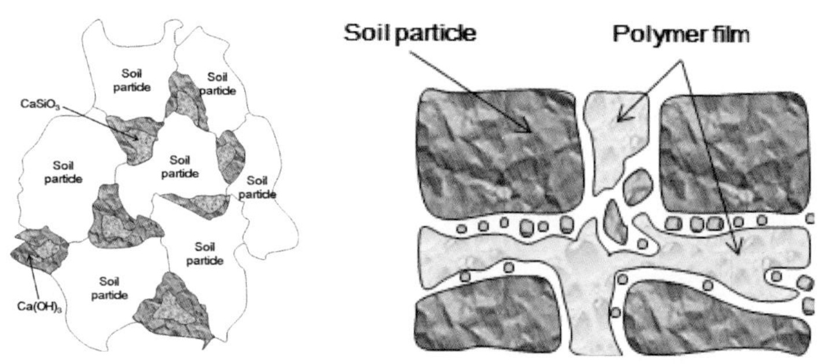

〈그림 1〉 폴리머계열의 결합작용(한국건설기술연구원, 2010)

이러한 과정을 거쳐 폴리머는 모세관 공극 내에 밀실한 연속 충전층을 형성함으로써 흙 입자와의 접착력은 더욱 증대된다. 또한 경화체 내부에 발생한 비교적 큰 공극도 폴리머로 충전된다. 수화에 의한 탈수작용과 더불어 수화물에 밀실한 충전층을 이룬 폴리머가 부착되어 연속막이 형성되며, 흙 입자와 폴리머 막이 상호 결합되어 일체화된 망상구조가 형성됨으로써 흙 입자와의 접착은 더욱 좋아지게 된다.

2) 기능성 첨가제

기능성 첨가제는 무기계 재료를 주성분으로 흙과 물 그리고 첨가제를 함께 혼합 다짐하는 재료로 흙의 고유의 성질을 유지하면서 다짐에 의하여 소정의 시간 내에 유효 강도를 발현할 수 있다. 특히 흙의 점착력 향상 및 차수, 동결융해 등의 포장체의 내구성 증진과 안정성을 확보할 수 있는 재료이다.

(1) 포졸란 반응에 의한 고강도 발현

- 시멘트 수화

  $Ca(OH)_2$+포졸란 물질 $SiO_2+H_2O \rightarrow$C-S-H($CaO \cdot SiO_2 \cdot H_2O$) 생성

- 점성토 광물질

  $Al_2O_3$+포졸란 물질 $SiO_2+H_2O \rightarrow$A-S-H($Al_2O_3 \cdot SiO_2 \cdot H_2O$) 생성

(2) 에트린자이트에 의한 토립자 단립화 현상으로 다짐효과 증대

$3CaO \cdot Al_2O_3$(시멘트 중의 성질)+$3CaSO_4$(석고)+$32H_2O$(물)$\rightarrow 3CaO \cdot Al_2O_3 \cdot 3CaSO_4 \cdot 32H_2O$(Ettringite)

에트린자이트(Ettringite)의 침상결정 구조 사이에 다량의 미세한 토립자가 구속되어 거대 토립자로 변하게 되므로 흙의 다짐효과가 향상된다.

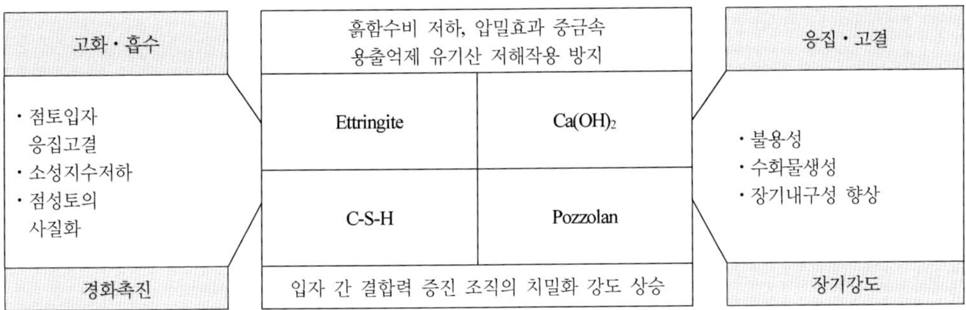


〈그림 2〉 EC 첨가제의 강도증가 모델(한국건설기술연구원, 2010)

3) 시멘트

시멘트는 주성분으로 석회, 실리카, 알루미나, 산화철을 함유하는 원료를 적당한 비율로 충분히 혼합하여 그 일부가 용융하여, 소성된 클링커에 적당량의 석고를 가하여 분말로 한 것이다. 시멘트는 물 또는 염류용액으로 반죽하였을 때 경화하는 무기질 교착재료를 통칭하는 것으로서, 주성분이 석회(CaO), 실리카(SiO), 규산($SiO_2$), 알루미나($Al_2O_3$), 산화철($Fe_2O_3$) 및 산화칼슘(CaO)으로 구성되어 있다.

시멘트를 물로 반죽하면 얼마 후 유동성을 잃고 굳어지는데 이 과정을 응결이라 하며, 그 후 강도를 가지게 되는 과정을 경화라고 한다. 시멘트의 구성화합물 중 규산삼석회는 수화가 빠르며 강도 발현도 좋아 조기강도에 기여한다. 규산이석회는 수화속도가 늦고 장기에 걸쳐 강도를 증진시키고, 알루민산삼석회는 다른 구성화합물보다 수화속도가 빨라 물과 급격히 반응하여 굳는다. 이때 석고가 있으면 석고와의 반응으로 응결시간이 조절된다. 철화합물(4CaO · AlO · FeO)은 알루민산삼석회보다 수화속도가 늦으며, 석고 존재 시는 알루민산삼석회와 비슷한 반응을 한다.

(1) 고로시멘트

- 온도의 영향을 받기 쉽고, 초기강도가 약간 낮아 한랭기에는 초기양생에 주의할 필요
- 경화건조수축은 약간 크나, 균열발생이 적음

(2) 플라이애시 시멘트

- 건조수축이 적고, 장기강도 보통시멘트를 능가
- 모르타르 및 콘크리트 등의 화학저항성이 강하고 수밀성이 우수

(3) 실리카 시멘트

- 수용성을 높이고 수산화석회의 용출에 의한 공극을 감소시켜 수중, 유수 중의 콘크리트시공에 적당
- 건조수축은 약간 증대하지만 화학저항성 및 내수, 내해수성이 우수

[혼화재]

- 포졸란활성이나 시멘트의 대체 재료로서 이용되는 것: 플라이애시, 슬리그분말, 실리카 퓸, 화산재, 기타 규산질 미분말 등
- 경화과정에 있어서 팽창을 일으키는 것: 팽창재(무수축재)
- 충진재, 기타: 광물질미분말, 석분 등

## 4. 흙포장의 적용사례

흙포장 기술의 적용 분야는 흙 도로포장 및 도로 하부지반 안정화 처리, 자전거도로와 주차장포장에 적용할 수 있다. 친환경 폴리머 계열의 흙포장과 황토, 산업부산물을 이용하는 흙포장이 있으며 주요특성은 다음과 같다.

- 열전도율이 낮고 보습, 통기성이 탁월, 쾌적한 환경유지
- 친환경 폴리머 강화체는 물에 접촉해도 원래의 액체상태로 돌아가지 않아 내구성은 물론 환경에도 영향이 없음
- 자연토(현지토) 색상을 그대로 유지하고, 태양복사열을 배제하기 때문에 열섬현상 완화
- 자연자원 이용성을 높이고, 설계수명 이후 자연토(원래토)로 환원되어 공해방지와 환경보전
- 유독성분이 없는 친환경제품으로 토양으로 환원 가능

〈그림 3〉 흙포장 적용사례(한국건설기술연구원, 2010)

- 자연적 질감과 색상을 가지고 있어 시각적 피로도 줄어듦
- 주변 환경과의 조화가 뛰어남

## 5. 마무리 글

탄소저감형 흙포장은 자연의 흙을 사용함으로써 자원 재활용을 높이고, 탄소저감과 더불어 열섬 저감 효과 등의 친환경적으로 환경을 보전할 수 있는 방안이다. 특히 흙포장의 화학적 반응에 대한 연구를 포함하여 흙의 종류 및 함수비에 따른 강도특성, 양생온도와 양생기간의 영향, 수축균열을 포함하는 내구성 문제 및 첨가제에 의한 개량 정도 등 다양하고도 세부적인 기술 개발이 필요하다.

현재 국내에서는 흙포장의 정의, 설계, 실험방법 등이 정립되어 있지 않아 흙포장을 실무에 적용하는 데 문제가 발생하고 있다.

따라서 국내 실정에 적합한 흙포장 설계 및 품질관리 지침 마련과 시공기술 향상을 위하여 장비개발이 절실히 필요하다.

# 참고문헌


한국건설기술연구원(2010), 흙-시멘트 혼합재료의 표면 침식방지처리 기술

이재학(2009), SBR 라텍스를 첨가한 흙-시멘트 포장재료특성 연구, 경희대학교 대학원 석사학위논문

권기철(2007), 도로 포장 하부구조 분야 연구동향, 한국지반환경공학회, 제8권 제1호, pp.52～56

한국건설기술연구원(2011), 탄소중립형 도로 기술 개발 기획 보고서, 국토해양부, 한국건설교통기술평가원

김병일・위성혁・이승현・김영욱(2003), 무기질 고화제를 첨가한 흙시멘트의 강도 특성, 대한토목학회, 제22권 제3C호, pp.135～141

김종렬・강희복・강화영・김도형(2004), 소일시멘트의 일축압축강도 특성 및 시간의존 거동, 한국구조물진단학회, 제8권 제4호(2004. 10), pp.87～96

도덕현・이재현(1978), 도로기층 안정처리에 관한 시험연구(I), 대한토목학회, 제26권 제2호, pp.73～84

이용수・정재형・유준・조진우(2010), 폴리머 안정처리 혼합토의 강도 특성, 한국지반환경공학회, 가을학술발표회 논문집, pp.468～471

이주형・정원경・김동호・이봉학・원치문・이정호(2000), 라텍스 혼입에 따른 LMC의 동결융해 저항특성평가, 한국콘크리트학회, 가을학술발표회 논문집, pp.497～502

정혁상・장철호・안병제・천병식(2009), 화강풍화토와 무기질 결합재를 활용한 친환경 흙포장에 관한 연구, 한국지반환경공학회, 제10권 제4호, pp.25～31

주명기・연규석・Yoshihiko Ohama(2002), 고로슬래그 미분말을 이용한 SBR혼입 폴리머 시멘트 콘크리트의 강도특성, 한국콘크리트학회, 제14권 3호, pp.315～320

주재우・박종범・주진영・이동섭(2003), 액상경화제를 이용한 흙포장 조성물 제조에 관한 연구, 대한토목학회, 제23권 제4C호, pp.213～219

AASHTO(1993), Resistance of Compacted Bituminous Mixture to Moisture-Induced Damage, AASHTO Designation: T283-89

Shiyun Zhong and Zhiyuan Chen(2002), Properties of latex blends and its modified cement mortars, Cement and concrete research, 32, pp.1515～1524

# 도로 온실가스 제거를 위한 도로시설용 $TiO_2$ 콘크리트 공법

**이승우**

강릉원주대학교 교수

국내 대기오염 배출량의 31.4%가 도로이동 오염원에 의하여 발생하고 있으며, 그중 질소산화물(NOx)은 42.3%에 달하고 있다(환경부, 2010). NOx는 온실가스지수가 $CO_2$의 310배에 달하는 유해성분으로, NOx 제거를 통한 온실가스 저감효과를 극대화할 수 있다(IPCC, 1995). 도로이동 오염원에 의한 온실가스(NOx)를 저감하기 위한 방안으로 $TiO_2$ 광촉매 재료를 사용하는 친환경 공법의 개발이 필요하다.

## 1. 서론

21세기에 들어와 환경문제의 해결은 전 세계의 공통적인 관심사일 뿐만 아니라 누구나 인식하고 있는 사실이다. 1992년 6월 브라질 리우데자네이루에서 환경과 개발에 관한 국제회의를 개최하여 개발에 따른 지구 온난화 및 지구환경에 관한 문제를 폭넓게 협의한 것을 계기로 1997년 12월에는 일본 교토에서 지구 온난화 방지에 관한 국제회의를 열고 오는 2010년까지 지구 온난화 가스 배출량을 1990년 수준으로 되돌리기로 결정하였다. 이와 같은 국제사회의 환경오염에 대한 공동의 대처 노력에 부응하여 우리나라도 경제협력개발기구(OECD) 회원국의 일원으로서 지구 온난화 및 지구환경 문제가 본격적으로 각 분야에서 다루어져야 할 것으로 생각된다. 현실적으로도 서울의 대기오염실태는 OECD 30개 회원국 중 가장 열악하다는 사실은 국내의 환경수준이 극히 낮다는 것을 나타내고 있다(이한승, 2005).

〈그림 1〉 대기오염 실태(스모그 상태의 서울시 전경)

이렇듯 심각한 국내 대기오염실태의 근본적인 원인을 살펴보면, 대기오염물질의 주요 원인은 도로이동 오염원이 34.4%로 가장 많고 유기용제 사용 및 비도로이동 오염원 순으로 높은 비중을 차지하고 있다. <그림 2>(a)는 도로이동 오염원이 배출하는 대기오염물질의 배출량 기여율을 나타낸 것으로 질소산화물(NOx)의 비율이 상당히 높은 것을 확인할 수 있으며, <그림 2>(b)는 대기오염물질 변화추세를 나타낸 것으로 지속적인 자동차 운행대수의 급격한 증가를 통해 질소산화물 배출량의 뚜렷한 증가추세를 보이는 것을 알 수 있다(환경부, 2010).

질소산화물(NOx)은 자동차 등의 도로이동 오염원과 산업용 보일러나 발전설비와 같은 고정원에서 배출되는 유해 대기오염물질로서, 특히 대도시 지역에서는 자동차 배기가스에 의한 NOx 오염이 심각한 상황으로, 호흡기계의 병을 일으킴은 물론 광화학 스모그와 산성비의 원인이 되는 가스성분이라는 것은 잘 알려져 있다. NOx 중 $NO_2$가 위험한 성분으로서 대기 중에 50ppm 정도 존재하면 생명체의 죽음을 초래하는 것으로 알려져 있고, 0.05와 0.2ppm 사이의 낮은 농도에도 호흡기 장애를 일으킬 수 있다(김화중, 2000).

이와 같이 NOx에 의한 대기오염을 정화할 수 있는 방법으로는 $TiO_2$의 광촉매작용을 이용한 NOx의 정화 및 무해화를 들 수 있으며, 태양에너지와 반응하여 질소산화물(NOx), 유기염소 화합물 등에 의한 대기의 오염물질을 산화하여 제거하는 원리를 이용하는 것이

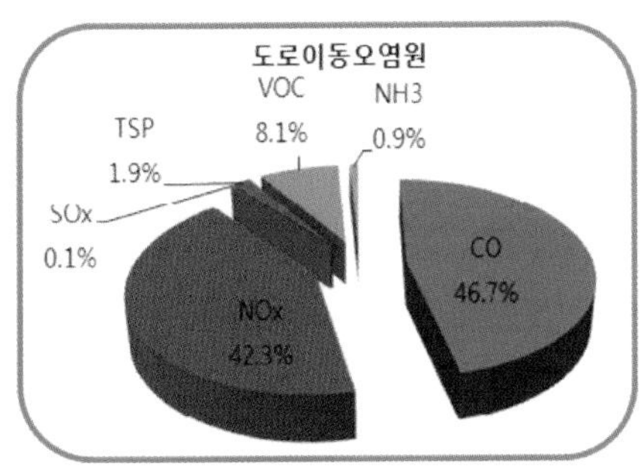


(a) 도로이동 오염원의 오염물질 배출량 기여율

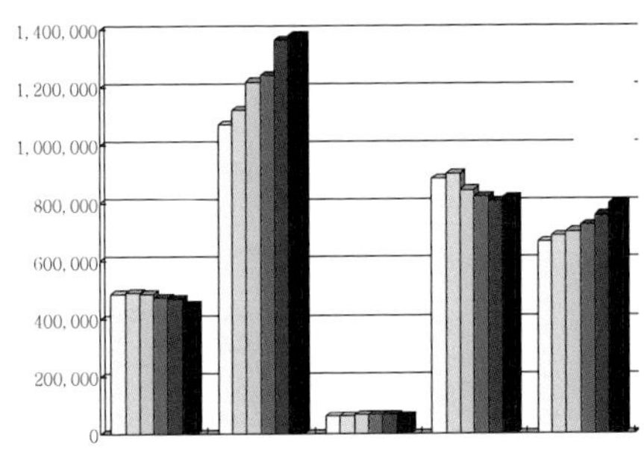


(b) 대기오염 물질별 변화추이

〈그림 2〉 국내 대기오염물질 배출현황(환경부, 2010)

다. 이러한 원리를 도로포장재료에 도입한다면 자동차에서 배출되는 유해가스를 직접적으로 흡수・제거함으로써 도시의 대기오염방지에 상당히 효과적일 것이며, 도로시설물의 경우 부피에 대한 표면적의 비율이 타 시설물에 비해 높음으로 광촉매 효율을 극대화할 수 있을 것으로 판단된다.

## 2. 광촉매 콘크리트의 특성

### 2.1 광촉매 콘크리트의 오염물질 제거원리 및 특성

광촉매 소재는 빛에너지를 흡수해서 화학반응을 촉진시키는 촉매를 가리킨다. 빛이 흡수되면 광촉매는 표면의 유해물질을 분해하는 기능을 나타내는데 이를 응용하여 공기・수질・토양 정화와 같은 환경정화에 이용되고, 광촉매의 산화・환원력이 매우 높아 벽지와 천정재 같은 건축 내장재에 이용되면 뛰어난 항균・탈취 특성을 보이며, 표면에 부착되는 오염물질을 광촉매가 분해하므로 스스로 표면의 더러움을 방지하는 셀프클리닝(self-cleaning) 유리로도 이용된다. 광촉매에 빛이 비춰지면 강력한 산화력을 가진 물질인 활성산소가 생성되고 이 활성산소는 주위의 유해가스, 오염물, 세균과 산화-환원반응을 진행함으로써 살균과 공기정화 목적에 도달할 수 있는 촉매제이다. 광촉매의 특성을 나타내는 물질로는 ZnO, CdS, $TiO_2$, $SnO_2$, $WO_3$ 등과 perovskite형 복합 금속화합물($SrTiO_3$) 등을 들 수 있으며, 각 촉매마다의 유기물 분해능력에는 큰 차이가 있으나 실제 광촉매 반응에 사용할 수 있는 반도체 물질은 우선 광학적으로 광부식이 없고 활성이 있어야 한다.

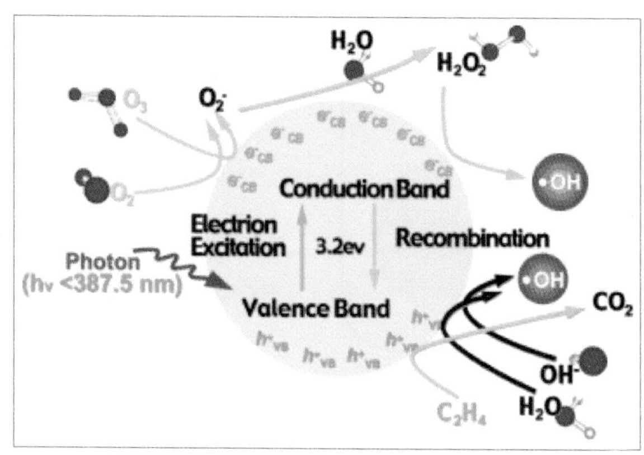


〈그림 3〉 광촉매 반응기수

광촉매로서 사용하고 있는 대표적인 물질은 이산화티타늄($TiO_2$)으로, 이산화티타늄은 광촉매로서 내마모성, 내구성이 우수하며 그 자체로 안전·무독물질로 폐기 시에도 2차 공해에 대한 염려가 없고 자원적으로 풍부하여 가격이 저렴하여 가장 많이 사용되고 있다.

<그림 3>은 $TiO_2$의 광촉매 유기물 분해기구를 도시한 것이다. $TiO_2$ 반도체에 일정한 영역의 에너지(3.2eV 이상, 388nm 이하의 파장)가 가해지면 전자가 가전자대(valence band)에서 전도대(conduction band)로 여기게 된다. 이때 전도대에는 전자(e-)들이 형성되게 되고 가전자대에는 정공(h+)이 형성되게 된다. 이렇게 형성된 전자와 정공은 강한 산화 또는 환원작용에 의해 유해물질을 분리시키는 등 다양한 반응을 일으키게 된다.

촉매 산화티탄에 빛이 닿아 발생한 전자(e-)와 정공(h+)은 각각 공기 중의 $O_2$ 및 $H_2O$와 반응을 일으켜, 산화티탄 표면에 슈퍼옥사이드음이온($O_2$-), 수산라디칼(OH) 2종의 활성산소를 생성한다. 특히 수산라디칼은 높은 산화, 환원 전위를 가지고 있기 때문에 NOx, SOx, 휘발성유기화합물(VOCs) 및 각종 악취정화에 탁월하고, 축산폐수, 오수, 공장폐수의 BOD, 색도 및 난분해성 오염물질, 환경호르몬 등을 완벽히 제거할 수 있을 뿐만 아니라, 병원성대장균, 황색포도구균, O-157 등 각종 병원균과 박테리아를 99% 이상 살균하는 등 대상물질을 산화시키는 능력을 갖고 있다.

## 2.2 국내외 광촉매 콘크리트 적용사례 및 특징

광촉매 소재가 적용된 콘크리트 포장에 대한 연구개발은 이탈리아, 벨기에, 일본, 미국을 중심으로, 1990년대부터 기초탐색이 시작되었다. 2000년대 중반 이후부터 본격적으로 연구개발이 전개되기 시작하여 신뢰성 있는 국제학술지에 연구 결과가 발표되기 시작한 것은 주로 2009년도 이후부터이다. 건물과 도로 등 구조물에 광촉매 기능을 부여하고 이를 가장 활발하게 시공하여 온 나라로는 이탈리아와 일본을 들 수 있다. 이탈리아의 경우, 통상명칭인 광촉매 시멘트를 Bergamo 시 Borgo Palazzo Street의 블록포장에 적용하여 적용지역 대기오염이 30~40% 감소하였다는 자체 분석사례가 있다. <그림 4>는 이탈리아 로마 시의 Jubiliee church의 콘크리트 외장에 $TiO_2$계 광촉매 시멘트를 적용한 사례이다(Italcementi group, 2007).

또한 일본의 경우 Osaka, Chiba, Chigasaki 및 Saitama-Shintoshin 지역의 50,000㎡의 면적에 <그림 5>와 같이 광촉매 콘크리트 블록포장을 시공하였다. 이러한 시공들에 관한 연구결과에 의하면, 광촉매 도로포장은 주행 중인 자동차에 의하여 배출되는 NOx의 15%를 분해하며, 도로변 가로수보다 NOx 분해효과가 탁월하고, 대도시지역의 모든 주도로와 인도 보도블록, 건물외장재에 광촉매 기능을 부여할 경우에는 공기의 질이 80% 향상된다고 예측되고 있다(Anne Beeldens et. al., 2006). 그러나 기존 연구에서는 콘크리트 배합 시 $TiO_2$를 첨가하는 방식으로 제작되어 비용증가의 문제가 발생하며, 현재까지 사용되고 있는 $TiO_2$의 경우 태양에너지 중 자외선에만 반응하기에 효율적인 광촉매 효과를 나타내지 못하였다.

〈그림 4〉 로마 시의 Jubiliee church의 콘크리트 외장에 $TiO_2$계 광촉매 시멘트를 적용한 사례

〈그림 5〉 일본의 광촉매 콘크리트 블록포장 적용 사례

# 3. 도로 온실가스 제거를 위한 도로시설용 $TiO_2$ 콘크리트 공법개발 연구

## 3.1 광촉매 적용방안

광촉매의 적용방안으로 결정한 방법은 시멘트 일부를 치환하여 배합하는 방법과 양생제를 이용한 코팅, 실리카계 표면침투제를 이용한 침투방법으로 결정하였다. 시멘트 일부를 치환하는 방법은 일부 유럽국가 및 일본에서 보도블록 등에 광촉매 소재를 적용 시 사용하고 있는 방식이다. 현재 가장 많이 연구가 진행되어 특허 및 시험시공을 통한 결과를 나타내고 있다. 그러나 이 경우 광촉매의 함유부분이 상당히 두껍기 때문에 마모의 위험은 없으나 광촉매가 많이 사용되어져야 하며 광촉매 반응이 대기와 접하는 반응임을 고려하여 볼 때 내부에 존재하고 있는 광촉매는 광을 받지 못하거나 또는 배기가스와 접촉하지 못함으로써 그 역할을 할 수 없기 때문에 광촉매의 낭비가 심해진다. 더욱이 광촉매 가격을 고려하여 볼 때 이러한 방법으로 배기가스 저감 콘크리트를 제조하는 것은 경제성 및 효율성을 확보하지 못하여 실용화에 상당한 어려움이 있으리라 예상된다. 양생제 사용을 통한 표면코팅의 경우 적용하기가 용이하며, 자동차의 배기가스와 접하는 대기가 넓기 때문에 충분한 효과를 나타낼 것으로 판단된다. 그러나 자동차로 인한 마모 및 산화에 따른 광촉매 효과의 손실이 빠르게 진행될 것으로 판단된다. 실리카계 표면침투제를 이용한 침투방법은 적용하기가 용이하며, 침투깊이에 따라 마모의 위험은 없으며, 광촉매가 적정량 사용된다. 또한 자동차의 배기가스와 접하는 대기가 넓기 때문에 충분한 효과를 나타낼 것으로 판단된다. 그러나 적정깊이까지 침투하지 못하면 자동차로 인한 마모 및 산화에 따른 광촉매 효과의 손실이 빠르게 진행될 것으로 판단된다. 이에 광촉매 콘크리트에 대한 제작방법에 따른 광촉매 검출특성을 분석하고 이를 통하여 최적의 적용방안을 도출하고자 한다.

<표 1>과 같이 적용인자로는 국외에서 많이 사용되고 있는 광촉매치환 배합을 기반으로 실리카계 표면침투제 침투 및 양생제의 코팅을 혼합한 적용기법을 사용하였다. 적용방법으로는 치환배합의 경우 시멘트 양의 5%를 광촉매로 치환하여 배합하였고, 나머지 두 가지의 적용인자는 표면에 살포하여 광촉매의 검출 여부를 확인하였다.

〈표 1〉 모르타르의 배합 및 적용기법

| 적용인자 | 적용방법 | 물-시멘트비(W/C) | 시멘트/잔골재비(C/S) |
|---|---|---|---|
| TiO2(5%) 치환배합 | 시멘트 5% 치환배합 | 0.5 | 1:2 |
| 표면침투제+TiO2(2%) 침투 | 표면 살포 | | |
| 양생제+TiO(2%)2 코팅 | 표면 살포 | | |

광촉매($TiO_2$)를 적용한 모르타르 시편의 경우 티타늄 검출을 하기 위한 실험을 실시하기 위해서 시편 사이즈가 작아야 하며, 추후 질소산화물(NOx) 제거실험을 수행하기 위하여 사이즈를 2cm×2cm×2cm로 제작하였다. <그림 6>의 경우 1:2 모르타르 배합을 위한 시편 제작과정을 나타낸 것으로 $TiO_2$(5%) 치환 배합 시 시멘트의 5%를 $TiO_2$로 치환하여 모르타르 배합을 실시하였으며, 실리카계 표면침투제 및 양생제 적용 시 배합된 1:2 모르타르 시편을 일정시간 양생 후 표면에 살포하였다.

(a) 몰드제작 (b) 모르타르 배합

(c) 시편제작 (d) 시험시편 완료

〈그림 6〉 광촉매의 적용기법에 따른 시편제작

## 3.2 광촉매 콘크리트의 티타늄 검출평가

전계방사형 주사전자현미경(SEM/EDS)은 금속표면에 강한 양전위를 걸어 주어서 전자를 표면으로부터 떼어내는 전자총을 사용하여 고휘도의 전자빔을 얻을 수 있다. 따라서 고분해능, 고배율로 분석이 가능하며, 시료표면에서 발생하는 다양한 신호를 검출하여 물질의 형태, 구조, 성분 등을 분석할 수 있는 장비이다. 광촉매($TiO_2$)에 대한 검출을 판단하기 위해서 전계방사형 주사전자현미경을 이용하여 미세구조 및 성분분석을 실시하였다.

### 1) $TiO_2$(5%) 치환배합에 따른 티타늄 검출특성

치환배합을 통한 EDS 분석결과를 <그림 7>에 나타내었으며, 티타늄의 질량비가 3.38% 검출되었다. 광촉매의 함유량이 5%로 치환 배합한 결과로써 티타늄이 5% 미만의 질량비를 나타내고 있다. 치환배합의 경우에는 기본적으로 많은 양의 광촉매를 소비하고 있으며, 콘크리트 표면을 제외하는 내부에서는 배기가스와 접촉하지 못함으로써 그 역할을 할 수 없기 때문에 광촉매의 소비가 심해진다. 추후실험을 통하여 질소화합물(NOx) 제거에 대한 효과분석을 실시하여 효율성에 대한 명확한 판단이 필요하다.

| Element | Weight(%) |
|---|---|
| C | 8.09 |
| O | 39.57 |
| Mg | 0.66 |
| Al | 1.34 |
| Si | 5.97 |
| Pt | 9.02 |
| S | 1.49 |
| K | 1.59 |
| Ca | 28.89 |
| Ti | 3.38 |

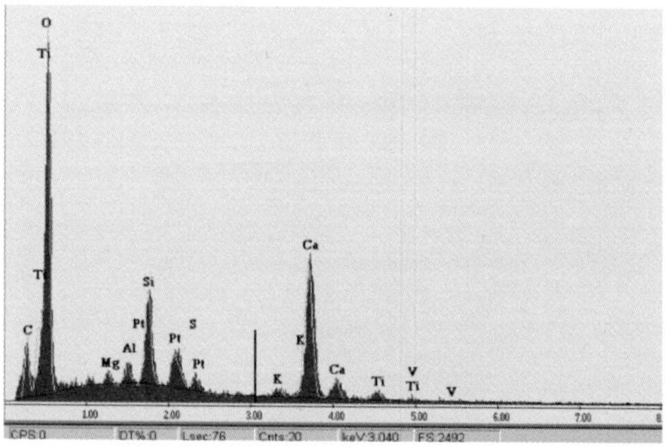

〈그림 7〉 시멘트 치환배합에 대한 EDS 분석결과

### 2) 코팅에 따른 티타늄 검출특성

양생제를 이용한 코팅의 경우 <그림 8>과 같은 결과를 나타내었으며, EDS 분석결과에서 티타늄의 질량비가 검출되지 않았다. 시편 위에 2%의 광촉매를 표면 살포한 결과 티타늄이 검출되지 않았으므로 다양한 코팅방법에 대한 고찰이 필요할 것으로 판단되며, 추후실험을 통한 티타늄 검출특성을 확인할 필요가 있다.

| Element | Weight(%) |
|---|---|
| C | 13.20 |
| O | 35.63 |
| Na | 1.01 |
| Al | 1.00 |
| Si | 31.06 |
| Pt | 14.05 |
| Ca | 4.05 |

〈그림 8〉 양생제 코팅에 대한 EDS 분석결과

3) 침투에 따른 티타늄 검출특성

실리카계 표면침투제를 이용한 침투방법의 경우 <그림 9>와 같이 EDS 분석결과에서 티타늄의 질량비가 14.83%가 검출되었다. 광촉매의 함유량의 2%로 치환배합 방법보다 적은 양을 침투시켰으나, 더 많은 양의 광촉매가 검출되었다.

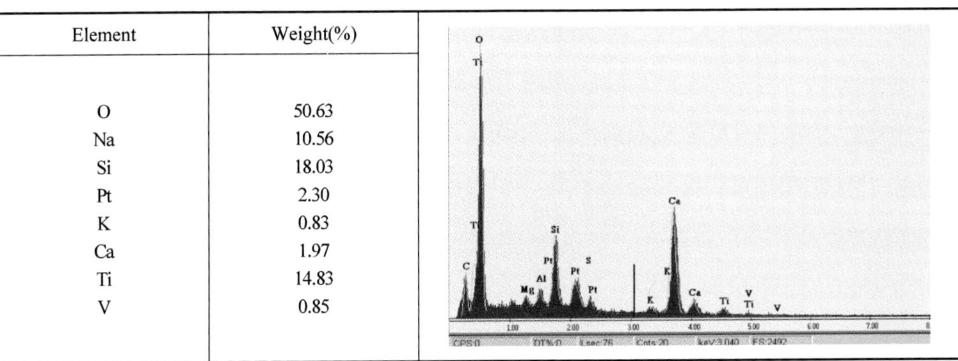

| Element | Weight(%) |
|---|---|
| O | 50.63 |
| Na | 10.56 |
| Si | 18.03 |
| Pt | 2.30 |
| K | 0.83 |
| Ca | 1.97 |
| Ti | 14.83 |
| V | 0.85 |

〈그림 9〉 실리카계 표면침투제 침투에 대한 EDS 분석결과

## 3.3 광촉매 콘크리트 적용 기초연구 결과

콘크리트를 대기오염물질 제거하기 위한 적용방안의 기초연구로 시멘트 일부를 치환하여 배합하는 방법과 양생제를 이용한 코팅 및 실리카계 표면침투제를 이용한 침투방법

에 대한 광촉매 적용방안을 분석하였으며, 이에 대한 결론은 다음과 같다.

치환배합을 통한 EDS 분석결과에서는 티타늄의 질량비가 3.38% 검출되었다. 광촉매의 함유량이 5%로 치환 배합한 결과로써 티타늄이 5% 미만의 질량비를 나타내고 있다. 치환배합의 경우에는 기본적으로 많은 양의 광촉매 재료를 소비하고 있으며, 배기가스와 접촉하지 못함으로써 그 역할을 할 수 없기 때문에 광촉매의 낭비가 심해진다. 또한 실험결과 티타늄 5% 미만 검출결과 효율성이 더 떨어진다고 판단된다.

양생제를 이용한 코팅의 경우 EDS 분석결과에서는 티타늄의 질량비가 불검출되었다. 시편 위에 2%의 광촉매를 표면 살포한 결과 다양한 코팅방법에 대한 고찰이 필요할 것으로 판단되며, 추후실험을 통한 질소화합물(NOx)에 대한 효과분석을 실시하여 티타늄의 불검출에 대한 검증이 필요할 것으로 판단된다.

실리카계 표면침투제를 이용한 침투방법의 경우 EDS 분석결과에서는 티타늄의 질량비가 14.83% 검출되었다. 광촉매의 함유량의 2%로 치환배합 방법보다 적은 양을 침투시켰으나, 더 많은 양의 광촉매가 검출되었다.

## 4. 마무리 글

아직까지는 광촉매 콘크리트의 적용방안에 대안 기초연구를 진행하였다. 그러나 세계 각국에서 성장 위주의 개발이 아닌 환경친화적인 개발의 중요성이 정부는 물론 기업의 입장에서도 깊이 인식되어 확산되는 실정이며, 건설 분야에서도 기존의 무분별한 개발 위주에서 가능한 환경파괴를 최소화하고 친환경적인 환경을 조성하는 개발로 관심을 바꾸고 있다. 전술하였듯이 광촉매 콘크리트 분야는 2009년도 이후부터 권위 있는 국제학술지 분야에 연구 결과들이 발표되고 있으며, 이탈리아, 벨기에, 일본을 중심으로만 시공실적이 있기 때문에, 우수한 $TiO_2$ 소재기술을 보유한 국내 전문가와 도로포장 전문가가 융합하여 우리나라가 조속히 원천기술을 확보한다면, 녹색건축 분야에서 우리나라가 initiative를 쥘 수 있다.

특히 도로는 국가의 산업과 경제발전을 위해 없어서는 안 될 주요사회 기반시설이다. 하지만 도로의 기능성 확보와 건설비 최소화 등 개발중심의 도로건설로 인해 대기 및 수질오염, 화석자원 고갈, 소음 등 심각한 환경문제가 야기되었으며, 특히 도로건설 시 사용되는 콘크리트 포장의 경우 시멘트 생산과정에서 온실가스 발생으로 인해 친환경을 저해하는 배타적인 재료로 인식되고 있다. 그러나 공용연수, 마찰저항, 연료효율 및 반사율 등에서 우수한 결과를 보이는 콘크리트 포장의 사용은 국내 여건상 불가피할 수밖에 없다. 이와 같은 상황을 고려하여 콘크리트 포장 분야에서도 점차적으로 환경친화적 건설에 대한 중요성이 부각되고 있으며, 현재 국내에서는 콘크리트 포장 건설 시 발생되는 환경문제를 해소하고 친환경 도로 건설을 이룩하기 위한 다양한 공법들의 개발이 필요한 실정이다.

아직 전 세계적으로도 자동차 주행도로에 광촉매 콘크리트 포장을 시공한 예는 아직 발견되고 있지 않고, 더욱이 광촉매를 시공한 사례가 발견되고 있지 않기 때문에, 과제책임자를 중심으로 국내연구진이 독자적으로 개발한 광촉매 소재를 본 연구를 통하여 지속적으로 성능개선을 하고, 국내 도로포장 분야의 전문가와 광촉매 콘크리트 포장 개발 공동연구를 수행함으로써 관련 원천기술을 조기에 확보한다면, 광촉매소재를 통해 환경오염을 저감하고자 하는 녹색시대의 고객요구와 도로분야의 전 세계적 적용 파급력이 시너지 효과를 나타내어, 막대한 국부창출을 유도하는 데 본 연구가 크게 기여하리라고 기대된다.

# 참고문헌

이한승(2005), 콘크리트를 둘러싼 환경문제와 친환경 대응방안, 한국콘크리트학회지, v.17, no.4, pp.8~10

김화중(2000), 질소화합물(NOx)를 제거하는 시멘트 재료의 개발 연구, 한국양회공업협회 학술논문집, 시멘트 153, pp.50~54

국립환경과학원, 환경부(2009. 12), 2007 대기오염물질 배출량 연보

이원암 외(2001), 배기가스 제거 및 자기정화용 광촉매 콘크리트 개발 연구, 대한토목학회 가을 학술발표회 논문집, pp.265~270

이원암 외(2002), 광촉매 콘크리트의 특성에 관한 연구, 대한토목학회 2002년도 봄 학술발표회 논문집, pp.575~580

http://www.italcementigroup.com/NR/rdonlyres/B5F973F4-8D01-4796-ACEC-1A960C71092E/0/QA_UK.pdf

Anne Beeldens, An environmental friendly solution for air purification and self-cleaning effect: the application of $TiO_2$ as photocatalyst in concrete; http://www.brrc.be/pdf/tra/tra_beeldens_txt.pdf

# $CO_2$ 저감용 바이오 콘크리트 제조 및 포장 기술 개발

**정진훈**

인하대학교 부교수

본 연구는 콘크리트 포장의 성능을 높임으로써 시멘트 사용량을 줄이고, $CO_2$ 발생량을 저감시키는 기술을 개발하는 것이다. 이를 위해 탄산칼슘 생성 미생물을 콘크리트에 적용하여 콘크리트의 강도 증진 및 자가 재생 효과를 통해 유지보수 횟수를 줄임으로써 시공 시 발생하는 $CO_2$ 발생량을 저감시키고자 하였다. 미생물을 포자화하여 열악한 콘크리트 환경 속에서 장기간 생존할 수 있도록 고정화시키는 기술 개발과 최적배합비 도출 및 시공지침을 수립하고자 한다.

## 1. 서론

온실가스(이산화탄소) 배출량이 급증함에 따라 세계 평균기온은 지난 100년 동안 0.74℃ 상승하였고 홍수, 기온급변, 해수면 상승 등 이상기후의 발생빈도도 해마다 증가하고 있다. 이상기후로 인한 물리적, 금전적 피해가 증가함에 따라 '저탄소 녹색성장'이 전 세계적인 이슈로 떠오르고 있으며 '교토의정서'를 기본으로 글로벌 차원의 온실가스 저감 대책을 마련 중에 있다. 우리나라는 2013년 이후 온실가스 감축 대상국 지위를 갖게 되면서 탄소배출량 저감기술의 개발이 시급한 실정에 있다.

국내 온실가스 발생원 분석결과, 전체 온실가스 발생량 중 약 16%가 도로분야에서 발생하고 있다. 도로분야에서 발생되는 $CO_2$는 크게 토목 SOC 시설물에 의한 발생과 운송수단에 의한 발생으로 구분할 수 있다. 토목 SOC 시설물에서 발생하는 $CO_2$ 대부분은 시공단계에서 발생하며, 그중 콘크리트 재료로 사용되는 시멘트에 의한 $CO_2$ 발생이 큰 비중을 차지하고 있다. 2009년 기준 콘크리트 포장에 사용되는 시멘트의 생산량은 5,000만 톤이었으며, 시멘트 생산과정에서만 4,400만 톤의 $CO_2$가 발생된 것으로 파악되었다. 시멘트 운반에서 콘크리트 타설까지의 $CO_2$ 발생량을 추가할 경우 총 6,000만 톤의 $CO_2$가 배출된 것으로 추정된다. 최근에는 유가상승으로 인해 아스팔트 포장의 시공비가 증가함에 따라 생애 주기 비용 측면에서 유리한 콘크리트 포장의 시공률이 높아지는 추세이며, 이에 따라 시멘트의 사용량은 더욱 증가될 것으로 예상된다. 따라서 콘크리트 포장에서 발생하는 $CO_2$의 양을 줄이기 위해서는 시멘트 사용량을 줄이고 콘크리트의 성능개선을 통해 유지보수 횟수를 줄이는 것이 중요하다. 이를 위해 본 과제에서는 탄산칼슘 생성 미생물(microbial calcium carbonate precipitation)을 이용한 $CO_2$ 저감용 바이오 콘크리트 제조 및 포장기술을 개발하고자 하였다.

## 2. 기술의 개념 및 개괄

본 연구에서는 콘크리트 포장의 성능 향상 및 수명연장을 통해 시멘트 사용량을 줄이고 유지보수 횟수를 줄여, 시멘트 생산과 시공 및 유지보수 단계에서 발생하는 $CO_2$ 발생량을 저감시키고자 하였다. 콘크리트의 성능 향상 및 수명연장을 위해 콘크리트의 강도증진 및 자가재생 효과를 얻고자 하였다. 이 두 가지 효과를 얻기 위한 핵심 메커니즘은 미생물의 탄산칼슘 생성이다. <그림 1>과 같이, 미생물의 탄산칼슘 생성 메커니즘은 크게 분해기, 생성기, 축적기의 3단계로 분류된다.

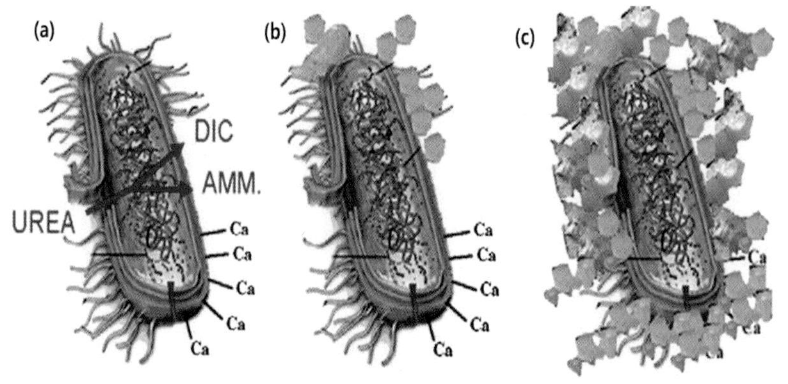


〈그림 1〉 미생물에 의한 탄산칼슘 생성과정(De Munyck et al., 2010)

탄산칼슘 생성 미생물은 요소분해 효소를 가지고 있으며, 주변의 요소를 분해하여 <그림 1>(a)와 같이 탄산이온($CO_3^{2-}$)과 암모늄이온($NH_4^+$)으로 변환시킨다. 분해된 탄산이온($CO_3^{2-}$)은 <그림 1>(b)와 같이 칼슘이온($Ca^{2+}$)이 결합되어 탄산칼슘($CaCO_3$)을 생성하고, 생성된 탄산칼슘은 <그림 1>(c)와 같이 콘크리트 포장 슬래브의 초기 미세균열에 흡착하여 균열을 메우는 자가재생 효과를 나타낸다. <그림 2>는 생성된 탄산칼슘을 SEM을 이용해 촬영한 모습이다.

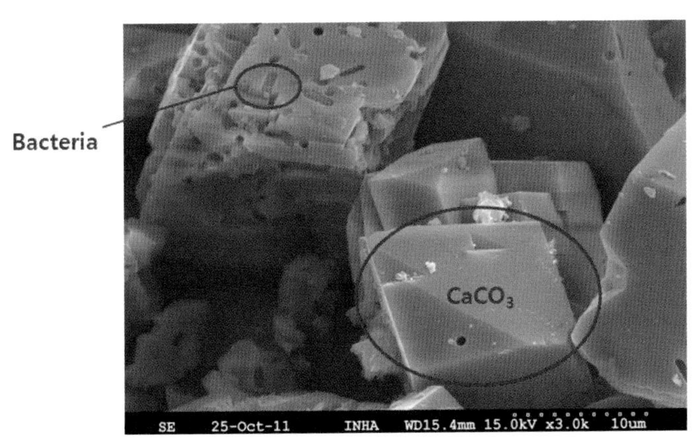


〈그림 2〉 미생물에 의해 생성된 탄산칼슘

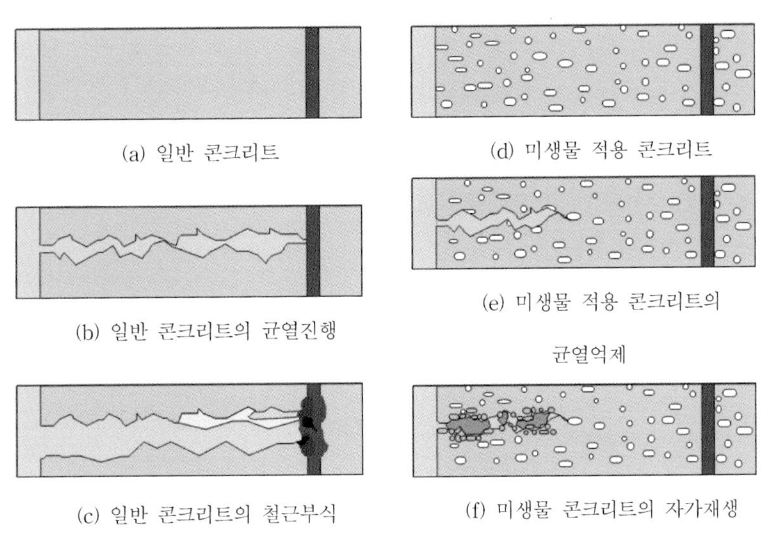

(a) 일반 콘크리트

(d) 미생물 적용 콘크리트

(b) 일반 콘크리트의 균열진행

(e) 미생물 적용 콘크리트의 균열억제

(c) 일반 콘크리트의 철근부식

(f) 미생물 콘크리트의 자가재생

〈그림 3〉 일반 콘크리트와 미생물 적용 콘크리트(De Muynck et al., 2010)

일반적인 콘크리트에는 <그림 3>(a)~(c)와 같이 미세균열을 통해 공기나 흙 등 다른 물질이 침투하고 이로 인해 균열이 확장 및 진행된다. 균열이 진행되면서, 콘크리트 내부의 철근이 공기와 수분에 노출되면 철근의 부식이 가속화되어 구조물의 강도저하 및 파손을 유발한다. 그러나 미생물이 적용된 자가재생 콘크리트의 경우 <그림 3>(e)와 같이 미생물에 의해 생성된 탄산칼슘이 미세균열을 초기에 보수하고 이로 인해 균열의 진행이 억제되어 콘크리트의 강도가 증진될 수 있다. 또한 철근의 부식을 방지하는 효과도 얻을 수 있다.

## 3. 국내외 기술 개발 현황

온실가스로 인한 문제가 증가함에 따라 관련 기술의 개발이 국내외에서 활발히 진행되고 있다. 유럽에서는 탄소흡수용 도로재료 관련 세계시장 규모를 2007년 기준 92억 유로로 추정하여 발전가능성이 큰 시장으로 분류하고, 탄소저감용 도로재료의 개발을 주도적으로 진행하고 있다. 국내에서도 시멘트 및 콘크리트 생산과정에서 발생되는 $CO_2$를 줄이기 위한 기술 개발의 필요성이 폭넓게 인식되고 있으며, 바이오 공학 분야에서는 다양한 천연재료를 이용한 기초소재의 개발뿐 아니라, 최근에는 콘크리트 구조물의 균열보수, 압축강도 증진 등에 미생물의 탄산칼슘 생성작용을 이용한 연구가 일부 진행되고 있다. 하지만 현재까지는 매우 초보적인 단계에 머무르고 있다. 국내 관련 특허의 대부분은 혼화제, 결합재의 조성을 변경하거나, 시멘트 대체물질을 개발하여 저탄소 콘크리트를 생산하는 방법에 국한되어 재료개발 단계에 머물러 있다. 따라서 본 연구를 기반으로 하는 실용화 연구를 통해 탄소저감 시장에서 우위를 선점하는 계기를 마련하고, 시장규모를 확대할 수 있을 것으로 판단된다.

## 4. $CO_2$ 저감용 바이오 콘크리트 제조 및 포장 기술 개발

본 연구는 4년에 걸쳐 진행될 예정이다.

### 4.1 1차년도

1차년도에서는 콘크리트 환경조건에서 생존이 가능한 탄산칼슘 생성 미생물 확보가 핵심목표이다.

1) 미생물 채취장소 및 방법선정

미생물을 콘크리트 성능향상에 이용하기 위해서는 콘크리트 환경조건에서의 미생물 생존이 매우 중요하다. 하지만 콘크리트 내부 환경조건은 일반적인 탄산칼슘 생성 미생물의 서식조건에 비해 매우 열악하다. 콘크리트는 수화반응 시 내부온도가 수화열에 의해 50℃ 이상까지도 상승하는데 이는 탄산칼슘 생성 미생물이 서식하는 토양 및 해양의 환경조건인 20~30℃를 훨씬 초과한다. 또한 콘크리트는 pH 12~13의 강알칼리의 성질을 띠기 때문에 미생물의 생존율은 더욱 감소하게 된다. 이러한 열악한 조건에서 서식하는 탄산칼슘 생성 미생물을 찾기 위해, 콘크리트 포장 슬래브에서 시료를 채취하여 콘크리트의 극한 환경에 대한 내성을 보유하고 있는 미생물을 분리하고, 그중 탄산칼슘 생성능력이 있는 미생물을 선별하고자 한다.

2) 미생물의 환경 저항성

미생물을 콘크리트에 적용시키기 위해서는 콘크리트 양생 시 발생하는 수화열과 콘크리트의 강알칼리에 대한 환경 저항성이 확인되어야 한다. 이를 위해 콘크리트와 유사한 온도와 pH를 조성하여 미생물의 환경 저항성을 평가한다. 이러한 평가를 통해 최소 45℃

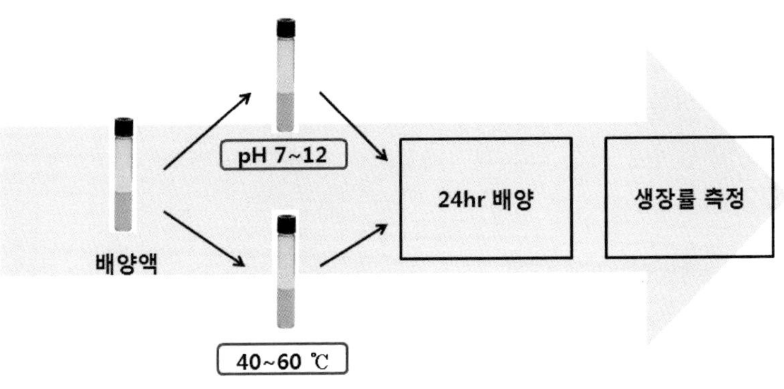


〈그림 4〉 미생물 환경 저항성 평가를 위한 실험

와 pH 10 이상의 조건에서 저항성을 보이는 미생물을 선별한다. 이러한 미생물의 탐색작업은 향후에도 지속적으로 진행하여, 보다 높은 환경 저항성을 가진 미생물을 선별한다.

3) 콘크리트 내 탄산칼슘 증가비율 확인

높은 환경 저항성을 가진 미생물을 선별한 후 콘크리트에 적용하여 탄산칼슘 생성을 확인한다. <그림 5>와 같이 일반 콘크리트와 미생물이 적용된 콘크리트 시편을 각각 제작하고 SEM(Scanning Electron Microscopy)을 실시한다. SEM 촬영은 간편하게 미생물에 의해 결정이 생성되는 것을 확인할 수 있는 장점이 있지만, 생성된 결정이 탄산칼슘인지는 확인할 수 없다. 따라서 생성된 결정에 대해 XRD(X-Ray Diffraction)을 실시하여 탄산칼슘인지 확인하고, EDS(Energy Dispersive Spectroscopy)를 통해 시편 내 탄산칼슘 증가율을 측정한다.

〈그림 5〉 콘크리트 내 탄산칼슘 측정실험

## 4.2 2차년도

2차년도에서는 선정된 탄산칼슘 생성 미생물이 콘크리트의 열악한 환경조건하에서도 장기간 생존할 수 있는 방법으로 알려진 포자화 및 고정화 기술을 확보하고, 공시체 제작으로 생존율을 측정하여 미생물의 최적배합비를 도출한다.

1) 미생물 고정화(Sol-gel) 여부

콘크리트 내부는 CaO, $Fe_2O_3$, $SiO_2$ $Al_2O_3$, $CaSO_42H_2O$, MgO 등과 같은 다양한 화학 조성물로 이루어져 있는데 이러한 조성들은 미생물의 생존율을 감소시키는 요소가 된다. 뿐

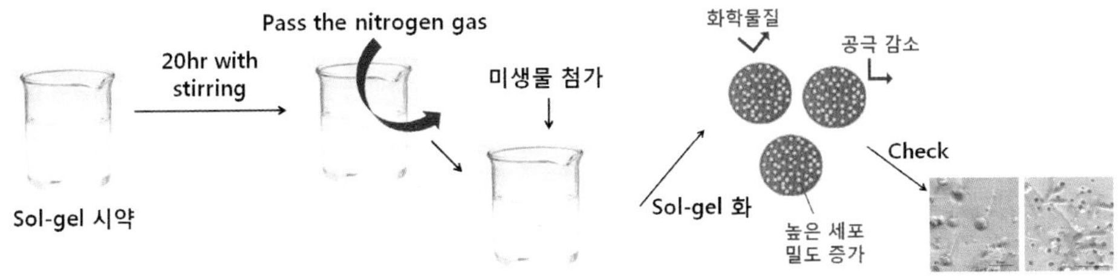


〈그림 6〉 고정화(Sol-gel) 실험(Soltmann et al, 2003)

만 아니라 경화시간에 따른 콘크리트 내부의 공극감소도 미생물의 생존율을 감소시키는 요인으로 작용할 수 있다. 이러한 요인들로부터 미생물을 보호하기 위한 방안으로 미생물의 Sol-gel화 기술을 적용한다. Sol-gel화 기술은 <그림 6>과 같이 미생물을 농축하여 보호막을 씌우는 기법으로, 시멘트 경화 시 발생되는 화학물질과 시멘트 공극감소로 인한 미생물 사멸을 억제할 수 있다. 또한 Sol-gel 안의 미생물은 높은 밀도로 농축되어 있기 때문에 콘크리트 균열에서 미생물에 의한 탄산칼슘 생성효율을 향상시킬 수 있다.

2) 포자화 및 고정화 미생물의 환경 저항성

미생물 적용 콘크리트가 장기적으로 강도 증진 및 자가재생 효과를 발현하기 위해서는 미생물이 장시간 생존하여야 한다. 이를 위해 <그림 7>과 같이 탄산칼슘 생성 미생물의 포자화 방법을 이용하여, 콘크리트 환경에서 장기 생존율을 높이는 연구를 수행한다. 미생물은 대부분 일반대사를 하는 영양세포로 존재하지만, 극한적인 환경이나 인위적인 조건에서 생존하기 위하여 포자를 형성함으로써 일종의 가사상태로 생존한다. 포자를 형성한 미생물(이하 포자로 지칭)은 미생물의 종류에 따라, 방사능 오염조건이나 우주환경과 같은 극한환경 조건에도 생존이 가능할 정도로 환경 저항성이 증가한다. 이와 같이 형성된 포자에 대해 높은 온도와 pH하에서의 환경 저항성을 평가한다.

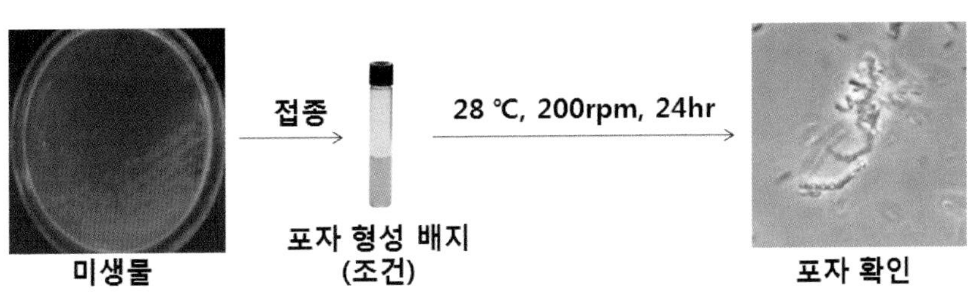


〈그림 7〉 포자형성 유도실험

3) 미생물의 콘크리트 최적 배합비 도출

포자화를 통해 생존율을 높인 탄산칼슘 생성 미생물을 콘크리트에 혼합하여 최적의 콘크리트의 강도 증진 및 자가재생 효과를 나타내는 혼합비를 확보한다. 이를 위해 포장 슬래브의 일반적인 배합비를 기준으로 미생물의 혼합량을 변화시켜 가며 최적 배합비를 도출한다. 혼합되는 미생물의 양은 별도의 장비나 계산과정 없이 쉽게 조절할 수 있도록 배양액의 중량비로 나타낸다. 이를 위해 배양액의 단위무게 당 미생물 수는 일정하게 유지시켜야 한다. 혼합 완료 후 굳지 않은 콘크리트의 워커빌리티를 확인하기 위한 슬럼프 시험과 동결융해에 대한 내구성을 확인하기 위한 공기량 시험을 실시한다. 굳은 콘크리트의 압축강도, 휨강도와 동결융해 시험을 통해 기본적인 성능을 확인한다. 시험결과를 토대로 최적 배합비를 도출한다.

## 4.3 3차년도

3차년도에는 콘크리트 포장 시공에 적용하기 위한 미생물 대량 배양기술을 확보하고 배양 및 제조공정 지침을 확보한다.

1) 미생물 중규모, 대규모 배양 및 생존율

본 연구의 현장 적용성을 확인하기 위해서는 시험시공과 같은 대규모의 실험이 필요하며, 이를 위해서는 많은 양의 미생물이 필요하다. 기존 실험실 수준의 배양(소량, 다수의 batch 배양) 방법으로는 인력, 비용 등의 면에서 매우 비효율적이다. 따라서 효율적인 미생물 배양을 위해서는 100L 이상의 용기에서 대량 배양하여 미생물을 획득해야 한다. 그러나 배양규모가 증가할 경우, 배양에 관여된 여러 가지 변수가 발생할 수 있다. 이러한 변수들은 배양 시 예측하지 못한 결과를 불러와 미생물 생장률이 감소할 수 있으며, 타 미생물에 의해 오염될 가능성도 있다. 또한 대규모 배양이 실패할 경우, 사용된 배양액 손실 및 오염 미생물 세척을 위한 비용 등의 막대한 손실이 발생한다. 이러한 손실을 막기 위해 <그림 8>과 같이 실험실 규모에서 실시하는 배양부피를 단계적으로 늘려 이에 따른 변수를 파악하고 대처방안을 마련해야 한다.

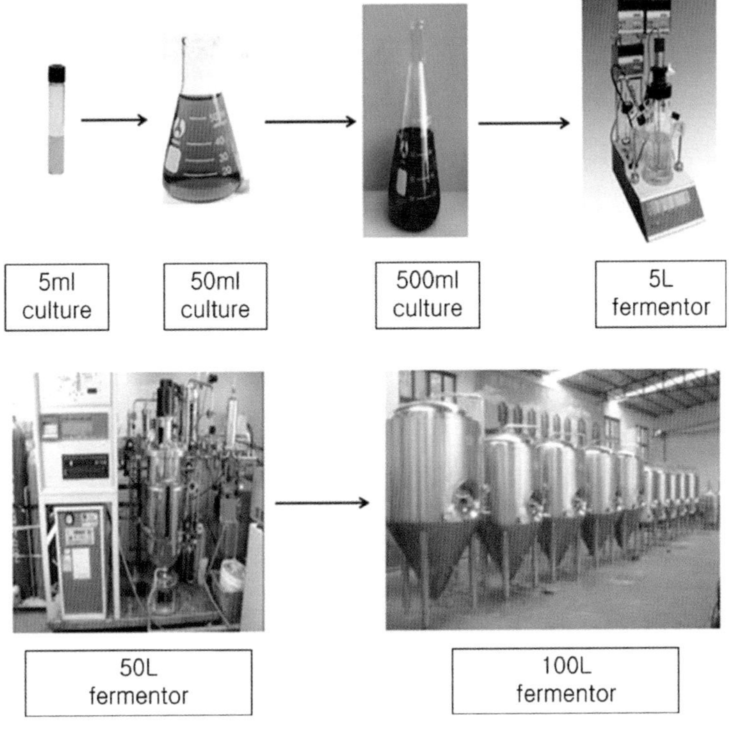


〈그림 8〉 단계적 Scale Up에 의한 중규모 및 대규모 배양

2) 미생물 배양 및 제조공정 지침서

배양되는 미생물의 품질관리 및 생산능력 확보를 위해, 앞선 실험을 통해 선별된 변수들에 관한 지침이 마련되어야 한다. 기존 연구사례에서는 온도, pH, 배지조성, RPM, 오염유무, 그리고 배양시간 등이 대규모 배양과 관련된 주요인자로 언급되었다. 따라서 본 지침에서는 배양 중 온도와 pH의 허용변동 범위를 제시하고, 배지조성 역시 대규모 배양에 맞게 변형 및 변경시킬 것이다. 또한 미생물에게 충분한 산소공급량과 함께 배양기의 프로펠러에 의해 미생물이 Shearing damage를 일으키지 않도록 적당한 회전속도를 설정하여야 한다. 그리고 일정한 시간간격으로 배양기의 배양액 시료를 채취하여 생존율과 포자형성률을 확인하고 미생물 및 포자수율을 높이도록 해야 한다. 대규모 배양 시, 미생물 오염위험이 커지므로, 배양 중간에 미생물 오염유무를 검사하여 대규모 배양에 맞는 무균조작법을 정립하여야 할 것이다.

## 4.4 4차년도

4차년도에서는 기존의 연구를 통해 확보된 기술들을 이용하여 현장에 시험시공을 실시한다. 시험 시공된 구간에서 코어를 채취하여 실제 시공조건하에서의 미생물 생존율과 강도 증진효과를 확인하고, 성능확보를 위한 지침을 작성한다.

### 1) 시험시공 포장 미생물 생존율 확인

시험 시공된 콘크리트 포장 슬래브 내의 미생물은 온도변화, 수분손실, 자외선 노출 등 불균일한 조건으로 인하여 실내시험 조건보다 열악한 환경에 노출되기 쉽다. 이러한 환경으로 인해 미생물의 생존율이 감소할 경우, 콘크리트의 품질저하로 이어질 수 있다. 따라서 최소한의 성능 및 경제성을 확보하기 위해서는 콘크리트 속의 미생물이 초기 투입량의 1% 이상 장시간 생존하여야 한다. 이를 확인하기 위해 충분히 양생된 콘크리트 포장의 코어를 채취하여 미생물의 생존율, 최소저해 농도, 최적확수 및 군집형성 단위 등을 확인한다.

### 2) 시험시공 콘크리트 강도시험

현장에서는 미생물이 노출되는 환경조건이 달라 콘크리트 압축강도 역시 실내시험과 다른 결과를 나타낼 수 있으므로 시험 시공된 일반 콘크리트 포장 구간과 미생물 적용 콘크리트 포장 구간에서 코어를 채취하여 압축강도를 비교한다. 콘크리트 포장은 슬래브가 교통하중을 지지하기 때문에 압축강도보다 휨강도가 포장의 성능검증에 더욱 적합하다고 할 수 있다. 하지만 휨강도 시편은 압축강도 시편에 비해 크기 때문에 시편의 채취에 어려움이 있다. 또한 코어를 채취한 위치를 보수해야 하는데 채취면적이 클 경우 보수가 어려울 뿐 아니라 차량통행에도 영향을 줄 수 있다. 따라서 본 연구에서는 시편의 채취 및 시험이 간편한 압축강도 시험을 실시하여 휨강도와 압축강도와의 관계를 검토하고, 일반 포장과 미생물 적용 포장 간의 성능을 비교한다.

### 3) 지침(안) 정립

균일한 품질의 미생물 적용 콘크리트 포장을 시공하기 위해서는 관련된 별도의 시공지침이 필요하다. 미생물을 적용한 콘크리트는 미생물의 생존율에 따라 성능이 크게 좌우되므로 혼합량뿐 아니라 보관 및 시공단계에서의 온도 및 pH 관리가 중요하다. 운반 및 보관단계에서는 저장창고의 온도 및 자외선 차단 등에 관한 내용이 추가되어야 할 것이다. 배합설계 단계에서는 pH에 영향을 줄 수 있는 시멘트의 종류 선정, 혼합 시 주변온도, 배합방법 등에 관한 내용이 추가되어야 할 것이다.

본 과제는 미생물을 이용하여 콘크리트 포장의 시공 및 보수과정에서 발생하는 $CO_2$ 양을 저감하는 기술 개발에 초점을 맞추고 있다. 미생물을 이용한 $CO_2$ 저감기술은 현재 초기 단계로, 다음과 같은 주제에 대해 추가적인 연구가 진행되어야 할 것이다.

### 4.5 앞으로의 개발방향

1) 경제성 확보

미생물을 적용한 콘크리트는 강도증진 및 자가재생을 통한 $CO_2$ 저감효과가 있지만, 미생물의 배양이라는 공정이 추가되는 만큼 시공단가의 상승은 불가피하다. 만일 가격 경쟁력을 확보하지 못한다면 현장적용에는 한계가 있다. 본 연구가 미생물을 이용한 콘크리트의 성능검증 및 대량생산의 가능성을 검증하는 데 초점이 맞춰진다면 추후연구에서는 다양한 방법을 통해 생존율 향상과 배양 효율 증대를 통해 생산단가를 낮출 수 있는 생산방법 및 시설에 대한 연구가 진행되어야 할 것이다.

2) 적용범위의 확장

콘크리트는 전 세계적으로 가장 많이 사용되는 재료 중 하나이다. 따라서 본 연구를 통해 개발된 미생물 적용 콘크리트 제조기술은 도로포장뿐만 아니라 일반건설 구조물 시공에도 충분히 적용이 가능하다. 하지만 도로포장과 구조물 시공에서 요구되는 콘크리트의 성능에는 다소 차이가 있다. 따라서 본 과제에서 수행된 결과를 토대로 여러 구조물에 적용하는 연구가 추가 진행되어야 할 것이다.

## 5. 결론

본 연구는 콘크리트에 탄산칼슘을 생성시키는 미생물을 적용하여 콘크리트 포장에 의해 발생하는 $CO_2$를 저감하고자 한 것이다. 기존보다 강도가 증진되고 자가재생 능력을 가진 콘크리트는 시멘트 사용량과 유지보수 횟수를 줄이고 시공 시 발생하는 $CO_2$를 저감시킬 것이다. 이를 위해 콘크리트 환경에서 서식하는 미생물을 채취하여 탄산칼슘 생성능력을 보유한 균종을 선별하는 작업이 진행 중에 있으며, 선별된 미생물이 열악한 콘크리트 환경에서 장기간 생존할 수 있도록 포자형성 및 고정화 기술을 확보하고자 한다. 또한 미생물의 대규모 배양기술을 확보하고, 현장 시험시공을 통해 미생물의 생존율 및 강도증진 효과를 검증한 후 균일한 성능확보를 위한 시공지침을 수립할 계획이다.

# 참고문헌


Chunxiang, Q., W. Jianyun, W. Ruixing, and C. Liang(2009), Corrosion protection of cement-based building materials by surface deposition of $CaCO_3$ by Bacilluspasteurii, Mater. Sci. Eng. C. 29: 1273～1280

De Muynck, W., N. De Belie, and W. Verstraete(2010), Microbial carbonate precipitation in construction materials: A review. Ecol. Eng. 36: 118～136

De Muynck, W., K. Cox, N. De Belie, and W. Verstraete(2008), Bacterial carbonate precipitation as an alternative surface treatment for concrete, Constr, Build, Mater, 22: 875～885

De Muynck, W., D. Debrouwer, N. De Belie, and W. Verstraete(2008), Bacterial carbonate precipitation improves the durability of cementitious materials, Cem. Concr. Res. 38: 1005～1014

Jonkers, H. M., A. Thijssen, G. Muyzer, O. Copuroglu, and E. Schlangen(2010), Application of bacteria as self-healing agent for the development of sustainable concrete. Ecol. Eng. 36: 230～235

De Muynck, W., N. De Belie, and W. Verstraete(2010), Microbial carbonate precipitation in construction materials: A review. Ecol. Eng. 36: 118～136

Madigan, M. T., Martinko, J. M., and Parker, J.(2002), Brock biology of microorganisms(10th edition): Upper Saddle River, New Jersey, Prentice Hall, Pearson Education, Inc

U. Soltmann, J. Raff, and S. Selenska-Pobell(2003), Biosorption of Heavy Metals by Sol-Gel Immobilized Bacillus sphaericus Cells, Spores and S-Layers, J. Sol-Gel Sci. Technol, 26: 1209～1212

L. C. Shriver-Lake, W. B. Gammeter, S. S. Bang, and M. Pazirandeh(2002), Covalent binding of genetically engineered microorganisms to porous glass beads. Anal. Chim. Acta, 470: 71～78

L. Chu. and D. K. Robinson(2001), Industrial choices for protein production by large-scale cell culture. Curr. Opin. Biotech. 12: 180～187

O. Pulz(2001), Photobioreactors: production systems for phototrophic microorganisms. Appli. Microbiol. Biotech, 57: 287～293

B. K. Lonsane, G. Saucedo-Castaneda, M. Raimbault, S. Roussos, G. Viniegra-Gonzalez, N. P. Ghildyal, M. Ramakrishn, and M. M. Krishnaiah(1992), Scale-up strategies for solid state fermentation systems. Process Biochem, 27: 259～273

M. L. Shuler. and F. Kargi(1991), Bioprocess Engineering: Basic Concepts. Prentice Hall PTR, New Jersey

# DAC 기술을 활용한 도로 $CO_2$ 흡수기술

**강호근**
㈜평화엔지니어링 책임연구원

DAC(Direct Air Capture) 기술은 대기 중 $CO_2$를 능동적으로 포집하는 기술로서, 비점오염원인 도로에서 DAC 기술을 이용하여 $CO_2$를 직접적으로 흡수할 수 있는 기술을 개발하고자 한다. 이러한 기술의 개발은 국가 온실가스 배출량 감축 및 혁신적인 국가기술력 향상에 이바지할 것으로 예상되며, 자동차 등 비점오염원에서 배출되는 대기 중 $CO_2$를 저감할 수 있는 혁신적인 기술이 될 것이다.

## 1. 서론

전 세계적으로 지구 온난화로 인한 기후변화와 생태계 파괴는 개발과 성장 위주의 정책일로를 걷던 인류에게 더 이상 묵과할 수 없는 인류생존의 위협이 될 수도 있는 중차대한 사안이 되었다. 온실가스 배출은 전 세계 기후변화에 상당한 영향을 미치고 있고, 주요 온실가스로 $CO_2$는 화석연료에 의한 에너지의 사용으로부터 주로 발생한다. $CO_2$ 배출량을 감축시키기 위하여 화석연료 대체에너지로서 신·재생에너지의 사용을 위한 기술이 대두되어 왔다. 하지만 이 방법은 현재 또는 가까운 미래에 상용화를 위한 기술적·경제적 장벽이 있기 때문에 $CO_2$ 포집 및 저장(CCS; Carbon Capture and Storage) 기반시설의 도입이 사회적·국가적으로 대두되고 있다. CCS 기반시설은 $CO_2$의 포집, 저장 및 수송에 이르기까지 많은 분야의 기술이 종합적으로 연관된 일련의 공정이다.

현재 지구상에서 배출되는 $CO_2$는 연간 260억 톤으로 추산되며, 그중 40%는 점오염원(발전소 등), 50%는 비점오염원(운송수단 및 빌딩 등)에서 그 외 10%는 공장에서 배출되고 있다. 발전소에서 배출되는 $CO_2$ 포집 및 저장기술은 국내외에서 막대한 R&D 투자자

금으로 개발되고 있으나 배출량의 50%를 차지하는 자동차 등에서 배출되는 $CO_2$ 포집에 대한 연구는 진행된 바 없으며, 이에 대두된 것이 DAC(Direct Air Capture) 기술이다. DAC 기술은 대기 중 $CO_2$를 능동적으로 포집하는 기술로서 미국, 캐나다 등의 연구기관에서 최근 7~8년간 집중적으로 연구가 수행되고 있으며 그 범위가 확대되고 있다.

<그림 1>은 IPCC의 기후모델을 기초로 한 대기 중 $CO_2$ 농도변화의 자료로서 BACT(Best Available Control Technology)를 사용하더라도 450ppm을 상회하는 것으로 예측되었다.

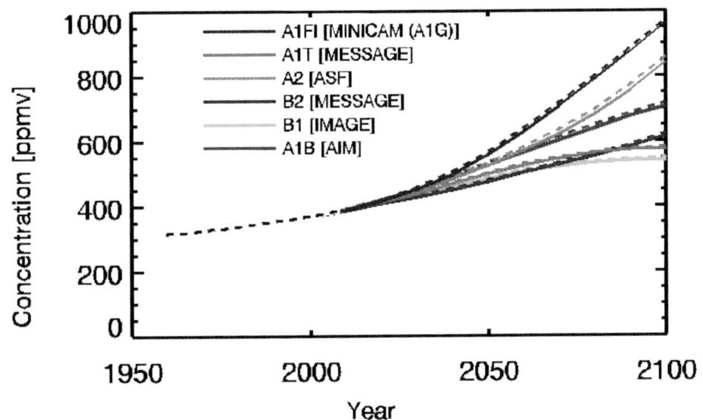


주) 1. 1958년부터 2008년까지 Mauna Loa에서 조사된 대기 중 $CO_2$ 농도(검은 점선)
2. IPCC의 6가지 시나리오에 따른 대기 중 $CO_2$ 농도(각 점선)

〈그림 1〉 향후 대기 중 $CO_2$ 농도 전망

$CO_2$의 대류권 체제시간은 약 40년으로 발전소 등의 점오염원에서 90% 이상 포집하더라도 비점오염원에서 배출되는 $CO_2$를 포집하지 않으면 450ppm의 임계농도(critical concentration)를 유지하지 못할 것으로 예측된다. 따라서 이에 대한 기술적 대안으로 대기 중 $CO_2$를 능동적으로 포집할 수 있는 DAC 기술 개발이 필요한 실정이다.

본고에서는 이러한 DAC 기술을 활용하여 도로에서 발생하는 $CO_2$를 흡수할 수 있는 기술과 그러한 기술의 적용방안에 대하여 기술하고자 한다.

## 2. 관련 기술 현황

### 2.1 CCS 관련 기술 현황

교육과학기술부 산하 이산화탄소저감및처리기술개발사업단에서는 기후변화대응 기술개발을 통한 저탄소 녹색성장 기반을 구축하기 위해 지난 10년간 약 1,000억 원의 R&D 비용으로 발전소의 PCC(Post Combustion Capture) 연구를 수행하였다. 현재 3단계 4차년도 사업이 진행 중이며 10개 기술에 대한 상용기술 확보를 통해 약 900만 탄소톤을 저감할 수 있는 CCS 기술의 혁신적·저비용 $CO_2$ 처리기술을 확보하였다.

또한 선도국 대비 기술수준을 평균 90%까지 달성하였고, 기술격차를 약 2.9년으로 단축하였다. 특히 2010년에 세계 최초 건식흡수제 이용 $CO_2$ 포집 공정 실증을 위해 남부발전 하동화력발전소에 0.5MW급 파일럿 플랜트를 준공하였고, 2009에는 혁신적 $CO_2$ 포집용 TR 분리막 기술을 해외 다국적 기업인 Air Product사에 기술이전을 하였다.

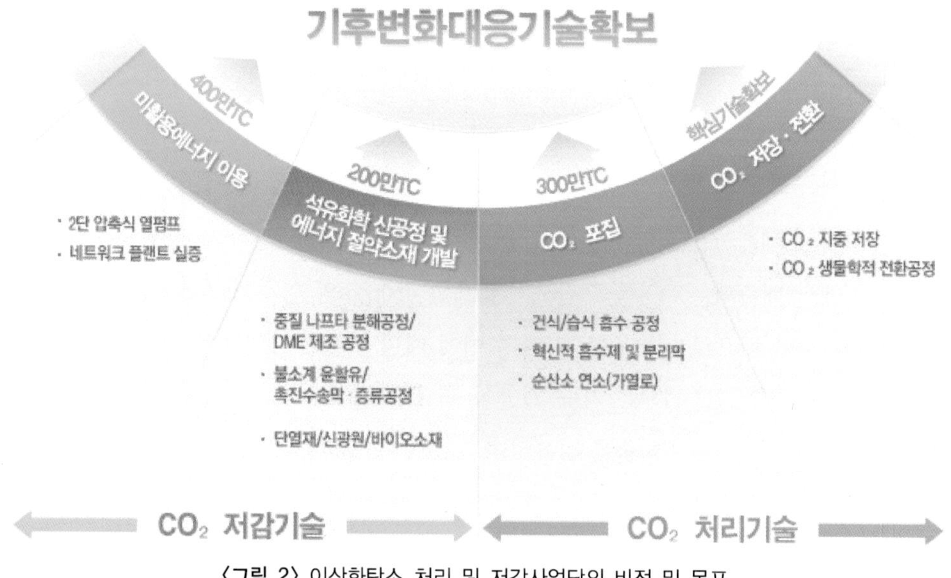


〈그림 2〉 이산화탄소 처리 및 저감사업단의 비전 및 목표

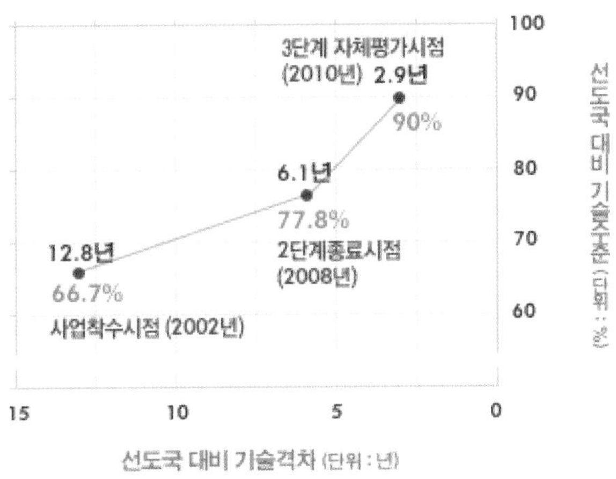


〈그림 3〉 이산화탄소 저감 및 처리기술개발사업단 기술수준 목표

우리나라는 2013년부터 온실가스 의무감축 지정이 확실시되며 국내에서도 이에 대비한 다방면의 노력이 경주되고 있다. 2009년 6월에 에너지관리공단은 미국 시카고 기후거래소와 국내 배출권 거래소 설립 관련 MOU를 체결하였고, 이 양해각서는 KCER(Korea Certified Emission Reduction) 등 향후 국내 정부기관 및 기업체의 온실가스 감축을 평가, 검증하겠다는 의지를 담고 있다. 한국이 $CO_2$ 의무 감축국에 속하게 될 경우 외국에 비용을 지불하여 $CO_2$를 처리할 수밖에 없는 실정이므로 $CO_2$ 저감기술의 개발은 시장성 측면에서 중요한 연구과제라고 할 수 있다.

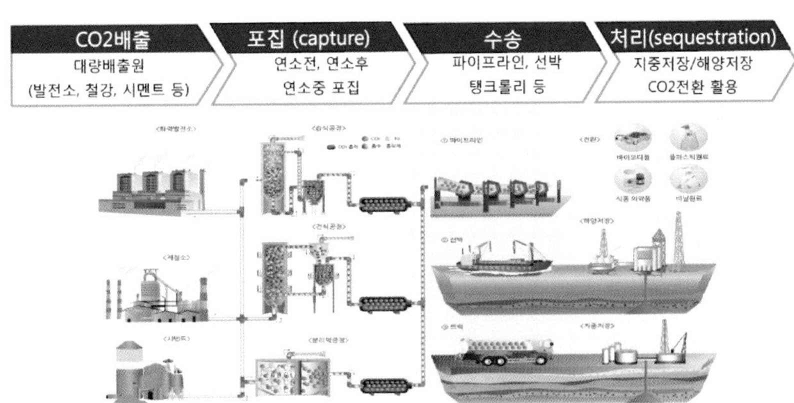


〈그림 4〉 CCS(Carbon Capture and Sequestration)의 개념

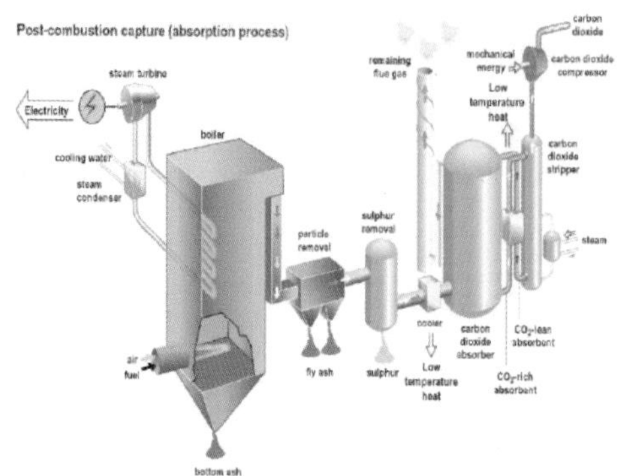


- **개발 기술 현황($CO_2/N_2$)**
  - **화학 흡수 : 열을 이용 재생**
    **대표적 개발 용매** : MEA, MDEA, KS-1,2,3 (hinder amine), Potassium carbonate & catalyst Econamine (diglycolamine) 등

    → **화학흡수법이 가장 적용 가능성 높음**
  - **기타** : Solid Sorbent, Membrane, Cryogenic **기술 적용**

〈그림 5〉 $CO_2$ 흡수공정도

$CO_2$ 발생원에 대해서 CCS는 배출가스 중 $CO_2$ 흡수액 또는 분리막으로 분리회수한 후 다공질의 지층(대수층)이나 고갈된 오일·가스유전 등에 고압으로 유입시켜 저장하는 기술을 이용한다.

이러한 CCS 기술은 현재 대량 배출원(발전소, 산업공정)에 대한 적용 연구가 활발히 이루어지고 있고, 현재 대량배출원에서 적용되는 공정은 대부분 연소 후(post-combustion) 포집공정 기술로서 흡수제인 용매를 이용한 화학적 흡수공정이다.

## 2.2 Direct Air Capture 관련 기술 현황

대기 중의 $CO_2$를 대형 구조물을 설치하여 저감하는 air capture 기술이 미국 컬럼비아대학(University of Columbia)의 Klaus Lackner 교수에 의해 제안되었고, 캐나다, 스위스 등에서 요소기술을 개발 중에 있다. Klaus Lackner 교수와 GRT(Global Research Technologies)가 제안한 air capture 기술은 air extractor라는 원통형과 나무모양(artificial trees)의 대형 구조물을 이용하여 대기 중의 $CO_2$를 air extractor 안으로 흡수하여 저감하는 기술로서 Air extractor 1대는 연간 90,000톤의 $CO_2$ 처리가 가능한데 이는 연간 15,000대의 자동차에서 배출되는 $CO_2$의 양과 비슷한 수준으로 설계되었다.

특히 air capture 기술은 기존의 CCS 기술과는 달리 어떤 장소에도 설치가 가능하며, 다양한 배출원에서 대기 중으로 배출되는 $CO_2$를 저감할 수 있다는 장점을 가지고 있어 장기적인 운영에 따른 대기 중 $CO_2$ 농도를 혁신적으로 저감할 수 있을 것으로 예상하고 있다.

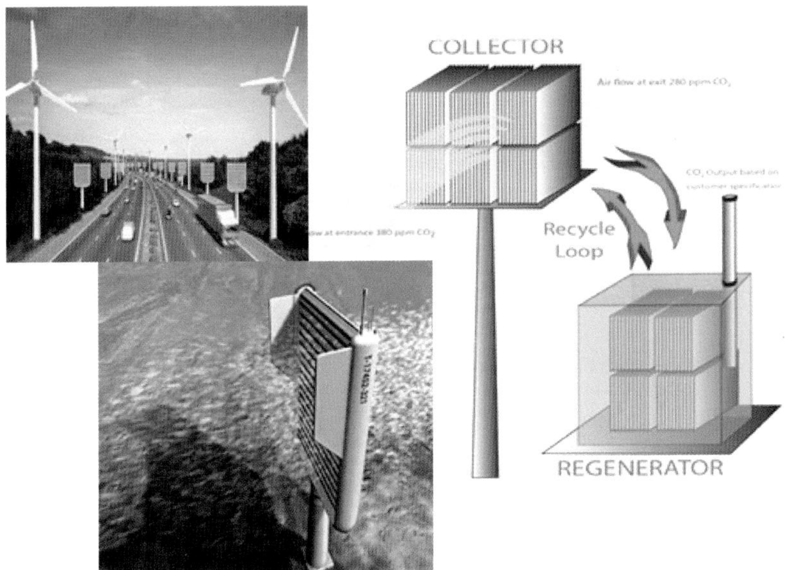


〈그림 6〉 Air extractor를 이용한 air capture technology 모식도

〈그림 7〉 David Keith 교수가 고안한 대형 scrubber 모식도

캐나다 캘거리대학(University of Calgary)의 David Keith 교수 연구팀도 air capture technology 기술을 연구개발 중에 있다. David Keith 교수 연구팀에 의해 개발 중인 carbon air capture 기술은 공기가 흡수제(sorbent material)와 접촉해 공기 속의 $CO_2$가 흡수제와 화학반응을 일으키면 추가 화학반응이나 전류를 통해 $CO_2$만 따로 포집하는 기술이다. 연구팀은 2005년에 spray tower를 제작해 carbon air capture을 시범 운영하였고, 2008년에는 ETH Swiss Federal Institute of Technology의 Marco Mazzotti 교수와 University of Rome의 Renato Baciocchi 교수 등과 함께 Sulzer Chemtech사의 지원 아래 새로운 packed tower를

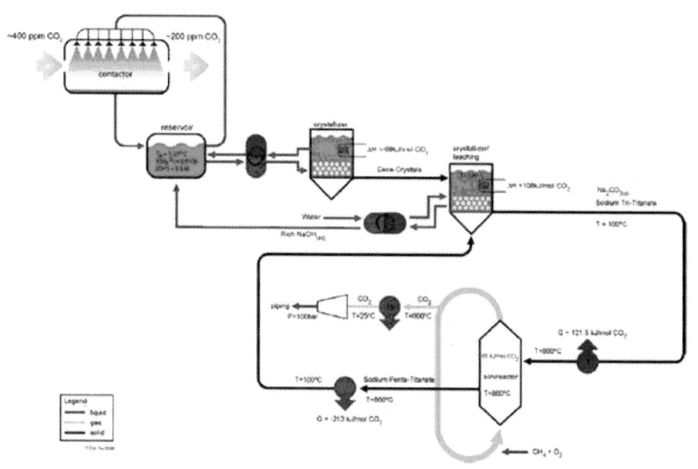


〈그림 8〉 Mahmoudkhani와 Keith 교수 연구팀의 습식 세정 시스템 개념도

제작하였다. Keith 교수 연구팀의 제작형 타워는 단지 $1m^2$ 면적의 scrubbing 물질을 이용해 1년에 20톤의 $CO_2$(북미에서 한 사람이 1년 동안 배출하는 $CO_2$의 양)를 제거할 수 있다.

캐나다 Mahmoudkhani와 Keith 교수 연구팀은 펄프제지 산업공정에 기반한 신기술을 개발하였다. Mahmoudkhani와 Keith 교수에 의하면 이 공정은 기존공정 대비 절반의 에너지를 사용하고, 낮은 투자비와 운전이 쉬운 기존산업의 요소를 이용하기 때문에 비교적 구성하기 쉬운 기술로서 킬른(kiln) 내 탄산나트륨으로부터 이산화탄소가 배출되면, 이후 이산화탄소는 압축되며, 저장을 위해 파이프라인을 통해 지리학적 격리장소로 이송된다.

## 2.3 도로변 대기오염물질 저감기술 현황

일본에서는 간선도로 주변에 자동차 운행증가로 인한 대기오염이 심각한 문제로 대두되고 있어 도로변 대기정화를 위한 도로구조 및 교통상황 개선과 함께 국소적인 대기정화 연구가 진행 중이다. 특히 NOx를 제거할 수 있는 활성탄소섬유(ACF; Activated Carbon Fiber)를 충진시킨 통풍식 펜스를 도로변에 설치하면 자연풍에 의해 흡착되며, 물로 세척하여 재생시킬 수 있기 때문에 비용적인 측면과 환경적인 측면에서 효과적일 것으로 판단하고 있다. 일본 전력중앙연구소는 실증시험을 통하여 활성탄소섬유(ACF) 펜스로 제안된 패널(panel)형 펜스와 슬릿(slit)형 펜스를 이용하여 일정조건하에서 NOx 제거성능을 연구 중에 있다.

또한 일본에서는 방음벽과 가드레일 등 도로시설물에 광촉매를 코팅하여 도로변에서 발생되는 대기오염물질을 저감하는 데 활용하고 있으나 현장적용은 아직 초기단계이며, 오사카에서 방음벽에 광촉매를 적용하여 3년 동안 내구성을 모니터링한 결과 성능이 떨어진 제품도 있었으나, 5년이 지난 시점에서도 우수한 제품도 있는 것으로 조사됨에 따라 일본 도로공단에서는 요금소를 중심으로 광촉매 적용효과에 대한 조사를 계속해서 진행하고 있다.

패널형 펜스

슬릿형 펜스

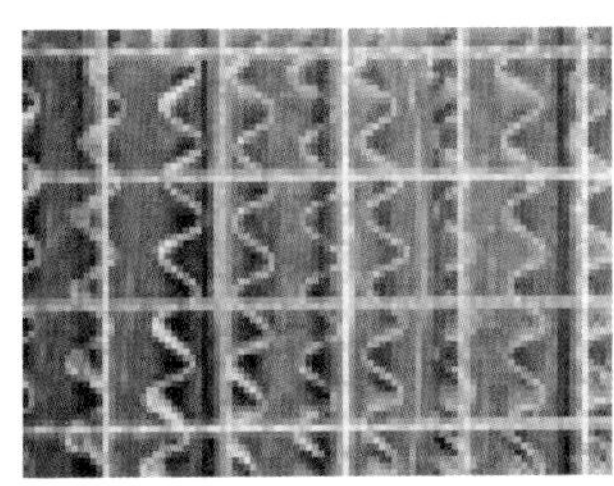

슬릿형 펜스 내부

〈그림 9〉 통풍식 펜스의 prototype

〈표 1〉 일본 도로변 대기오염물질 제거 시스템 적용사례

| | |
|---|---|
|  | 광촉매 코팅 투명방음벽<br>· 투명방음벽에 광촉매 응용<br>· 적용구간: 나고야 시 국도 302호 모리야마구 야부토초 부근<br>· 기대효과: 투명방음벽에 광촉매 코팅으로 방오기능 기대 |
|  | 톨부스 앞 돌출부 광촉매 코팅<br>· 고속도로 영업소에서의 광촉매 응용<br>· 적용구간: 나고야 고속도로 영업소<br>· 기대효과: 방오기능 및 대기오염물질 저감 효과 기대 |
|  | 도로변 육교 외장 광촉매 코팅<br>· 육교에서의 광촉매 응용<br>· 적용구간: 나고야 시 기타구 메이조 2초메<br>· 기대효과: 방오기능 및 대기오염물질 저감 효과 기대 |

## 3. DAC 기술을 활용한 도로 $CO_2$ 흡수기술 연구

본 연구는 도로에서 적용 가능한 고효율·저비용의 DAC 시스템의 개발을 목표로 하고 있으며, 도로시설물(방음벽, 버스정류장, 가로등 등)의 기존시설물을 활용하여 복합적인 기능을 가지는 장치를 개발하는 것이다.

연구의 최종목표는 고효율·저비용 DAC 시스템 개발로서 구체적으로 20ton$CO_2$/yr·$m^2$의 흡수를 목표로 한다. 세부목표는 다음과 같다.

- 저농도 $CO_2$ 흡수·흡착 메커니즘 확보
- DAC 기술을 적용한 인공나무(artificial tree) 설계기술 도출 및 개발
- DAC 기술을 적용한 고효율·저비용 시스템 시제품 개발
- DAC 기술을 적용한 시스템의 도로 적용성 평가
- DAC 기술을 적용한 시스템의 상용화

본 연구를 위하여 구성된 컨소시엄은 ㈜평화엔지니어링과 아주대학교 환경공학과, 그리고 ㈜수도프리미엄엔지니어링으로 구성되어 있다. 평화엔지니어링은 개발된 DAC 기술의 도로에의 적용방안에 대하여 연구하며, 아주대학교 환경공학과는 세부 DAC 핵심기술을 개발한다. 수도프리미엄 엔지니어링은 개발 DAC 핵심기술을 바탕으로 장치모듈 등을 개발하고 이에 따른 생산공정을 구축하는 연구를 수행한다.

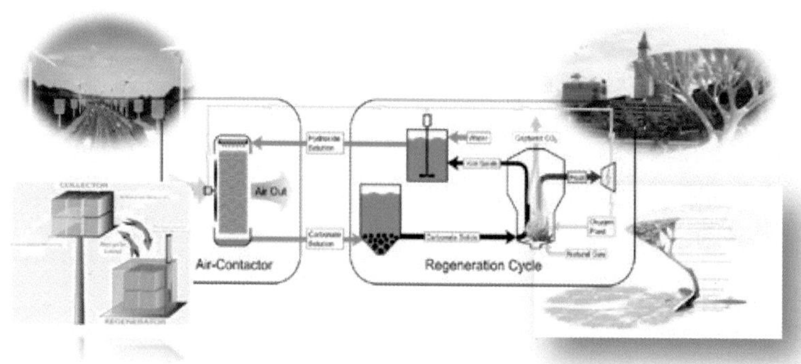


〈그림 10〉 DAC 기술을 이용한 도로 $CO_2$ 흡수 기술

## 4. 결론 및 정책제안

대기 중의 온실가스인 $CO_2$는 지구 온난화에 대한 기여도가 매우 높아 전체의 약 90%를 차지하는 것으로 알려지고 있다. 한편 전 세계 에너지 소비량의 33%를 교통부문이 사용하고, 그 중 약 98%는 휘발유와 경유 등의 화석연료에 의존하고 있으며 자동차교통에 의한 $CO_2$ 배출량은 약 25%를 차지하고 있다. 이러한 배경하에 본고에서는 차량 등이 배출한 $CO_2$를 직접적으로 공기 중에서 저감할 수 있는 DAC(Direct Air Capture) 기술에 대해 알아보고, 도로변에서 직접 포집하여 흡수하는 기술 개발과정을 살펴보았다.

현재 $CO_2$는 발전소 등 산업공정에서 발생되는 점오염원에 대해 CCS 기술을 적용한 저감기술이 대부분이고, 자동차나 비행기 등 비점오염원에서 발생되는 대기 중 $CO_2$ 저감기술은 전무한 상태이다. 현재 대기 중으로 배출되는 비점오염물질을 저감하는 기술인 DAC(Direct Air Capture) 기술 개발의 연구가 미국, 캐나다 등에서 진행되고 있으나 기술수준은 태동단계이며, 국내에서도 이에 대한 연구가 필요한 실정이다. 따라서 본고에서 제시한 연구개발의 목표는 기술 개발 완료 후 도로 적용성을 평가하여 실용화가 가능하도록 하고 있다. 이에 본 연구에 참여하는 인력 이외에 정부기관의 적극적인 협조가 절대적으로 필요할 것으로 판단된다.

본고에서 제시한 기술의 개발이 성공적으로 수행될 시 저탄소 녹색성장에 발맞춰 국가 온실가스 배출량 감축 및 혁신적인 국가기술력 향상에 이바지할 것으로 예상된다. 본 기술은 자동차 등 비점오염원에서 배출되는 대기 중 $CO_2$를 저감할 수 있는 혁신적인 것으로 특허권 획득에 의한 국내외 시장을 선점하고 이에 따른 미래 원천기술을 확보할 수 있을 것으로 판단된다.

# 참고문헌


이산화탄소 저감 및 처리기술 개발 사업단(www.cdrs.re.kr)

진장원・박민관(2012), 교통부문 $CO_2$ 저감을 위한 지구단위설계 방법에 관한 연구, 한국산학기술학회지, 제13권, 제3호, pp.1370~1376

한지훈・이인범(2012), 불확실한 운영비용과 탄소세를 고려한 CCS 기반시설의 전략적 계획, 한국화학공학회지, 제50권 제3호, pp.471~478

한국도로공사 스마트하이웨이사업단(2012), 스마트하이웨이사업단 1-2세부과제 2단계평가보고서, 국토해양부, 한국건설교통기술평가원

Afsaneh Somy, Mohammad Reza Mehrnia, Hosein Delavari Amrei, Amin Ghanizadeh, Mohammadhosein Safari(2009), "Adsorption of carbon dioxide using impregnated activated carbon promoted by zinc", International Journal of Greenhouse Gas Control, pp.249~254

APS Physics(2011), Direct Air Capture of $CO_2$ with Chemicals

IPCC Carbon Dioxide Project emission and concentrations(www.ipcc-data.org)

Joshuah Stolaroff, David Keith, Greg Lowry, "A pilot-scale prototype contactor for $CO_2$ capture from ambient air: cost and energy requirements"

부록

# 부록 A: 용어의 정의

| 연번 | 용어 | 정의 |
|---|---|---|
| 1 | 온실가스<br>(Greenhouse gases, GHGs) | 지구표면, 대기 및 구름에 의해 방출되는 적외복사 스펙트럼 중 특정파장에 대해 복사를 흡수하거나 다시 방출하여 온실효과를 유발하는 대기 중의 가스상태 물질. 유엔기후변화협약(UNFCCC)의 이행협약인 교토의정서에 삭감대상으로 꼽힌 온실가스는 이산화탄소($CO_2$), 메테인($CH_4$), 아산화질소($N_2O$), 수화불화탄소(HFCs), 과불화탄소(PFCs), 불화유황($SF_6$) 등 6가지이고 이 가운데 이산화탄소가 절반 이상을 차지함. |
| 2 | 이산화탄소<br>($CO_2$) | 인위적으로 배출되는 전체 온실가스 양의 약 60%를 차지하는데 산업활동 곳곳에 사용되는 석탄, 석유 및 천연가스 등의 화석연료 연소 및 추출, 처리, 수송과정에서 주로 발생되지만, 산림의 벌채 및 가공과정에서 산림에 흡수 저장된 것이 대기 중으로 방출되기도 함.<br>인위적 이산화탄소 배출량의 80~85%는 화석연료의 사용, 15~20%는 삼림훼손 등 토지이용의 변화가 차지하는 것으로 알려져 있음. |
| 3 | 교토의정서 | 지구 온난화 규제와 방지목적의 국제협약인 유엔기후변화협약(UNFCCC)의 구체적 이행방안으로, 1997년 12월 일본 교토에서 개최된 기후변화협약 제3차 당사국 총회에서 채택되어 2005년 2월 공식 발효되었음. 호주, 캐나다, 미국, 일본, 유럽연합 등 선진국의 온실가스 감축 목표치를 규정하였음. |
| 4 | 저탄소 | 화석연료(化石燃料)에 대한 의존도를 낮추고 청정에너지의 사용 및 보급을 확대하며 녹색기술 연구개발, 탄소흡수원 확충 등을 통하여 온실가스를 적정수준 이하로 줄이는 것. |
| 5 | 녹색성장 | 에너지와 자원을 절약하고 효율적으로 사용하여 기후변화와 환경훼손을 줄이고 청정에너지와 녹색기술의 연구개발을 통하여 새로운 성장동력을 확보하며 새로운 일자리를 창출해 나가는 등 경제와 환경이 조화를 이루는 성장. |
| 6 | 녹색도로<br>(Green Highway) | 에너지와 자원을 절약하고 효율적으로 사용하여 온실가스 및 오염물질의 배출을 최소화하면서 안전하고 쾌적한 이동성을 확보하는 친환경 도로로, 탄소중립형 도로와 생태계를 위한 그린네트워크(Green Network), 도로에너지 하베스팅(Energy Harvesting)이 통합된 도로. |
| 7 | 그린네트워크<br>(Green Network) | 생태계 보전과 생물다양성 증가를 위해 산지, 하천, 도심에 이르기까지 동식물의 생태공간을 체계적으로 구축하는 것.<br>도로, 댐, 수중보, 둑 등으로 인하여 야생동식물의 서식처가 훼손되거나 단절되는 것을 막아 자연생태계를 보존하고, 생물과의 공생이 가능한 생태도시를 만들려는 목적으로 시작되었음.<br>하천축이나 도로축 등을 중심으로 녹지 및 생물자원을 유기적으로 연결할 수 있도록 구성하고, 녹지를 중심으로 도시에 생물을 끌어들여 도시민들에게 자연과 접할 수 있는 기회를 제공하는 역할을 함. |
| 8 | 에너지 하베스팅<br>(Energy Harvesting) | 주변에서 버려지는 에너지를 수확(harvest)하여 사용할 수 있는 전기에너지로 변환하고 이용하는 것. 에너지 하베스팅의 주요 에너지원은 진동・사람의 움직임・빛・열・전자기파 등임.<br>도로분야에서는 현재까지 태양광 발전, 도로 압전에너지 발전, 도로 포장열 발전, 도로 지열 발전, 도로 풍력 발전 등의 에너지 하베스팅 기술이 개발되었음. |
| 9 | 탄소중립<br>(Carbon Neutral) | $CO_2$ 발생저감 및 발생한 $CO_2$의 흡수, 전환, 해소를 통하여 $CO_2$ 발생효과가 '0'인 상태. |
| 10 | 탄소중립도로 | 도로의 계획, 설계, 시공, 운영, 유지관리 등 전생애주기 동안 $CO_2$ 발생을 최소화하고, 발생한 $CO_2$를 흡수, 전환, 해소하여 궁극적으로 $CO_2$ 발생효과가 '0' 상태인 도로 |
| 11 | 탄소중립형 도로 | 탄소중립도로를 완성하기 위한 전 단계로 $CO_2$ 발생효과가 60%(기존 대비 40% $CO_2$ 감소) 수준인 도로 |

| 12 | 녹색기술 | 온실가스감축, 에너지이용효율화, 청정생산, 청정에너지, 자원순환 및 친환경기술 등 사회·경제활동의 전과정에 걸쳐 에너지와 자원을 절약하고 효율적으로 사용하여 온실가스 및 오염물질의 배출을 최소화하는 기술. |
|---|---|---|
| 13 | 녹색산업 | 경제·금융·건설·교통물류·농림수산·관광 등 경제활동 전반에 걸쳐 에너지와 자원의 효율을 높이고 환경을 개선할 수 있는 재화(財貨)의 생산 및 서비스의 제공 등을 통하여 저탄소 녹색성장을 이루기 위한 모든 산업. |
| 14 | 녹색제품 | 에너지·자원의 투입과 온실가스 및 오염물질의 발생을 최소화하는 제품. |
| 15 | 녹색생활 | 기후변화의 심각성을 인식하고 일상생활에서 에너지를 절약하여 온실가스와 오염물질의 발생을 최소화하는 생활. |
| 16 | 자원순환 | 환경정책 목적달성을 위하여 필요한 범위 안에서 폐기물 발생을 억제하고 발생된 폐기물의 재활용 또는 처리 등 자원의 순환과정을 환경친화적으로 이용·관리하는 것. |
| 17 | 신·재생에너지 | 기존의 화석연료를 변환시켜 이용하거나 햇빛·물·지열(地熱)·강수(降水)·생물유기체 등을 포함하는 재생 가능한 에너지를 변환시켜 이용하는 에너지. |
| 18 | 녹색도로 인증제 | 설계 및 시공 중의 도로건설사업을 대상(필요에 따라서는 도로교통 운용 및 유지관리 단계까지 포함)으로 친환경 녹색도로 건설을 위한 일련의 활동을 평가하여 등급을 부여하는 제도. |
| 19 | 녹색도로 인증제 매뉴얼 | 녹색도로 인증평가를 위한 기준, 작성양식, 측정방법 등과 피평가자가 갖추어야 될 서류 등을 명시한 지침서. |
| 20 | 탄소배출량 산정기술 | 탄소배출량 산정기법, 탄소배출량 평가기법, 탄소배출량 평가기술을 통틀어 탄소배출량 산정기술로 명명함.<br>도로시설물의 탄소배출량을 정량적으로 산정하는 방법 및 기술을 통칭. |
| 21 | $CO_2$-e | $CO_2$-Equivalent($CO_2$ 당량)의 약어로, 당량이라 함은 일반적으로 화학당량을 말하며, $CO_2$ 당량은 온실가스에 GWP(지구 온난화지수)를 곱하여 산출한 값. |
| 22 | 온실가스 배출원 | 온실가스를 대기로 배출하는 물리적 단위 또는 프로세스로 직접활동과 간접활동으로 구분.<br>WRI/WBCSD GHG Protocol에 따라 배출원을 Scope1(직접배출), Scope2(간접배출), Scope3(기타간접배출)로 구분함. |
| 23 | 탄소배출량 | 자재생산 및 운송, 장비사용 등의 활동에 의한 온실가스 배출량을 의미하며, $CO_2$ 및 Non-$CO_2$ 물질을 포함하여 $CO_2$-e로 환산하여 표시함.<br>본 연구에서는 도로시설물의 Life Cycle 단계별로 구분하여 탄소배출량을 산정. |
| 24 | 탄소저감량 | 일반적으로 탄소배출 저감노력이 수행되지 않았을 경우의 탄소배출량과 탄소배출 저감노력을 수행하였을 경우의 탄소배출량의 차이를 의미함.<br>탄소흡수의 개념도 포함됨. |
| 25 | 전과정평가 (LCA) | Life Cycle Assessment의 약자로 제품, 공정 또는 서비스의 전과정(Life Cycle), 즉 원료채취, 운송, 제조, 사용 및 폐기에 걸친 투입물과 산출물을 정량화하고, 이로부터 잠재적인 환경영향을 평가기법으로 ISO14040에 기반을 두고 있음 |
| 26 | 탄소배출계수 | 에너지원의 탄소배출량을 원단위 형태로 표현한 것으로 에너지 사용량과 탄소배출계수의 곱으로 탄소배출량 산정. |
| 27 | 탄소배출 DB | 자재의 탄소배출량을 원단위 형태로 표현한 것으로 투입물량과 탄소배출 DB의 곱으로 탄소배출량 산정. |
| 28 | 배출전망치 (BAU) | Business As Usual의 약어로 특별한 조치를 취하지 않을 경우 배출될 것으로 예상되는 온실가스 미래 전망치를 의미함. |
| 29 | 탄소중립률 | 온실가스 저감계획에 따른 탄소중립 정도를 나타내는 지표로, 신재생에너지·에너지절감계획 등 온실가스 저감계획에 의한 저감량의 비율. |
| 30 | 기술평가 | 기술 개발 및 사업화를 통하여 발생할 수 있는 기술의 경제적 가치를 가액·등급 또는 점수 등으로 표현하는 것을 말함. |

| | | |
|---|---|---|
| 31 | 기술가치평가 | 기술평가의 한 유형으로 사업화하려는 기술이나 사업화된 기술이 그 사업을 통하여 창출하는 경제적 가치를 기술시장에서 일반적으로 인정된 가치평가 원칙과 방법론에 입각하여 평가하는 것. |
| 32 | 생애주기비용(Life-Cycle Cost) | 초기기획 및 개발비용, 건설비용, 유지관리비용, 이용자비용, 사회경제적 손실비용, 해체·폐기비용, 잔존가치 등 시설물의 생애 주기 동안 발생하는 모든 비용을 말함. |
| 33 | 공용수명 | 기술 및 시설물의 노후화로 인하여 필요한 성능을 유지할 수 없게 되거나, 안전에 문제가 발생하거나, 기대되는 서비스를 더 이상 제공할 수 없게 되었을 때의 수명. |
| 34 | 할인율 | 돈의 가치는 시간의 흐름에 따라 인플레이션 등에 의해 변화되는데, 할인율이란 미래의 가치를 현재의 가치와 같게 하는 비율. |
| 35 | 지식관리(Knowledge management) | 연구개발사업단 내 녹색도로 $CO_2$ 저감에 관한 지식검색 서비스와 사업단의 실정에 맞는 지식생성, 수집, 축적, 공유시키는 제반행위. |
| 36 | 아키텍처 | 소프트웨어 특징을 결정짓는 주요설계 구조 소프트웨어의 구성요소 및 이들 간의 인터페이스, 동작방식 등의 특징들을 결정짓는 모든 설계구조를 말함.<br>이는 소프트웨어의 주요특징을 결정짓고 개발에 미치는 영향도 매우 커서 가장 중요한 부분. |
| 37 | 플랫폼 | 소프트웨어가 실행되는 환경설정. |
| 38 | 소프트웨어 아키텍처 설계 | 시스템의 확장 및 단위 시스템의 추가, 업무Process의 변경 등에 대비하여 3계층 웹 아키텍처를 적용하여 유연성과 확장성에 기반한 설계를 수행. |
| 39 | 하드웨어 아키텍처 설계 | 탄소중립형 도로 기술개발 통합시스템 구축 시 필요한 응용시스템의 Capacity를 산정.<br>- H/W 선정을 위한 CPU, Memory의 용량산정, Switch, IPS/IDS 등 네트워크 부하 및 Bandwidth 등을 통한 적정 N/W 장비항목들 List up<br>- 다양한 기관 및 사용자들의 정보요청의 빈번함과 동시접속 발생 세션을 고려하여 논리적·물리적 트랜잭션의 분산방안을 수립 |
| 40 | 구름저항 | 차륜이 지면 위를 주행할 때 차바퀴의 전동(轉動)으로 말미암아 반대방향으로 작용하는 저항.<br>타이어의 변형, 노면의 굴곡, 충격, 각부 베어링의 마찰 등에 의하여 생김. |
| 41 | 차량하중 | 자동차 자체의 무게인 공차중량에 승차인원과 짐을 포함한 무게를 말함. |
| 42 | 엔진토크 | 엔진 내부에서 발생된 폭발력이 구동계통으로 전달되는 힘, 회전력을 말함. |
| 43 | DLC | Data Link Connector의 약자이며, 자동차가 주행할 때 생성되는 각종 센서들의 데이터를 확인하고 저장할 수 있는 연결장치임. |
| 44 | Bluetooth | 블루투스는 근거리 무선통신 규격의 하나로, 반경 10~100m 안에서 각종 전자·정보통신 기기를 무선으로 연결, 제어하는 기술규격을 말함. |
| 45 | WCDMA | 3세대 이동통신서비스 기술로 기존 CDMA 방식에 비해 대역폭이 크며 데이터 전송속도가 빠름.<br>이 기술을 적용하면 데이터 통신속도가 빨라져 동영상 보기, 음악 다운로드, 양방향 화상통화 등 멀티미디어 기능이 강화됨. |
| 46 | Accelero-meter | 어떤 운동체의 가속도를 재는 기구.<br>진자를 운동체에 매달아두면 운동체의 가속도의 영향을 받아 진자가 흔들리는데 이것이 가속도에 비례하는 성질을 이용함. 주로 지진계나 기계의 운행 중 발생하는 미세한 진동을 잴 때 사용되며, g센서라고도 함. |
| 47 | Protocol | 컴퓨터와 컴퓨터 사이, 또는 한 장치와 다른 장치 사이에서 데이터를 원활히 주고받기 위하여 약속한 여러 가지 규약.<br>이 규약에는 신호송신의 순서, 데이터의 표현법, 오류 검출법 등이 있음. |
| 48 | 탄소저감형 그린네트워크 도로 | 탄소중립과 생태계 보전을 목표로 하여 도로개설에 따른 자연환경 훼손을 최소화하고 도로변에 녹지조성 등 환경복원을 통해 탄소발생을 저감하는 도로로, 내적설계요소(횡단면, 교량구조물)와 외적설계요소(생태이동공간)로 구성됨. |

| 49 | 광합성<br>(Photosynthesis) | 엽록소와 빛이 있는 상태에서 이산화탄소($CO_2$)와 물이 단순한 탄수화물과 산소로 변환하는 것. |
|---|---|---|
| 50 | 호흡<br>(Respiration) | 식물의 기능에 필요한 에너지를 공급하기 위해 당을 에너지로 분해하는 것, 이 과정에서 산소가 소비되고 이산화탄소가 방출됨. |
| 51 | 수목개체당 이산화탄소 흡수율 | 살아 있는 수목 1개체가 광합성과 호흡과정을 통해 연간 흡수하는 대기 중의 이산화탄소($CO_2$)의 양($kgCO_2$/tree/year). |
| 52 | 수목개체당 탄소저장량 | 살아 있는 수목 1개체가 가지고 있는 탄소의 현존량(kgC/tree). |
| 53 | 미기후<br>(Microclimate) | 개별 식물 주변 또는 내부 환경조건(햇빛, 바람, 노출, 반사, 재반사된 열, 향)에 영향을 받아 해당지역의 기후조건이 바뀌는 것. |
| 54 | 녹색도로 시공기술 | 재료 및 적용공법, 공사수행 순서 등을 종합하여 온실가스 및 오염물질의 배출을 최소화하는 친환경도로를 계획, 설계, 건설, 운영, 유지관리 및 해체・폐기하는 기술. |
| 55 | 녹색 시공기술평가 | 도로설계/시공 시의 장비조합, 공정관리 등을 통해 탄소배출량, 공사비, 공사기간, trade-off 효과 등을 종합적으로 판단하여 전생애주기 동안의 녹색도로의 친환경성을 정량화하는 방법. |
| 56 | 선형공정관리계획<br>Linear Scheduling<br>Method(LSM) | Linear Scheduling Method(LSM)는 일반적으로 동시에 수행 가능한 일련의 반복적인 작업들을 포함하는 linear projects들의 일정을 계획하고 관리하기 위한 대안적 기법.<br>LSM은 각 작업들과 작업들의 생산성을 연계시켜 공정관리에 활용하는 효과적인 도구임. |
| 57 | 네트워크 공정관리기법 | Network Scheduling Method는 복잡한 시설설계 및 시공을 위한 계획과 진도관리를 효과적으로 수행하기 위하여 개발된 것으로, 작업 간의 관계, 작업에 필요한 요소시간 등을 바탕으로 전체 공사기간을 산정하며, 일정계산을 통하여 각 작업의 착수 및 완료시점, 여유시간 및 중점관리 대상 등을 파악할 수 있음. |
| 58 | Construction management | Construction Management(CM)는 건설관리, 건설경영, 건설 프로젝트 관리, 시공관리 등 다양한 해석이 내려지고 있는데, 관리방식으로의 CM과 계약방식으로의 CM 등 두 개념과 때로는 건설기업의 경영과 관리 측면에 초점을 맞추어 기업의 영속적인 수익추구를 목적으로 하는 개념으로 해석되기도 함. |
| 59 | 최적화<br>(Optimization) | 일반적으로 최적화란 주어진 데이터 안에서 제약조건들을 만족시키며 최소화(또는 최대화)하는 해를 찾는 것으로, 본 연구와 관련하여서는 공사기간, 공사비용, 탄소발생량 등 각각의 판정조건에 따라 기준을 만족시키는 최적화된 공정 프로세스를 찾는 방법. |
| 60 | 프로세스 시뮬레이션 | 모의실험, 어떤 현상이나 사건의 연속을 컴퓨터를 이용하여 모델로 구현한 후 이를 가상 구현함으로써 실제, 상황의 예측뿐만 아니라 모델을 변화시켜 공정의 변화에 따른 결과를 예측 가능하게 하는 도구. |
| 61 | 산업부산물 | 다양한 산업시설 및 공정 운영과정에서 생겨난 폐기부산물로서 대표적으로는 고로슬래그, 플라이애시 등이 있음. |
| 62 | 활성산업부산물 | 다양한 물리화학적 방법으로 이산화탄소 흡수능력을 갖도록 활성화시킨 산업부산물. |
| 63 | 탄소포집활성화기법 | 산업부산물이 이산화탄소 흡수능력을 갖도록 물리 화학적 방식으로 개질화시키는 기법. |
| 64 | 고로슬래그 | 용광로에서 선철을 만들 때 생기는 슬래그이며, 철 이외의 불순물이 모인 것으로 시멘트 재료로 사용되거나 콘크리트의 혼화제로 사용. |
| 65 | 플라이애시 | 발전소에서 석탄이나 중유 등을 연소했을 때 생성되는 미세한 입자의 재로서 시멘트 재료로 사용되거나 매립하여 처분함. |
| 66 | 리젝트애시 | 플라이애시 중에서 국가표준 레벨 이하 수준의 재로서 연삭 및 정제과정을 거친 후 시멘트 재료로 사용. |
| 67 | 실리카퓸 | 실리콘메탈(철과 규소의 합금) 제조과정에서 생성되는 미세입자를 전기적 집진장치를 이용하여 모은 것. |

| 68 | 석회석 미분말 | 파쇄된 석회석 분말로 탄산칼슘이 주성분이며, 시멘트 및 콘크리트 성질 개량을 위한 혼화재 및 아스팔트 포장용 채움재로 사용. |
|---|---|---|
| 69 | 음이온성 점토 | 자연계에 미량으로 존재하는 점토 광물의 일종으로 인공적인 합성이 가능하며, 촉매 및 흡착제 등으로 사용. |
| 70 | 지올라이트 | 알칼리 및 알칼리토금속이 결합되어 있는 광물로 주로 흡착제로 사용. |
| 71 | 하수슬러지 소각재 | 탈수된 하수슬러지 연소과정에서 생성되는 부산물. |
| 72 | 도시고형<br>폐기물 소각재 | 생활폐기물을 연소시킬 때 생성되는 재로서 바닥재와 비산재로 나뉨. |
| 73 | X선회절분석 | X선을 이용하여 결정의 구조를 분석하는 장비로, X선을 물질에 입사시키면 각각의 원자로부터 발생하는 산란파가 서로 간섭 현상을 일으켜 특정방향으로 생성되는 회절파를 이용하여 물질의 미세한 구조분석 가능. |
| 74 | 주사전자현미경 | 전자선이 시료면 위를 주사(scanning)할 때 시료에서 발생되는 여러 가지 신호 중 그 발생확률이 가장 많은 이차전자(secondary electron) 또는 반사전자(back scattered electron)를 검출하는 것으로 대상 시료를 관찰하는 현미경. |
| 75 | 탄소배출권 | 정해진 기간 안에 이산화탄소($CO_2$) 배출량을 줄이지 못한 각국 기업이 배출량에 여유가 있거나 숲을 조성한 사업체로부터 돈을 주고 권리를 사는 것임. |
| 76 | MEA 흡수제 | 모노에탄올아민(mono ethanol amine)이라는 유기화합물로 구성된 흡수제로 주로 탄산가스를 흡수. |
| 77 | 건식흡수제 | 고체 흡수법에 사용되는 흡수제로 조작이 간편하고, 기체의 분리와 회수가 용이하며, 기체의 탈착반응으로부터 흡수제의 재생이 쉬움. |
| 78 | 시멘트 결합재 | 탄소포집 격리용 시멘트기반 산업부산물. |
| 79 | 탄소포집 특성 | 탄소포집 격리용 시멘트기반 결합재의 물리적, 화학적 특성 분석 및 활성산업부산물을 활용한 시멘트 역학적 특성 분석. |
| 80 | 시멘트 수화반응<br>메커니즘 | 활성화에 따른 수화반응 생성물에 대한 성분분석을 통하여 시멘트 수화반응에 미치는 영향 분석. |
| 81 | 폐아스콘 | 아스팔트 포장 도로의 표층 및 기층에서 절삭하여 발생된 폐아스팔트 콘크리트를 말함. |
| 82 | 상온 아스팔트 콘크리트<br>혼합물<br>(Cold Asphalt Mixtures) | 골재와 유화아스팔트 또는 컷백아스팔트 등을 사용하여 상온에서 혼합하여 기층, 표층(중간층)용에 포설하는 아스팔트 콘크리트 혼합물을 뜻함. |
| 83 | 상온 재생 아스팔트<br>콘크리트 혼합물<br>(Recycled Cold Asphalt<br>Mixtures) | 구재 아스팔트 콘크리트 혼합물을 파쇄한 아스팔트 포장폐재와 신규골재에 유화아스팔트를 혼합하여 제조한 재활용 상온 아스팔트 콘크리트 혼합물을 뜻함.<br>구재아스팔트의 품질이 기준 이하일 때는 재생제를 첨가함. |
| 84 | 가열 아스팔트 콘크리트<br>혼합물<br>(Hot Mix Aspahalt) | 굵은 골재, 잔골재, 채움재 등에 적절한 양의 아스팔트 바인더와 필요시 첨가재료를 넣어서 고온(160도 이상)으로 가열 혼합한 아스팔트 혼합물. |
| 85 | 재활용 가열 아스팔트<br>콘크리트 혼합물 | 구 아스팔트에 신 아스팔트(또는 재생첨가제)를 첨가하여, 구 아스팔트의 물성을 아스팔트 혼합물의 품질기준에 적합하도록 조정한 아스팔트. |
| 86 | 순환골재 | 콘크리트 폐재를 파쇄시켜서 얻은 일정 품질기준을 만족하는 재생용 골재. |
| 87 | 재생첨가제 | 재생 아스팔트 혼합물 내의 노화된 구 아스팔트 점도를 회복시키기 위하여 혼합물 제조 시 첨가하는 재료. |
| 88 | 산화 | 산화는 아스팔트 바인더에서 대형분자(LMS: Large Molecular Size) 양의 증가를 야기하고 바인더 경화의 주요원인. |

| 89 | 노화 | 아스팔트 바인더의 산화가 지속적으로 발생하게 되면 아스팔트 혼합물의 노화가 발생될 확률이 커지게 됨.<br>아스팔트 혼합물의 노화는 아스팔트 포장의 균열 및 손상으로 이어지게 되고, 아스팔트 바인더 산화를 저감시키면 도로 및 공항 포장의 공용수명 연장을 기대할 수 있음. |
|---|---|---|
| 90 | 혼입율<br>(Mixing Ratio) | 혼화재로 사용한 산업부산물과 시멘트에 혼합재로 이미 포함되어 있는 산업부산물의 질량의 합을 결합재의 질량으로 나눈 값을 백분율로 나타낸 것임.<br>또한 여기에서 시멘트라 함은 이미 혼합재를 포함한 것도 포함. |
| 91 | 안정도 | 재활용 아스팔트 혼합물에 어떤 외력을 가했을 때 일어나려고 하는 소성변형에 대한 저항값. |
| 92 | 흐름값 | 재활용 아스팔트 혼합물에 어떤 외력을 가했을 때 최대 외력까지의 소성변형값. |
| 93 | 공극률 | 다져진 재활용 아스팔트 혼합물의 용적 중 공극이 차지하는 용적을 백분율로 나타낸 것. |
| 94 | 골재 간극률<br>(voids in the mineral aggregate) | 골재 간극률로서 아스팔트 혼합물에서 골재를 제외한 부분의 체적, 즉 공극과 아스팔트가 차지하고 있는 체적의 혼합물 전체 체적에 대한 백분율을 말함. |
| 95 | 포화도 | 다져진 재활용 아스팔트 혼합물의 골재 간극 중 아스팔트가 차지하는 용적을 백분율로 나타낸 것. |
| 96 | 간접인장강도 | 혼합물의 균열저항성 정도를 측정하기 위한 값. |
| 97 | 터프니스<br>(Toughness) | 간접인장강도 시험 시 파괴 시까지의 하중-변위곡선 하부면적으로 정의되며, 혼합물의 균열저항성을 평가하는 데 대표적인 측정값. |
| 98 | 수침 후 인장강도지수 | 아스팔트 혼합물의 수침에 의한 역청재료와 골재 간의 부착성 감소, 즉 수분 민감성을 평가하는 시험. |
| 99 | 잔류 안정도 | 다져진 재활용 아스팔트 혼합물을 60℃ 물속에 30~40분간 수침시킨 후의 안정도와 동일한 배합비로 다져진 재생 아스팔트 혼합물을 60℃ 물속에 48시간 수침시킨 후의 안정도비를 백분율로 나타낸 것. |
| 100 | 이론 최대 밀도 | 다져진 재활용 아스팔트 혼합물에 공극이 전혀 없다고 가정할 때의 밀도. |
| 101 | 기층<br>(base, base course) | 표층을 지지하고 보조기층의 요철을 보정하며, 교통하중 및 충격을 적당히 분산, 경감하여 이것을 보조기층 및 노상에 전달하는 역할을 하는 포장층. |
| 102 | 보조기층<br>(subbase, subbase course) | 기층과 노상 사이에 설치하며 기층에 가해지는 교통하중을 지지하는 역할을 함. 일반적으로 보조기층은 지지력이 큰 양질의 골재를 두껍게 사용하는 구조층으로, 이러한 재료를 확보할 수 없는 경우에 현지 재료에 시멘트나 아스팔트 등을 첨가 혼합하여 안정 처리함.<br>보조기층은 또한 노면을 통해 침투된 우수와 노상토 공극의 모세관으로 올라온 모관수를 신속히 평면 배수시켜 포장체의 내구성 증진에 기여함. |
| 103 | 노상<br>(subgrade) | 포장을 지지하고 있는 지반 중에서 포장의 밑면으로부터 약 1m 깊이 부분을 말하며, 노체 위에 축조되는 것으로 노면의 교통하중을 널리 분산시켜 노체에 하중의 영향을 작게 하고 안전하게 전달하는 역할을 함. |
| 104 | 아스콘 발생재 | 아스콘 포장을 철거하여 발생하는 폐아스팔트 콘크리트. |
| 105 | 마샬안정도시험<br>(marshall stability test) | 미국의 Marshall이 개발한 아스팔트 혼합물의 안정도를 측정하는 시험으로서, 지름 101.6㎜, 높이 약 63.5㎜의 원통형 공시체를 옆으로 놓은 상태로 하중을 가해 공시체가 파괴되기까지 나타낸 최대 하중(마샬안정도)과 이때의 변형량(흐름값)을 구함. |
| 106 | 신 아스팔트 | 스트레이트 아스팔트로서 KS M 2201(스트레이트 아스팔트)에 적합한 기 사용된 적이 없는 아스팔트. |
| 107 | 구 아스팔트<br>(RAP asphalt) | 아스팔트 콘크리트 순환골재를 용매를 이용하여 골재와 아스팔트로 분리하고, 분리된 아스팔트에서 용매를 제거한 노화된 아스팔트. |
| 108 | 재생아스팔트 | 구 아스팔트에 신 아스팔트(또는 재생첨가제)를 첨가하여, 구 아스팔트의 물성을 아스팔트 혼합물의 품질기준에 적합하도록 조정한 아스팔트. |

| | | |
|---|---|---|
| 109 | 채움재 | KS F 3501의 입도 및 품질기준에 적합한 석회 석분, 포틀랜드 시멘트, 소석회, 플라이애시, 회수 더스트, 전기로 제강 더스트, 주물 더스트, 각종 소각회 및 기타 적당한 광물성 물질의 분말.<br>사용 시에는 먼지, 진흙, 유기물, 덩어리진 미립자 등의 아스팔트 혼합물 품질을 저감시키는 물질이 함유되어 있지 않아야 함. |
| 110 | 추출골재 | 추출골재라 함은 아스팔트 콘크리트용 순환골재 중 아스팔트를 제외한 골재를 말하며, 용매를 이용하여 골재와 아스팔트로 분리하고, 분리된 골재를 건조시켜 얻음. |
| 111 | 바이오 폴리머 바인더 | 생물이 생산하는 고분자물질.<br>섬유소, 리그닌, 키틴, 알긴산과 같은 다당류나 고분자 단백질 등이 포함된 바인더. |
| 112 | 폴리우레탄 | -OH화합물(polyol)과 -NCO(isocyanate) 화합물의 중합반응에 의해 생성된 주사슬인 우레탄(-NHCOO-)을 일정 이상 포함한 고분자 화합물을 통칭. |
| 113 | 바이오 폴리머 개질 아스팔트 | 기존 아스팔트에 바이오 폴리머 바인더를 첨가 및 혼합하여 기존 아스팔트 대체 효과를 높이기 위한 재료. |
| 114 | 바이오 폴리올 | 식물성 오일을 주원료로 하여 생산되며, 식물성 오일들은 글리세롤에 다양한 종류의 지방산이 결합된 구조로 되어 있으며, 대표적인 식물성 원료는 대두, 야자열매, 피마자열매, 해바라기씨 등이 있음. |
| 115 | 폴리머콘크리트 | 시멘트 대신에 폴리머를 결합재로 사용한 콘크리트로 플라스틱콘크리트 또는 레진콘크리트(resin concrete)라고도 하며, 압축강도가 우수하고, 방수성과 수밀성이 좋으며, 각종 산이나 알칼리, 염류에 강하고 내마모성이 우수함. |
| 116 | 셀룰로오스 | 식물체의 세포막 주성분으로서 식물섬유를 구성하므로 섬유소라고 부름. |
| 117 | Gel Time | 그라우트를 혼합한 후 서서히 점성이 증가하면서 마침내 유동성을 상실하고 고화(겔화)할 때까지의 소요시간. |
| 118 | 피마자유 | 피마자의 종자를 압착하여 얻는 지방유로, 아주까리기름이라고도 함.<br>다른 지방유와 달리 알코올에 녹는 성질이 있음. 용도로는 하제(下劑)로 복용하기도 하고 윤활유, 전기절연용, 인조피혁, 타이프라이터잉크 등으로 사용됨. |
| 119 | 동점도 | 점성유체의 점도(점성율) $\eta$을 밀도 $\rho$로 나눈 양 $\upsilon$.<br>SI 단위계에서는 $m^2/s$이지만, CGS 단위의 Stokes(St)도 사용됨. $1St=1cm^2/s$ |
| 120 | 전단계수 | 변위된 표면의 접선에 따라 작용하는 전단이나 힘의 작용에 있어서 응력-변형률의 비율을 강성률(rigidity), 전단 탄성계수 혹은 줄여서 전단계수라고 함. |
| 121 | 열팽창계수 | 온도 1℃ 상승할 때 증가하는 체적을 0℃의 체적으로 제한된 값을 체팽창계수라 하고, 온도 1℃ 상승할 때 팽창한 길이를 0℃의 길이로 제한 값을 선팽창계수라 함. |
| 122 | 흙포장 | 자연상태의 흙에 특수혼화재료, 골재, 첨가제를 최적 배합하여 일반포장에 준하는 중・저강도의 포장. |
| 123 | 친환경포장 | 환경과 조화를 이루도록 환경을 배려하는 포장. |
| 124 | 지반개량 | 원지반의 토질의 공학적 성질을 인위적으로 개선하여 강화 및 안정화시키는 것. |
| 125 | 흙포장 | 흙, 골재, 물, 시멘트계 결합재, 특수 혼화재 등을 사용하여 흙을 안정 처리한 포장. |
| 126 | 건식 흙포장 | 원지반 흙을 스테빌라이저(stabilizer) 등을 이용하여 분쇄하여 시멘트계 결합재와 특수 혼화재를 혼합하여 스테빌라이저 등을 이용 교반한 것으로, 수분함량이 적으므로 살수를 통해 함수율을 조절하면서 여러 번에 걸친 포설과 다짐작업을 병행하여 흙을 안정 처리한 포장. |
| 127 | 습식 흙포장 | 원지반 흙에 시멘트계 결합재, 물, 특수 혼화재 등을 첨가하여 믹서기(플랜트 제조 가능)를 이용하여 교반한 것으로, 제조 후 장비 또는 인력을 이용하여 포설하고 휘니셔 등을 이용하여 전압다짐을 실시하여 흙을 안정 처리한 포장. |
| 128 | 무시멘트 무기계 바인더 | 시멘트 대신에 잠재수경성 물질인 고로슬래그 미분말과 플라이애시 등의 재료에 알칼리활성재를 첨가하여 수화반응을 일으키게 하여 시멘트와 동일 혹은 그 이상의 결합능력을 가지는 바인더 재료로 시멘트 제조 시 발생되는 이산화탄소의 양을 획기적으로 줄일 수 있음. |

| | | |
|---|---|---|
| 129 | 무시멘트 흙포장 | 기존 흙포장에 사용되는 시멘트계 결합재를 배제하고 무시멘트 무기계 바인더를 이용하여 제조된 흙포장. |
| 130 | 순환골재 | 콘크리트 폐재를 파쇄시켜서 얻은 일정 품질기준을 만족하는 재생용 골재. |
| 131 | 아스팔트 기층 | 아스팔트 바인더를 사용한 표층 또는 중간층과 보조기층 사이에 위치하며, 표층에 가해지는 교통하중을 지지하는 역할을 함. 변형에 대해 큰 저항을 가진 재료를 사용함. |
| 132 | 평탄성 | 포장의 종단방향의 노면거칠기 정도를 나타냄. |
| 133 | 층다짐 | 소정의 두께를 여러 층으로 시공할 때 일정한 포설두께에 따라 한 층별씩 다짐하는 방법. |
| 134 | 다층구조 | 가해지는 하중을 노상면에 분산시키기 위한 목적으로 여러 층으로 되어 있는 구조. |
| 135 | 다층탄성이론 | 연속된 층들의 재료거동이 탄성거동을 한다는 가정을 이용한 구조해석이론. |
| 136 | 광촉매콘크리트 | 태양에너지와 반응하는 과정에서 온실가스, 유기염소 화합물 등의 대기오염물질을 산화하여 제거하는 특성을 갖고 있어서 온실가스를 효과적으로 흡수·제거하는 광촉매를 이용하여 콘크리트에 적용. |
| 137 | 질소산화물 | nitrogen oxides의 약기.<br>오염 대기 중에 존재하는 각종 질소산화물 중 동식물이나 인체에 영향을 끼치는 면에서 중요시되고 있는 일산화질소와 이산화질소의 총칭.<br>광화학 스모그와 산성비의 원인이 되는 가스성분이며, 온실가스의 대표적인 오염원. |
| 138 | 광촉매 | 광촉매는 빛을 쪼여주었을 때 반응하여 특정반응에서 반응속도에 영향을 주는 촉매. |
| 139 | 자외선 | UV로 약기.<br>근자외선 300~400nm, 원자외선 200~300nm, 진공자외선 1~200nm로, 가시광선보다 파장이 짧고 X선보다 파장이 긴 전자파로서 광촉매가 작용할 수 있는 빛. |
| 140 | 도로시설물 | 길을 잘 찾아가도록 운전자나 보행자들의 편의를 위하여 설치하는 도로포장, 방호벽, 가드레일, 방음벽 등의 시설물. |
| 141 | 도로이동오염원 | 도로에서 자동차 및 이동수단이 이동하면서 오염물질을 배출, 대표적인 예로 자동차는 이동하면서 내뿜는 배기가스에 의하여 대기오염원이 됨. |
| 142 | 이산화티타늄 | 광촉매작용을 하여 태양에너지와 반응하는 과정에서 온실가스, 유기염소 화합물 등의 대기오염물질을 산화하여 제거하는 특성을 갖고 있어서 온실가스를 효과적으로 흡수·제거하는 물질. |
| 143 | 포자 | 영양분이 고갈되거나, 생존 또는 생장이 어려운 환경에서 생존을 위해 포자를 형성함. 미생물에서 말하는 포자는 내생포자를 의미함.<br>내생포자는 현재까지 알려진 어떠한 생물체보다 고온 건조한 환경에서 잘 견디는 것으로 알려져 있음.<br>내생포자가 만들어지는 과정을 포자화(sporulation/sporogenesis)라고 하며, 다시 영양세포로 돌아오는 과정을 발아(germination)라 함. Grampositive 균주 중 일부만 이 내생포자를 형성할 수 있으며 주로 bacillus, sporosarcina, clostridium종의 미생물 이 내생포자를 형성함. |
| 144 | 고정화 | 미생물, 동식물 세포 등을 겔이나 망목구조 내에 고정화하여 그 상태대로 배양하는 방법. |
| 145 | 대규모 배양 | 소규모 배양에서 scale up(공정규모를 크게 하는 기술)을 통하여 그 규모를 크게 한 것. |
| 146 | 압축강도 | 취성(脆性)재료의 단주(短柱)시험편에 압축시험을 하면 균열파괴, 입상파괴 및 전단파괴 등이 발생함. 이와 같은 압축파괴 시 단면에 작용하는 수직응력, 즉 압축하중을 시험편의 단면적으로 나눈 값을 그 취성재료의 압축강도라고 함. |
| 147 | 미생물 분리 | 일반적으로 환경 sample(토양, 물 등)로부터 목적 미생물을 분리하는 것. |
| 148 | MICP (Microbially Induced Calcite Precipitation) | 토양 그라우팅(grouting) 방법의 하나.<br>Urea를 분해하는 미생물에 의해 calcite 침전이 일어나고, 이를 통한 토양강도증진 혹은 Urea 분해균주에 의해 이루어지는 calcite 침전의 총칭.<br>시멘트를 이용한 그라우팅과 대조되게 green technology로 알려져 있음. |

| 149 | CFU<br>(Colony Forming Unit) | 집락형성 단위로 미생물 배양접시에 미생물을 펼쳐놓은 후 형성되는 미생물의 군집 수. |
|---|---|---|
| 150 | 환경 저항성 평가 | 미생물의 생존환경(pH, salt, heat, cold, desiccation, ultraviolet)을 변화시켰을 때, 생존율과 같은 지표를 통해 미생물의 해당 환경에 대한 저항성을 평가하는 것. |
| 151 | 생존율 평가 | 콘크리트에 혼합된 미생물 개체 수를 시간에 따라 확인함으로써 생존율을 평가하는 것. |
| 152 | 콘크리트 최적 배합비 | 구조물에 따라 소요의 강도, 내구성, 수밀성, 워커빌리티 등을 가지는 콘크리트를 얻을 수 있는 가장 경제적인 배합. |
| 153 | $CO_2$ 저감용 바이오 콘크리트 | 콘크리트에 탄산염 형성 미생물을 적용하여 콘크리트 내구성 관련 요소(ex: 압축강도, 공기량 등)를 증진시켜 구조물의 수명을 증가시키게 하는 콘크리트.<br>구조물의 수명연장을 통해 구조물의 유지 및 보수에 사용되는 콘크리트 사용량을 감소시켜, 콘크리트 생산으로 인한 이산화탄소 생성을 저감시키는 목적이 있음. |
| 154 | Specific urease activity | 비 요소 분해 효소 활성도로 탄산염 형성에 있어 중요한 요소(urea)를 분해하는 효소의 활성도를 측정하는 것으로 단백질의 단위 질량당 효소 활성을 나타낸 것으로 탄산염 형성 미생물의 탄산염 형성능력을 나타내는 지표 중 하나가 됨. |
| 155 | 정성적 탄산염 형성 실험 | 해당 미생물의 탄산염 형성 유무를 판별하는 실험으로 형성된 탄산칼슘의 건조 질량을 측정하는 실험. |
| 156 | 최소 저해 농도 | 미생물의 성장을 완전히 억제하는 최소 저해 농도. |
| 157 | 전배양 | 미생물의 배양에서 대량배양 또는 다수의 배양시험을 하기 전에 일정한 배지와 배양조건으로 배양해서 일정한 접종원을 얻기 위해 미리 배양하는 것. |
| 158 | 본배양 | 전배양을 통해 얻은 균주를 이용하여 대량배양 또는 다수로 배양하는 것. |
| 159 | 흡광도 | 용액의 빛을 흡수하는 정도를 나타내는 양. |
| 160 | 광학현미경 | 대물렌즈 및 접안렌즈라고 부르는 2조의 렌즈를 조합하여 미소한 물체까지 확대하여 관찰하기 위한 광학기계. |
| 161 | 미생물 특허 | 기존에 존재하지 않는 미생물이나 기존 미생물보다 향상된 성능을 보유한 미생물 등에 관련된 특허. |
| 162 | Spore yield | 배양된 미생물 중 포자로 형성된 비율을 측정하는 것으로 80℃ 열처리를 통해 포자 형성된 미생물을 선별하는 방법이 있음. |
| 163 | X-선 회절법 | 결정체 물질분자에 X-선을 조사하여 산란된 X-선 양상을 분석하여 결정체의 구조를 알아내는 실험방법. |
| 164 | DAC<br>(Direct Air Capture) | 대기 중 공기(이산화탄소)를 직접 포집하는 기술. |
| 165 | bench scale test | 실험실 규모의 실험장치(10L/min)를 구성하여 요소기술 개발을 위한 성능평가 수행. |
| 166 | sorbent material | 기체 혹은 용액 중의 용질을 흡수하는 액체 또는 고체 물질의 흡수제. |
| 167 | 용매(solvent) | 용액의 매체가 되어 용질을 녹이는 물질로 주로 액체나 기체상 물질. |
| 168 | 용질(solute) | 용액에서 용매에 용해되어 역어 들어가는 물질. |
| 169 | artifical tree | $CO_2$ 포집(흡수)을 위해 인공적으로 제작된 나무 모양의 구조물. |

(정리: 백종대 수석연구원)

# 부록 B: 주요 참고문헌 및 인터넷 주소

탄소중립형도로기술연구단 http://greenhighway.kict.re.kr
녹색성장위원회 www.greengrowth.go.kr
녹색기술정보포털(GTIP) www.gtnet.go.kr
한국산업기술진흥원 www.greencertif.or.kr
국가온실가스종합관리시스템 master.gir.go.kr
이산화탄소저감및처리기술개발사업단 www.cdrs.re.kr
Global Green Growth Institute www.gggi.org
국가지식포털 www.knowledge.go.kr
전자신문CIO비즈 www.ciobiz.co.kr
대한전문건설협회 코스카 그린홈페이지 http://green.kosca.or.kr
Asian Development Bank http://www.adb.org/documents/reducing-carbon-emissions-transport-projects
한국기후변화대응전략연구소 http://www.carbonneutral.co.kr
환경부 공간정보서비스 http://egis.me.go.kr
에너지관리공단 http://www.kemco.or.kr/
한국환경공단 https://www.keco.or.kr/01kr/

# 참여 연구기관 및 연구진 명단

## 연구단 운영팀(한국건설기술연구원)

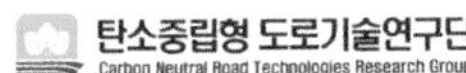


연구단장: 노관섭 선임연구위원
연구진: 백종대, 이종학, 이근희, 양진희

## 1세부과제(주관연구기관: 한국건설기술연구원/노관섭)

(1-1분야)
과제 책임자: 구재동 연구위원
연구진: 이두헌, 이교선, 박재우

(1-2분야)
과제 책임자: 이유화 수석연구원
연구진: 노관섭, 백종대, 조원범, 임지현

(1-3분야)
과제 책임자: 유인균 연구위원
연구진: 김종민, 김제원, 이수형, 이종학

과제 책임자: 조한선 연구위원
연구진: 김태형, 이상용, 유정호, 이명한, 김영춘

과제 책임자: 손의영 교수
연구진: 정창용, 박오성, 이동우, 이은아, 신기훈, 선남호

과제 책임자: 황용우 교수
연구진: 김영운, 박지형, 이영설

과제 책임자: 박광호 연구소장
연구진: 정철희, 김윤재, 김건호, 윤서영, 곽인호, 임혜림, 송유근

과제 책임자: 황태연 대표
연구진: 강지훈, 장우석, 김백연, 전수일, 김재열, 정창혁, 전성민

과제 책임자: 최승호 교수
연구진: 임평남

과제 책임자: 김창용 이사
연구진: 이준호, 김진열, 김영훈

과제 책임자: 이승현 교수
연구진: 황세인, 이찬규, 강남욱

과제 책임자: 최재현 교수
연구진: 이규성, 송호정

과제 책임자: 권석현 대표이사
연구진: 차철, 이경희, 김상범, 강미덕, 김민지

과제 책임자: 손원표 연구소장
연구진: 강전용, 임길호, 이대훈, 박현준, 송헌영, 문보라

과제 책임자: 김태진 교수
연구진: 모평, 류양

## 2세부과제(협동연구기관: 한국도로공사/이광호)

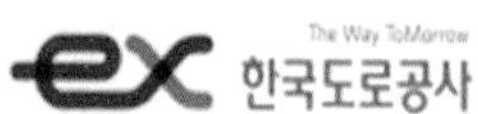

과제 책임자: 이광호 연구위원, 김형배 책임연구원
연구진: 권순민, 서영국, 손덕수, 이재훈, 권오선, 박준영, 이경배, 이민경, 천금진

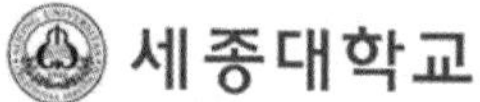

(2-1분야)
과제 책임자: 송지현 부교수
연구진: Nguyen Manh Tuan, 남궁 형규, 안해영, Vu Phuong Thu

(2-2, 2-3분야)
과제 책임자: 이현종 교수
연구진: 백종은, 김태우, 김원재, 크리스티나 아모르 M. 로살레스, 서동우, 홍기윤, 최성호, 리만퐆, 조은양

(2-1, 2-3분야)
과제 책임자: 박희문 연구위원
연구진: 김부일, 유평준, 엄병식, 윤태영, 최지영, 함상민, 유병근, 윤강호, 김경하

(2-4분야)
과제 책임자: 이용수 연구위원
연구진: 정재형, 박은호, 조규태

과제 책임자: 박철우 부교수
연구진: 주민관, 장영재, 김승원, 장봉진, 오지현

과제 책임자: 한상주 책임연구원
연구진: 한의석, 박태원, 김진아

과제 책임자: 이석근 교수
연구진: 한용진, 이상재, 윤용규, 김윤용, 신광건, 홍현석

과제 책임자: 최장원 팀장
연구진: 여인수, 이수진

인천대학교
University of Incheon

과제 책임자: 조규태 교수
연구진: 이재식

과제 책임자: 우민서 책임연구원
연구진: 안영준, 최청근, 김태형, 남상돈

과제 책임자: 홍석우 교수
연구진: 권기철, 이재환, 김형공, 한영성, 홍성기, 박자은, 이창수, 김상록, 박준석, 최은호, 박재우

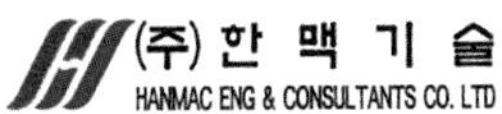


과제 책임자: 남영국 원장
연구진: 서성열, 김인수, 최기효, 김효은

과제 책임자: 최준성 부교수
연구진: 김재철, 송석빈, 박경미

과제 책임자: 유지형 교수
연구진: 김대성, 곽기봉

과제 책임자: 이승우 교수
연구진: 김영규, 홍성재, 현택집, 신종환, 박종원, 송시훈

과제 책임자: 정진훈 부교수
연구진: 소재성, 박주영, 김병준, 김연태, 정호성, 강창호, 최재호, 곽대영, 노준구, 전한을

과제 책임자: 강호근 책임연구원
연구진: 김홍래, 이용문, 박미현

과제 책임자: 홍민선 교수
연구진: 박일건, 김범석, 정장현

과제 책임자: 김유만 연구소장
연구진: 진희성, Yeulash Mikalai

## 운영위원회

노관섭 한국건설기술연구원 선임연구위원(위원장)
서영찬 한양대학교 교수
양　현 진우엔지니어링 사장
오흥운 경기대학교 교수
이광호 한국도로공사 도로교통기술원 연구실장
이용재 중앙대학교 교수
정　상 국토교통부 사무관
조경화 국제특허법률사무소 미래연 변리사
최재성 서울시립대학교 교수
백종대 한국건설기술연구원 수석연구원(간사)
백봉기 국토교통부 사무관(전임/1차년도)

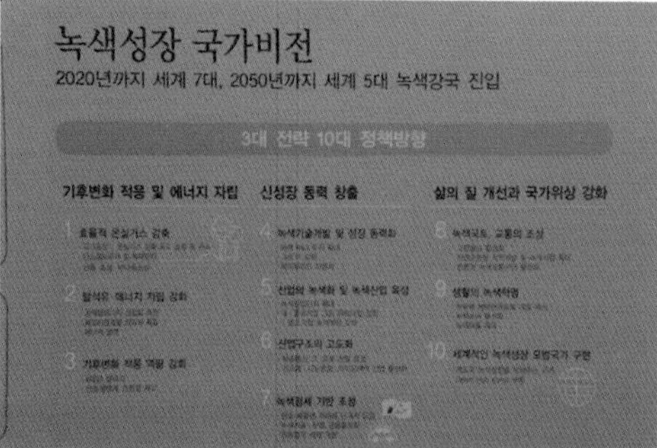

2011 녹색성장박람회 전시 자료 중에서

## 강호근

(주)평화엔지니어링 기술연구원 책임연구원
아주대학교 환경공학과 박사
한국도로학회 정회원
대한환경공학회 정회원
탄소중립형 도로기술개발 공동연구기관 연구책임자
터널 내 미세먼지 및 유해가스처리시스템개발 공동연구
기관 연구책임자
angelg@dreamwiz.com

## 구재동

한국건설기술연구원 건설관리경제연구실 연구위원
서울시립대학교 건설관리공학박사
토목시공기술사
한국건설관리학회 감사
건설공사기준(설계기준 및 표준시방서)정비협의회 간사

『저탄소 도로 미래경쟁력 확충방안』(2010)
『건설공사기준 선진화 및 운영체계 정비연구』(2011)
『기술수준 제고를 위한 건설공사기준 정비 효율화 기획연구』(2009)
jdkoo@kict.re.kr

## 권석현

(주)도명이엔씨 대표이사
중앙대학교 건설사업관리전공 공학박사
중앙대학교 건설환경공학과 겸임교수
국토해양부 중앙건설기술심의위원회 심의위원
국토교통과학기술진흥원 평가위원
한국철도시설공단 설계자문위원
한국수자원공사 기술심의위원

『국도건설공사 설계실무요령』(공저, 2003)
ksh6407@chol.com

## 김태진

한경대학교 조경학과 교수
고려대학교 농학박사
한국산림휴양학회 부회장
한국조경학회 상임이사
서울지방국토관리청 설계자문위원

『조경수 조형 및 품질론』(2009)
『수목관리실무 가이드북』(공저, 2008)
『나만의 명품정원』(공저, 2008)
『자연경관계획 및 관리』(공저, 2004)
landinfo@hknu.ac.kr

노관섭

한국건설기술연구원 도로연구실 선임연구위원
서울시립대학교 교통공학박사
도로 및 공항 기술사
한국도로학회 부회장
탄소중립형도로기술개발연구단 단장

『지속가능 녹색도로』(공저, 2010)
『미래의 도로』(공저, 2009)
『길 들여다보기』(2008)
『길 · 안전 · 환경』(2000)
ksno@kict.re.kr

박희문

한국건설기술연구원 도로연구실 연구위원
노스캐롤라이나주립대 공학박사
한국도로학회 정회원

「한국형 포장설계법 개발과 포장성능 개선방안 연구」
「친환경성 액상 유기산 제설제 개발 및 실용화」
「아스팔트 포장체의 구조적 적정성 및 상태 평가시스템 개발」
「고내구성 교면포장 기술 개발 연구」
「장수명 포장 단면 설계법 개발」
hpark@kict.re.kr

손원표

동부엔지니어링(주) 기술연구소장
인천대학교 대학원 공학박사(도로공학)
도로 및 공항 기술사, 교통기술사
중앙건설기술심의위원회 심의위원
국토교통과학기술진흥원 평가위원
교통정온화기법 적용기준개발 연구책임자

『경관 · 환경 · 디자인 · 인간중심 '도로경관계획론'』(2010)
『아름답고 새로운 '도로공학원론'』(2006)
wpshon@dbeng.co.kr

송지현

세종대학교 건설환경공학과 부교수
University of at Austin 환경공학박사
한국대기환경학회 이사
한국냄새환경학회 이사
한국폐기물자원순환학회 평의원

『상수도공학』(공저, 2004)
songjh@sejong.ac.kr

유인균

한국건설기술연구원 도로연구실 연구위원
고려대학교 공학박사
도로 및 공항 기술사

『사회기반시설 자산관리』(공역, 2012)
「국도 포장관리시스템 운영 및 연구」
「고속국도 및 일반국도 적정유지관리비 산정연구」
「도로성능 및 사용효율 증대를 위한 자산관리 기법개발」
「고속도로 유지관리 서비스등급 산정연구」
ikyoo@kict.re.kr

이광호

한국도로공사 도로연구실 실장
연세대학교 토목공학과 박사
도로 및 공항 기술사
한국도로학회 부회장
도로 및 공항기술사회 부회장
한국길포럼 사무처장

『아스팔트포장설계시공지침』(1997)
『가열아스팔트 혼합물의 배합설계지침』(1998)
『아스팔트포장공학원론』(1999)
『현장기술자를 위한 건설시공학』(2007)
『세계도로 정책과 기술(포장편)』(2008)
『고속도로 만들기 40년(기술발전사)』(2009)
『경부고속도로 변천사』(2009)
lkh@ex.co.kr

이승우

강릉원주대학교 토목공학과 교수
펜실베이니아주립대학교 박사
대우건설 토목기술팀 차장
펜실베이니아주립대학교 Visiting Scholar
한국도로학회 학술이사
대한토목학회 대의원
한국도로학회 시멘트콘크리트분과위원회 위원장
녹색기술산학협력중심사업단 단장
swl@gwnu.ac.kr

이용수

한국건설기술연구원 GEO-인프라연구실 연구위원
한양대학교 대학원 공학박사
한국지반환경공학회 학술이사

『도로배수시설 설계 및 관리지침』(2012)
『도로설계편람(토공 및 배수)』(2012)
yslee@kict.re.kr

이유화

한국건설기술연구원 도로연구실 수석연구원
미국애리조나주립대학교 교통공학박사
한국도로학회 정회원
탄소중립형도로기술개발연구단 1-2분야 책임

「도시부 온도저감형 도로기술 개발」
「도로 에너지/자원 분석 및 투자효과 평가시스템 기획」
「탄소중립형 도로기획」
「도시가로 친환경 공간설계기법 개발기획」
「외부요인에 의한 서울시 교통상황 변화분석 연구」
ylee@kict.re.kr

정진훈

인하대학교 토목공학과 부교수
Texas A&M University 공학박사
한국도로학회 이사
대한토목학회 정회원
한국방재학회 정회원

『콘크리트 표준시방서(포장콘크리트)』(공저, 2009)
「저탄소 녹색 공항 포장 시공 및 유지관리 기법 개발」
「포장성능에 근거한 시방기준요소 기술 개발 및 적용」
「콘크리트 포장 부등 건조수축의 모형 및 설계지침 개발」
「한국형 포장설계법 개발과 포장성능 개선방안 연구」
jhj@inha.ac.kr

조한선

한국교통연구원 도로정책·기술연구실 연구위원
Texas A&M University 공학박사
대한교통학회 이사
한국ITS학회 상임이사
한국도로학회 정회원
탄소중립형 도로기술개발 공동연구기관 연구책임자

「도시부 도로 교통혼잡해소를 위한 도로정책방안 개발」
「교통시설 투자평가지침(도로부문) 개선방안 연구」
「차세대 녹색도로교통 운영기술 기획」
「수도권 지하고속도로 구상방안 수립 연구」
「유료 다인승차로제 타당성 조사」
h-cho@koti.re.kr

홍석우

동의대학교 토목공학과 교수
부산대학교 토목공학과 공학박사
(주)대흥종합엔지니어링 기술이사
(주)에스에스씨 컨설턴트 대표이사
건설방재연구소 소장
대한토목학회 평의원
한국도로학회 이사
한국지반공학회 정회원
국토교통과학기술진흥원 평가위원
부산시 건설기술심의위원
hongswoo@deu.ac.kr

황용우

인하대학교 사회기반시스템공학부 교수
서울대학교 학사
일본동경대학 박사
일본 Ebara Corp. 환경개발센터 주임연구원
대한환경공학회 전과정 평가 분과위원회 위원장
녹색물류학회 부회장
한국환경경영학회 상임이사
hwangyw@inha.ac.kr

# 지속가능
# 창조사회의 녹색도로

**초판인쇄** | 2013년 5월 10일
**초판발행** | 2013년 5월 10일

**지 은 이** | 노관섭 · 이광호 · 강호근 · 구재동 · 권석현 · 김태진 · 박희문 · 손원표 · 송지현 · 유인균 · 이승우 · 이용수 · 이유화 · 정진훈 · 조한선 · 홍석우 · 황용우
**펴 낸 이** | 채종준 · 채종록
**펴 낸 곳** | 한국학술정보㈜
**주 소** | 경기도 파주시 문발동 파주출판문화정보산업단지 513-5
**전 화** | 031) 908-3181(대표)
**팩 스** | 031) 908-3189
**홈페이지** | http://ebook.kstudy.com
**E-mail** | 출판사업부 publish@kstudy.com
**등 록** | 제일산-115호(2000. 6. 19)

ISBN 978-89-268-4267-6 93530 (Paper Book)
978-89-268-4268-3 95530 (e-Book)

어담 Books 는 한국학술정보(주)의 지식실용서 브랜드입니다.